新型工业化人才培养
新形态教材精品系列

理论力学简明教程

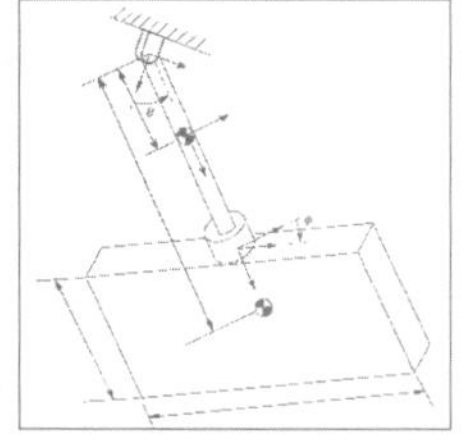
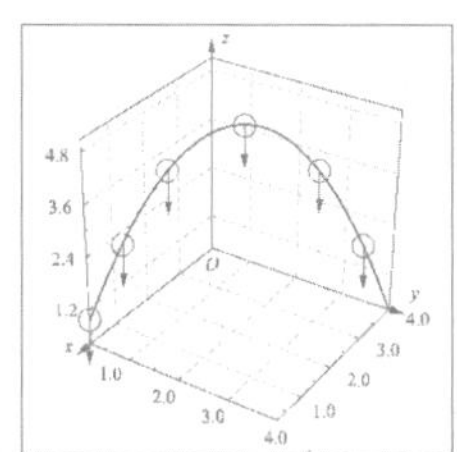
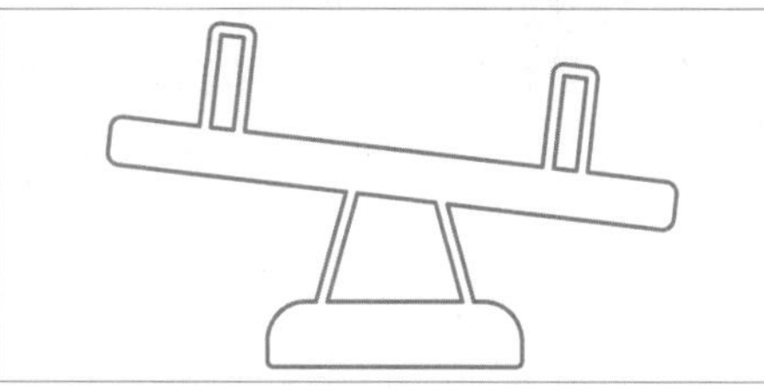

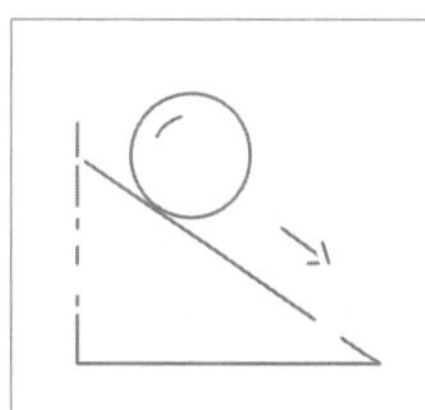

付佳◎主编
樊群超◎副主编

人 民 邮 电 出 版 社
北 京

图书在版编目（CIP）数据

理论力学简明教程 / 付佳主编. -- 北京 : 人民邮电出版社, 2024. -- (新型工业化人才培养新形态教材精品系列). -- ISBN 978-7-115-63661-4

Ⅰ. 031

中国国家版本馆 CIP 数据核字第 2024YR8923 号

内 容 提 要

本书内容涵盖理论力学的核心思想、知识体系、方法论、实用工具及其应用。第 1 章概述系统思维与力学系统的基本定义和形式化方法。第 2 章详细讨论简单质点力学系统的运动现象描述及其背后的规律，主要是从牛顿力学的角度分析运动学和动力学。第 3 章通过分析力学，为质点力学系统的运动提供一种新的形式化描述和解释方式。第 4 章着重讲解刚体运动，包括其平动、转动以及综合运动；从矢量和标量两种视角，对比分析不同形式的刚体动力学方程；同时，还为读者展示如何运用现代工具解决一些复杂的刚体运动问题。

本书可作为普通高等院校应用物理学、物理学、力学、机械、航空、航天、土木工程等相关专业的教材，也可作为力学软件开发领域技术人员、力学研究人员的参考书。

◆ 主　　编　付　佳

副 主 编　樊群超

责任编辑　房　建　韦雅雪

责任印制　陈　犇

◆ 人民邮电出版社出版发行　　北京市丰台区成寿寺路 11 号

邮编　100164　　电子邮件　315@ptpress.com.cn

网址　https://www.ptpress.com.cn

三河市兴达印务有限公司印刷

◆ 开本：787×1092　1/16

印张：11.25　　2024 年 9 月第 1 版

字数：287 千字　　2024 年 9 月河北第 1 次印刷

定价：52.00 元

读者服务热线：(010)81055256　印装质量热线：(010)81055316

反盗版热线：(010)81055315

广告经营许可证：京东市监广登字 20170147 号

前　言

理论力学作为物理学的分支，为我们提供了深入理解物理学思维方式和理论框架的入口。然而，由于其内容的抽象性与形式化，学习过程十分具有挑战性，对许多读者来说学好理论力学并非易事。在人类的思考过程中，真正的理解往往源于对物与理、人与自然之间和谐关系的深入探究。例如，一句“海纳百川”不仅涵盖物理的深度，还蕴含哲学的广度，从而成为我们易于接受的道理。传统上，理论力学可能过于偏重描述自然的机制，而较少涉及背后的人文动机或与之相关的哲学思考。如果我们只是机械地记录知识，那么这种偏重自然机制的方式当然无可厚非。但理论力学的传递与拓展，归根结底需要人去继承和创新。为了使其更加贴近人的实际理解，我们不能仅满足于单纯的形式描述，知识背后的人文动机和恰如其分的类比也需要被讨论。这样的讨论，使得物理学不仅是一套理论体系，更是一种对世界的认知与解读。本书旨在通过深入浅出的方式，将复杂的理论知识与读者的实际经验相结合，帮助读者更自然地洞悉理论力学的本质。然而，由于书面语言本身的限制，道理在传递的过程中，难免会有误解和偏差。因此，本书鼓励读者积极实践，强调读者需要使用工具去解决有挑战性的问题，从而获得真实反馈，以验证学习效果，增强独立解决力学问题的能力。

本书从内容上按 3 个层次展开。首先讲解理论力学的基础知识，目的是为读者提供与此领域相关的事实、核心概念及推导结果。这一部分确保读者能够建立坚实的基础，为后续学习铺设良好的基石。接下来引入一系列扩展能力的工具。这不仅使读者能够独立地解决更高级和更为复杂的力学问题，还能加深读者对基础知识的理解。当读者使用这些工具解决实际问题时，能够体验到完成挑战的满足感和成就感。最后展示理论力学与实际世界之间的密切联系。这部分旨在启发和激励读者，使读者认识到理论力学不仅是抽象的概念，它在现实生活中还有广泛的应用，能够为我们的生活和工作带来巨大的价值。本书不仅讲解理论知识，还讲解实践操作和现实应用，期望读者能从中获得全面且深入的学习体验。

本书的前 3 章为理论力学的基础知识，旨在帮助读者构建一个坚实而系统的力学知识框架。第 1 章“诗外功夫”探讨理解力学所需的先修知识。这一章的重点是系统思维，强调观察和分析复杂对象的底层逻辑。读者将被引导深入了解如何定义和描述一个力学系统，以及如何在不同的表示空间中进行操作。此外，为了确保读者具备处理力学问题所需的数学知识，本章还对矢量分析进行详尽的讨论。第 2 章“质点运动”着重讲解牛顿力学的基础知识，主要涉及运动现象的描述和现象背后的动力学机制探讨，并突出矢量的变化分析在其中的核心地位。第 3 章“分析力学”采用一个更为抽象的标量视角来重新审视力学的基本原理及其普适性，还通过高度的数学形式化，提供一种新的以标量优化为核心的方法来处理动力学问题，特别是那些在牛顿力学框架下难以处理的问题。更为重要的是，本章还强调这些新概念的普适性，如何自然地与社会的可持续发展产生联系。第 4 章“刚体运动”为理论力学基础知识的进阶应用。本章从矢量和标量两个视角，将讨论的力学对象从离散的质点或由质点组成的系统，扩展到有连续质量分布的空间物体。本章一个重要的特点是包含实践性内容，不仅讨论理论概念，还介绍如何使用现代工具来模拟和解决实际问题。特别是连杆系统和蝴蝶效应这两个实践项目，它们都代表具有挑战性的真实物理情境，能够使读者亲身体验到应用理论力学知识解决问题的过程。 此外，为了确保读者能够充分利用现代技术资源，本章还详细介绍多种与力学应用高度相关的工具，并为读者提供实际使用这些工具的示例。 这不仅会增强读者的实践能力，而且能够帮助读者独立地解决更加复杂的力学问题。

本书另提供电子资源介绍理论力学与其他学科的交叉探索，读者可登录人邮教育社区（www. ryjiaoyu. com）获取相关电子资源。 随着科学技术的不断进步，各个学科领域开始越来越密切地相互交融。 特别是在当今这个多学科交叉合作成为常态的时代，理论力学也与其他学科之间展现出了令人意想不到的联系。 在电子资源中，我们将深入探索理论力学如何与人工智能和社会科学这两个看似毫不相关的领域建立联系，并发掘其巨大潜力。 这些跨学科的连接，不仅加深了我们对理论力学的理解，更为我们提供了一个全新的视角，有利于我们去定义和解决更为广泛的问题。 由于这些交叉领域的研究内容在不断演进和更新，因此编者团队选择以电子资源的形式呈现这部分内容。

学习理论力学不仅要求掌握理论知识，更应具有独立思考、解决问题的能力。 本书以增强独立解决力学问题的能力为目标，通过讲道理、用工具、做项目，以启发的方式由浅入深地讨论如何描述、解释、预测和控制力学系统。

本书的特色如下。

（1）通过讲道理激发思考

为了使读者能更好地理解、掌握和应用知识，本书不仅提供系统的知识体系，还特意重现了知识产生的过程。 对于每一个关键概念，都从其背后的人文动机出发，详细介绍如何通过自然推理得来。这种深入浅出、讲道理的方式，旨在激发读者的兴趣，培养读者的思考习惯，提高读者自主探索和解决问题的能力。

（2）注重工具的使用

个人的能力是有限的，要进一步提高读者独立解决问题的能力，还需要利用合适的工具为其赋能。 本书围绕解决复杂力学问题所需要的形式化表示、推理、计算和表达能力，引入计算机代数系统、数值计算以及可视化表达等现代工具。

由于本书采用递进的叙述逻辑，读者需要按章节顺序进行学习。 考虑到普通高校的理论力学课程通常设为 40 学时，第 1 章作为基础引导，可作为预习材料，鼓励读者自主学习，为后续章节打下基础；第 2 章作为理论力学的入门部分，其内容需要一定的时间吸收和理解，建议分配 10 学时；第 3 章较为复杂，涉及更深入的理论内容，建议分配 15 学时，以确保读者能够充分掌握；第 4 章作为对前 3 章内容的进阶拓展和实际应用，同样建议分配 15 学时，以确保读者能够熟练掌握其中的数学技巧、计算技能和应用实例。

在写作本书的过程中，西华大学付佳老师负责编写全部章节的正文内容，西华大学樊群超老师负责习题和例题部分的设计，并通读全文。 特别感谢国防科技大学刘永录老师、刘可老师和江永红老师在教材编写过程中所提供的帮助和支持，他们参与了教材的试读，并提出了富有建设性的意见和建议。 感谢研究生何桂玲和韦琴勤参与绘图工作，感谢西华大学 2021 级的同学对本书的试读和反馈。

由于编者学术水平有限，书中难免存在表达欠妥之处，因此，编者由衷希望广大读者朋友和专家学者能够拨冗提出宝贵的修改建议，修改建议可直接反馈至编者的电子邮箱：fujiayouxiang@126. com。

编　者

2023 年夏于成都

目 录

第1章 诗外功夫

第2章 质点运动

第3章 分析力学

第 4 章 刚体运动

第 1 章

诗外功夫

“汝果欲学诗，工夫在诗外”。世界是广泛联系的，用于认知机械运动现象的理论力学自然也不是孤悬的学问。许多间接知识与理论力学传统内容交织在一起，我们需要提前了解。本章将从加深对系统思维的理解开始，建立起解读和应对复杂现象的普适框架；然后，在该框架内，讨论理解物理世界运作的基本思路；接着，针对本书所关心的机械运动现象构建可理解的力学系统模型；最后，为了更好地利用力学系统来描述、理解、预测和控制机械运动，引入矢量分析以便进行基于数学的定量推理和计算。

本章学习目标：

(1) 了解系统思维的基本概念，以及其与复杂现象认知之间的相互关系；

(2) 理解用于简化认知机械运动现象的力学系统模型；

(3) 掌握采用矢量分析进行力学量的定量推理和计算的方法。

1.1 系统思维：以目的为导向认知事物

在面对复杂世界的各种挑战时，人类个体受到多重限制，比如寿命有限、知识有限和能力有限等。面对这些苛刻的约束，我们怎样才能对复杂事物进行深入的认识和理解呢？

1.1.1 还原论：认知始于分而治之

处理复杂事物相关的问题时，一种可能的解决方案是采用分而治之的策略，将复杂事物分解为更小、更易于理解的部分。我们称这些更小、更易于理解的部分为事物的组成元素，而元素被分解时所破坏的连接关系被视为事物的结构。通常，当把事物分解到底，消除其所有内部关系和外部联系后，我们发现组成事物的元素种类会显著减少，元素间的关系类型也大幅减少，复杂的事物被还原为一些基本的构成单元（基本元素）和表示它们之间互动关系的基本规律。

这种通过解构和分析来理解事物的思维模式就是“还原论”。还原论曾是物理学基本且唯一的思维范式，也是基础教育的重点内容。“物质由原子组成”“人体由细胞组成”等重要自然科学成果均来源于还原论。通过利用基本规律对基本元素进行排列组合以构成特定结构，我们不仅可以解释“声音在不同介质中传播的速度不同”这些自然现象，还可以用于探索和创造自然界没有的人造物，比如通过组装原子发明治疗疾病的新药物。然而，随着事物被分解得越来越彻底，虽然其组成元素的个体会变得简单，但是元素的群体规模会变得庞大，通过结构把它们再还原为整体事物会变得困难。比如，人体的确是由原子组成的，但是要从原子的角度出发，通过基本电磁相互作用，排列组合拼装出具有生命、智慧和意识的活人就是天方夜谭了。除了规模上的难度，从部分到整体，还涉及性质的改变问题。比如有一艘船，我们把组成它的木板逐个替换，那当所有木板都被替换后，这艘船还是不是原来的船？再如，大概每隔 7 年，组成人体的细胞就会更新 1 次，那当所有的细胞都被更新后，我们还是不是我们？如果不是，那到底更新多少细胞我们才能保持自我？因此，元素的差异并不能说明整体的不同，整体并不是部分的简单之和。还有一个例子是水凝结成冰。水的基本构成单元是简单的水分子（H_2O）。在相互作用下，水分子会聚集，如图 1.1 所示，其中大球表示 O，小球表示 H。少量分子的自然聚集结构呈现杂乱无章的态势。

但是，在当数以万亿计的水分子聚集在一起的时候，却可以表现出高度有序的排列结构，如为我们呈现出楚楚有致的雪花，如图 1.2 所示。所以，对于复杂事物，其局部细节信息与整体所呈现出来的现象之间并没有简单的外推关系。对事物局部的还原并不能保证对其整体的重建。就像原子和人、水分子和雪花之间的关系，很多涉及整体的性质似乎是突然涌现出来的。量变与质变的意外关系意味着，从基本元素和基本规律出发，我们无法重建整个宇宙。

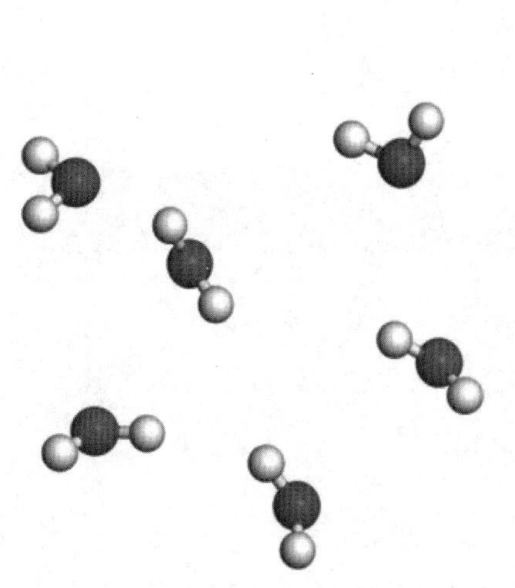

图 1.1　水分子聚集示意

图 1.2　雪花的结构

总的来说，还原论认为，事物由不可再分的微观基本元素构成，通过基本规律组合成宏观整体。这种认知方案适用于基本元素数目较少、结构简单的事物，能帮助我们理解、控制和创造它们。但是，当面对基本元素数目庞大、结构复杂且在各个层次上有着涌现性质的事物时，还原论的认知模式虽然原则上可行，但是实际上已经变得无效。在这种框架下，我们无法在有限的时间和资源内完成有效的认知。

1.1.2　系统论：带着目的进行分析

由于生理和心理能力的限制，还原论存在的问题，并不能让我们抛弃分而治之的基本认知策略。现在面临的新问题是，对于无法一拆到底的复杂事物，我们该怎么办？解决问题要回到问题发生的现场。还原论通过破坏事物的所有内部结构和外部联系来寻找基本元素，再依靠基本元素间的少量关系（基本规律）来重新构建事物的整体结构，造成所含元素及其之间的相互关系数目庞大到无法处理，并进一步导致无法解决量变可能引起的质变问题。还原论之所以要把整体一拆到底，破坏事物的所有内部结构与外部联系，是因为要得到自然界的基本元素和基本关系，便于我们通过排列组合一劳永逸地达到认知所有事物的目的。但是，对于复杂事物，元素的极致简单和统一反而带来了结构的极致复杂，并最终阻碍我们认识其整体现象。在分而治之的基本思想不能改变的约束下，我们可以从两个方面对还原论进行改进：一是弱化其对极致简单和统一的基本元素与规律的追求，根据事物的特点来构建针对性的、附带条件的元素和规律；二是聚焦认知内容，带着目的去认识现象，强调事物现象的功能属性，关注事物与外部环境，特别是与人的需求之间的关系。换句话说，我们需要根据认知目的，在考虑功能的情况下，对事物进行元素的划分和结构的重建。这种更注重联系实际的认知方案就是系统论，它把事物看作元素、结构和功能的有机复合体。在物理世界中，系统就是物理组件的排列组合，它们作为一个整体，共同作用以实现特定目标。比如，一个拥有家具、空调和灯等的满足居住需求的房间就是系统的一个示例。

带着什么样的观点看问题对怎么解决问题有着巨大的影响。比如，按照还原论的观点，曲线是由无数个相同的点组成的。既然点是无穷多的，那么从点出发，我们就不可能完全复原一条连续的曲线，只能通过离散的点来逼近它。通常，我们需要记录非常多的点，才能使得两者比较接近。如图 1.3 所示，使用了 30 个点（可用横坐标、纵坐标共计 60 个数表示）来表示曲线的形状。可以看出，从还原论的观点来实现重建曲线形状的功能，显得笨拙。

根据系统论，我们的目的是重建曲线形状（功能），并不一定需要以点作为曲线形状的元素。根据曲线的周期性特点，更为简捷的方案是采用正弦波作为曲线形状的元素，再用加法将其综合。这种拆解方案仅需要 9 个正弦函数（可用振幅和频率共计 18 个数表示）就得到了更好的结果，如图 1.4 所示。

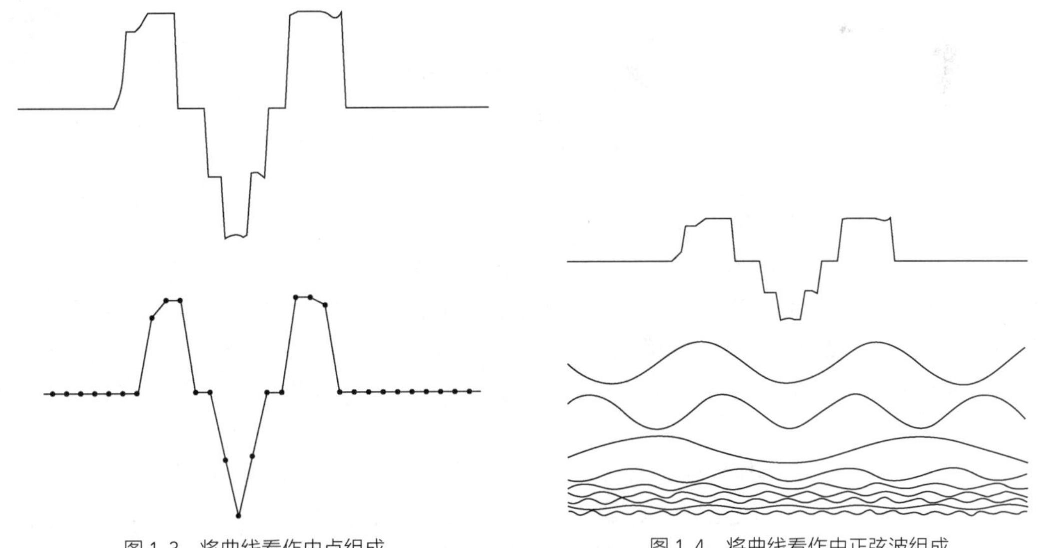

图 1.3　将曲线看作由点组成

图 1.4　将曲线看作由正弦波组成

空间点和正弦波都是我们能够理解的元素。虽然空间点比正弦波更为简单和基础，但是，从重建曲线形状这个功能上说，把曲线看作正弦波的组合就要比把曲线看作点的组合更为合适。

综上所述，由于受大脑的能力、人体的寿命、世界的复杂等边界条件限制，我们认知事物只能分而治之，关注它们的元素、结构和功能。但是具体如何划分元素和结构并进行分析和综合却不那么容易。在充分讨论了还原论的优缺点后，我们可以得出结论：认知事物，需要带着目的去分析和综合，将其建模为元素、结构和功能复合而成的系统。这种思维模式具有普遍的适用性。大到宇宙，小到原子，都可以被当作系统来处理。当然，若研究对象比较简单，我们的目的是探索，那么系统论与还原论的目的、观点和结论就一致了，从这个角度来说，系统论其实包含还原论。

值得注意的是，不论是系统论还是还原论，最终得到的都只是事物的模型，是我们通过智力活动对真实世界进行的精度有限的仿真。我们希望该模型能够反映真实世界的某些性质，但是它毕竟不是真实的。所以，以真实为标杆，每一个模型都有一个保真度。当大家发现模型的保真度满足不了要求，真实和模型预判之间出现不可接受的差异时，可以果断地抛弃旧模型，重新设计新模型，从接受式的学习转向创新式的研究。

1.1.3 形式化：系统的表示和控制

事物在不断发展，但是其自发演化结果通常并不是我们想要的或者满足不了我们的需求。因此，我们希望对事物发展进行预判，以实现趋利避害。当被动地趋利避害难以实现时，我们还希望能够干预事物的自然进程，让它按照我们的意愿来演化，实现主动获利。当自然事物满足不了我们的需求时，还希望能够通过选择和排列组合自然事物来设计人工系统为我们所用。所以，认知事物，仅有模糊的系统概念还不够，它还需要被精确地形式化，使其可以被描述、理解、预测、控制和设计。一种比较自然的方法是通过系统的输入、状态、输出及映射关系组成的网络来实现系统的形式化表示，如图 1.5 所示。

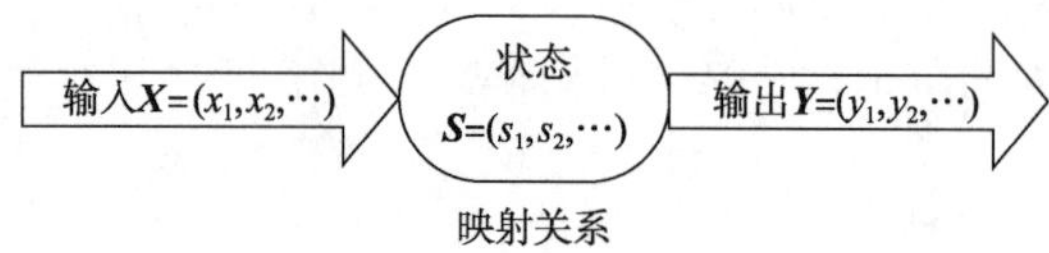

状态方程：$\boldsymbol{S}(t)=f(\boldsymbol{X}(t),\boldsymbol{S}(t))$

输出方程：$\boldsymbol{Y}=g(\boldsymbol{S}(t))$

图 1.5　系统的形式化表示

（1）状态方程：系统演化的表示

我们用系统的状态 $\boldsymbol{S}$ 来标定具有某种性质的系统，换句话说，该系统所有的性质都应该是状态的函数 $f(\boldsymbol{S})$。$\boldsymbol{S}$ 通常由一组变量来形式化地表示。为了计算方便，在实现对系统性质进行充分描述的情况下，这组变量的数目要尽可能少。我们以掷骰子为例，把它看作一个系统，根据游戏规则，输赢的判断是根据骰子朝上的形状（点数）来确定的。所以，系统的输出 $\boldsymbol{Y}$ 就是骰子静止时其朝上的点数。如图 1.6 所示，其中左边骰子系统的输出是 1，右边骰子系统的输出是 5。系统的输入 $\boldsymbol{X}$ 是掷骰子的具体动作，它会影响骰子的物理运动，从而影响骰子的点数朝向。严格来说，除了抛掷的手法，决定骰子点数朝向需要很多信息，比如，骰子的质量分布、形状大小、空间位置等，它们都可以构成骰子的状态。如果要研究骰子的运动，就要考虑这些细致的信息。但是对于玩游戏这个目的来说，我们仅需要通过比较点数来定输赢，那么采用朝上的点数来标定骰子系统的状态就可以了，此时系统的状态就是它的输出。

图 1.6　骰子系统的状态

一般来说，系统下一时刻的状态是系统当前时刻的输入和状态的函数。其中，输入和状态均可能随时间变化。

$$\boldsymbol{S}(t_{n+1})=f(\boldsymbol{X}(t_n),\boldsymbol{S}(t_n)) \tag{1.1}$$

为了得到具体的式子，我们首先得搞清楚输入和状态是如何随时间变化的。简单起见，我们从孤立系统开始，忽略系统的外部输入，只关注系统自身的演化性质。

$$\boldsymbol{Y}(t)=f(\boldsymbol{S}(t)) \tag{1.2}$$

比如，假设我们有一个自动化的机械骰子，它在某个未知的程序设定下自己跳动着。为了知道它跳动的规律，我们可以把它朝上的点数随时间的变化记录下来，得到一段体现系统状态演化的历史。我们希望从历史中解读出系统状态演化的规律。比如，每隔 1 s 观察一次，历经 9 s。包括初始状态，可以用以下数列来表示这段历史：

$$S:\underbrace{1,2,3,\cdots,6,1,2}_{\text{共10个}} \tag{1.3}$$

为了更直观地呈现规律，我们可以把序列以状态流转图的形式呈现出来。如图 1.7 所示，具有式（1.3）所示历史的骰子似乎在经历着循环，骰子的状态切换遵循着确定的规则。我们把这个规则外推到无限长时刻，那么从任意状态开始，该系统均会周期性地遍历整个状态空间。换句话说，对于循环演化的系统，系统的长期行为与初始状态无关。这类系统还有一个特点，它在状态空间中演化时会经历唯一且确定的演化轨迹，换句话说，系统的未来是确定的。

事实上，也存在长期行为与初始状态密切相关的系统。如图 1.8 所示，该系统的未来行为对初始状态非常敏感。从不同的初始状态出发，系统会进入截然不同的未来。比如，从状态 3 开始，系统将陷入 3—4—3—4……的循环，并且永远无法达到状态 1、2、5 和 6。而从状态 5 开始，则会陷入 5—6—5……的循环，系统永远无法达到状态 1、2、3 和 4。因此，对于这类系统，初始状态至关重要，系统从不同的初始状态演化，会进入完全不同的子状态空间。

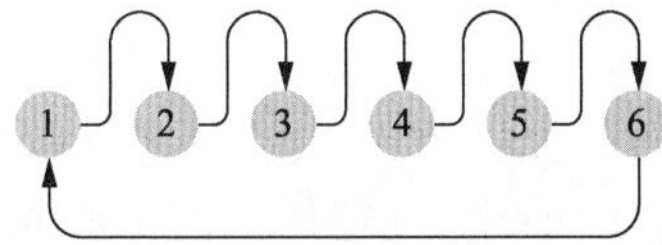

图 1.7　骰子的状态流转图

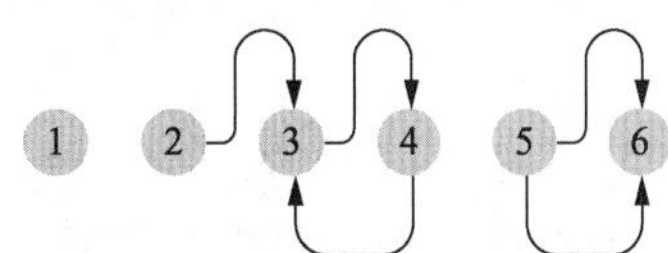

图 1.8　与初始状态相关的动态系统

子空间与守恒有很重要的联系。如图 1.9 所示，当骰子处于内循环时，它无法跳跃到外循环；当骰子处于外循环时，它也无法跳跃到内循环。系统被限制在子空间循环运动，与地球卫星的轨道运动是一个道理。每一个卫星轨道都对应一个能量。当能量不变（或者说守恒）时，卫星只能在“固定”的轨道上运行，而不能跃迁到其他轨道。所以，类似地，可以用能量来区分不同的轨道，对于陷入子空间运动的系统，它也必定会对应一个守恒量。

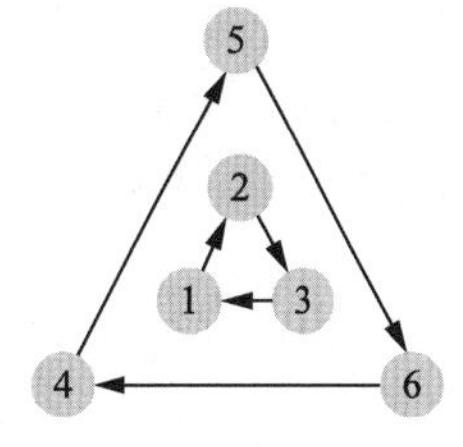

图 1.9　在子空间演化的动态系统

通过把系统的历史状态演化信息归纳成状态流转图，我们建立起了系统状态流转的模型，利用这个演化规则，测量当前系统所处的状态，顺着箭头看，我们就可以预测系统的未来。当然，我们也可以反过来利用演化规则，逆着时间线去“窥探”未记录的历史。如图 1.9 所示，如果系统现在处于状态 6，顺着时间线，可以预测下一时刻它将处于状态 4。同样，我们逆着时间线，可以推断上一时刻它处于状态 5。但是对初始状态敏感的系统，情况就有所变化了。如图 1.8 所示，当从状态 3 开始逆着时间线溯源时，我们发现系统上一时刻的状态有 2 和 4 两种可能。如果没有其他信息，我们将无法判断系统到底是从哪个状态演化到状态 3 的。我们把顺着时间线和逆着时间线都能确定演化的系统叫作可逆系统。对于可逆系统，从任何一个状态出发，往前可以推断历史，往后可以预知未来，系统的信息完全不会丢失。换句话说，可逆系统的信息是守恒的。这带来一个巨大的好处，我们可以从任何时间点开始研究可逆系统的历史、现在和未来，并且取得一致的结果。

当然，通常系统不会只有一个状态变量。比如，由两个自动跳动的骰子组成的系统包含两个状态变量。它们的变化历史可以用点数对组成的序列来表示。

$$(s_1,s_2):\underbrace{(1,6),(2,5),(3,4),\cdots,(4,3),(5,2),(6,1)}_{\text{共10个}} \tag{1.4}$$

练习 请仔细观察式（1.4）中状态变量 s_1 和 s_2 的数据，有什么规律？

相信你已经看出来了，系统的状态变量 s_1 和 s_2 并不是完全自由的，它们受到一些条件的约束：

$$\begin{aligned} s_1 &= s_1(t) \\ s_1(t+1)-s_1(t) &= 1 \\ s_1+s_2 &= 7 \end{aligned} \tag{1.5}$$

这些描述状态变量演化关系的方程叫作状态方程。在系统状态是离散的情况下，它与状态流转图等价。当我们知道系统初始状态 $s_1(0)=1$，通过状态方程，就可以知道系统未来任意时刻的状态。值得注意的是，如果系统状态变量的取值是连续的，使用状态方程描述系统演化特性比使用状态流转图更为合适。注意式（1.5）中讨论的是孤立系统，如果考虑环境影响，非孤立系统的输入会影响系统状态的变化，所以一般情况下的状态方程为

$$f(\boldsymbol{S}(t),\boldsymbol{X}(t))=0 \tag{1.6}$$

当系统状态变量 $\boldsymbol{S}$ 和系统时间 t 取离散值时，通常为了简化，我们会假设系统下一时刻的状态仅与上一时刻的状态相关，所以状态方程形式上通常是递推公式。比如，前面提到的骰子系统，系统时间是跳跃着前进的，间隔为 $\Delta t=1$ s，系统状态为骰子朝上的点数，均为离散值。此时系统的状态方程表现为递推公式。而当系统状态变量和时间取连续值时（比如烧开水时，水温随时间的变化而变化），"下"一时刻和"上"一时刻的时间间隔是无穷小的时间段 $\mathrm{d}t$。在此时间段内，状态变量发生的变化 $\mathrm{d}\boldsymbol{S}$ 也是无穷小的。根据微积分的知识，这些无穷小量之间的关系，可以用微分方程来描述。所以，一般来讲，系统的状态方程在形式上是关于时间的微分方程。值得注意的是，不管状态方程表现为递推公式还是微分方程，只要知道了系统初始时刻的状态 $\boldsymbol{S}(t=0)$ 和任意时刻系统的输入情况 $\boldsymbol{X}(t)$，通过求解状态方程，我们就可以预测系统未来的状态。

（2）因果网络：系统演化的控制

由于系统的状态完全决定了系统的行为，因此，系统的输出是系统状态的函数，我们称其为输出方程：

$$\boldsymbol{Y}=g(\boldsymbol{S}(t))$$

注意，对于我们人类来说，实际上我们能直接感知和利用的是系统的输出而不是状态。换句话说，系统所处的内部状态是我们通过系统的外部输出倒推出来的。按道金斯的话说，我们都是"盲眼钟表匠"。这与系统论的思想是一致的，系统的状态代表了系统内部元素及其相互关系，系统的输出代表了系统的功能。从某种程度上说，系统状态是我们根据系统输出对系统内部结构进行的建模，它们互为支撑。

很自然，我们能分辨系统的不同输出所具有的价值是不同的。比如，在以大小定输赢的掷骰子比赛中，点数为“6”的骰子状态当然会比点数为“1”的骰子状态更好。所以，我们还有控制系统输出的需求。

人类理解控制的基本心智模式是通过因果关系来干预事物的发展进程。我们以蓄水池模型为例。外部的水可以通过入水口流入蓄水池，内部的水也可以通过出水口流出去。储存在蓄水池里面的水叫作存量，流进流出的水叫作流量。随着时间的推移，蓄水池的存量会变化，这显然是由流量决定的。换句话说，流量是因，存量是果。通过这个因果模型，我们可以通过两个办法来增加系统的存量：其一，增加水的流入量；其二，减少水的流出量。在蓄水池模型中，流量的影响是单向的，存量并不会反过来影响流量。这种因果关系是简单的单向因果关系。

除了单向连接，因和果之间还可以呈现出复杂的网络关系。因可以影响果，果反过来也可以影响因。这种闭环影响叫作反馈回路。以原子弹和核电站系统为例，两者的原理都是核裂变反应。如图 1.10 所示，铀 235 原子被中子轰击后，会分裂成为质量相近的两个碎片，同时产生 2 到 4 个中子，并释放出能量。新产生的中子又会去攻击其他铀 235 原子，产生更多的能量和中子。这种一代接一代持续发生反应的过程叫作核裂变反应的链式反应。

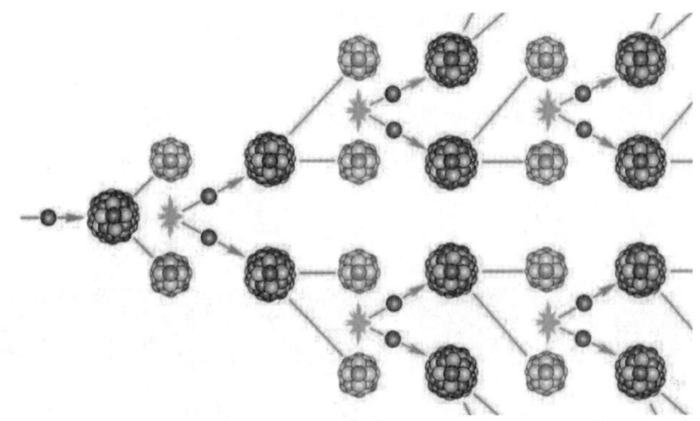

图 1.10 核裂变反应的链式反应

一个核反应会触发两个核反应，进而引起 4 个核反应，随着反应的进行，链式反应会呈指数增长，在极短时间内放出巨大的能量，这就是原子弹的原理。中子是因，产生核反应的果，核反应的果又生产了更多的中子，从而加强了因，增强版的因又导致更多的果，如此循环往复构成了正反馈。因此，基于正反馈，我们可以通过很小的干预获得巨大的收获，也可能因为很小的过失，造成巨大的灾难。

除了增长，我们也有维持系统稳定的需求，比如核电站，我们就希望它稳定地释放能量。关键的设计是在核燃料中插入可以吸收中子的控制棒，并时刻监控核反应的进程。如果反应过快，就增大控制棒与核燃料的接触面积，多吸收一点核反应所需的中子，以此减缓反应速度。与之相反，如果反应过慢，就减小控制棒与核燃料的接触面积，少吸收一点中子，以此加快链式反应的速度。因产生果，果影响因，这样就可以把系统的输出维持在一个稳定的水平。这就是负反馈。所以，核电站特别怕地震这些可以破坏控制系统的灾难，一旦没有了负反馈，核电站就变成了核弹。

其实，正如我们反复强调的，系统论本身特别强调系统元素之间的关系。所以，用于控制系统的因果关系，实际上已经蕴含在系统的表示之中。如图 1.11 所示，这是一个更为复杂的、拥有两个子系统的复合系统。

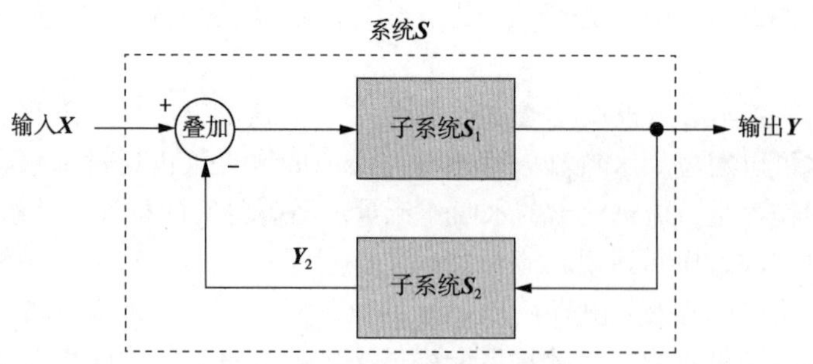

图 1.11 拥有子系统的复合系统

我们顺着因果逻辑的顺序来理解该系统。当我们为系统施加一个因，输入 $\boldsymbol{X}$ 时，子系统 $\boldsymbol{S}_1$ 会响应该输入，经过一段时间，改变其系统状态，得到输出结果 $\boldsymbol{Y}$。$\boldsymbol{Y}$ 又作为子系统 $\boldsymbol{S}_2$ 的输入，经过一段时间，引起 $\boldsymbol{S}_2$ 的响应，产生输出 $\boldsymbol{Y}_2$，该输出又作为子系统 $\boldsymbol{S}_1$ 新的输入，与系统的输入 $\boldsymbol{X}$ 一起，引起子系统 $\boldsymbol{S}_1$ 的响应。如此循环往复，构成了由因果关系组成的网络。所以，产生系统输出结果 $\boldsymbol{Y}$ 的直接和间接原因，实际上是一个复杂的因果网络。那么，我们要控制系统得到想要的 $\boldsymbol{Y}$，就有两条路可走：一是维持系统，保持因果网络结构不变，控制输入 $\boldsymbol{X}$ 的类型和强度；二是更改系统的内容和结构，设计出新的因果网络。当然，我们也可以双管齐下。

至此，我们系统地建立起了系统的思维和形式逻辑。在抽象的意义上讲，任何一个物理对象都可以被看作一个系统。从系统的角度对物理对象进行建模，物理对象及其产生的物理现象将变得更容易被理解和更方便被利用。

1.2 力学系统：物质时空与场的关系网

生活在地球表面，我们常见的物理对象及其现象莫过于物质及其机械运动。比如抛物运动，如图 1.12 所示。

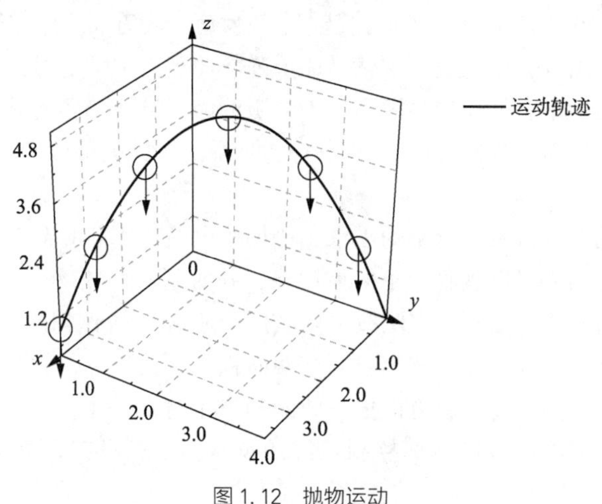

图 1.12 抛物运动

从系统的角度审视该物理现象，我们可以提取出 3 个系统元素，如下。

（1）物质。这里是有质量的小球。

（2）时空。这里是与几何距离、方向以及事件先后顺序有关的时间和空间。

（3）场。这里是引起重力的引力场。

实际上，根据当前科学理解，组成物理世界的对象都可以被归结为这 3 类。所有物理现象都是它们交织的结果。由于世界是一个统一的整体，原则上说万物之间相互影响和互相决定。换句话说，如图 1. 13 所示，物质、时空和场之间存在着相互作用。

遗憾的是，对于世界系统，现在我们还没有能力处理所有对象相互影响的情况。幸运的是，在可接受的精度范围内，就很多物理现象来说，相互影响均可以被视为单向的作用。比如，对于我们这里所关心的机械运动现象。如图 1. 14 所示，时空和场是给定的背景信息，物质受它们的影响而做机械运动，但是却无法改变它们。这很符合我们的日常生活直觉。比如，对时间来说，“逝者如斯夫，不舍昼夜”，它就好像是大自然勇往直前的底层自变量，没有原因，变化本身就是它的固有属性。另外，时间是绝对公平的，无论对象，它的自发改变都是等同的和均匀的。空间也有类似的固有性质，几何距离对所有物理对象来说也都是一视同仁。这就是经典的绝对时空观。

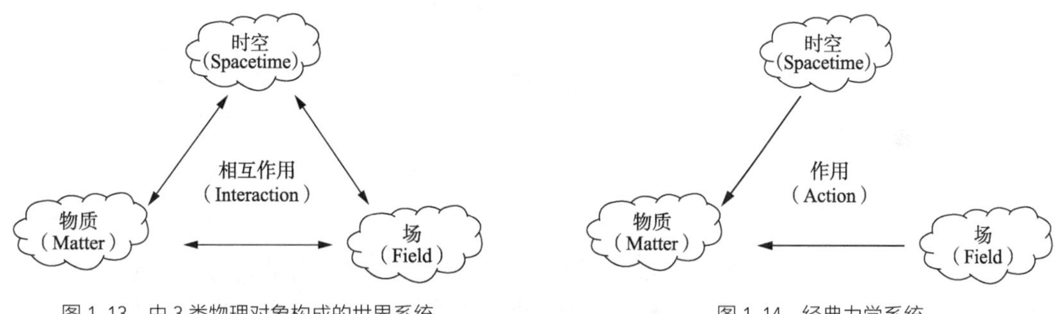

图 1. 13 由 3 类物理对象构成的世界系统

图 1. 14 经典力学系统

当然，绝对时空观模型只是真实情况的近似，随着时间测量精度的提高，我们发现，时间不是绝对的，对不同地点的人来说，他们观测同一事件的发展，其耗时是有差别的。空间也不是绝对的，物质的运动会造成其几何尺寸收缩。换句话说，时空受到了物质及其运动状态的影响。这便是更为精确的相对论系统，此时我们的目光聚焦到时空本身的变化，如图 1. 15 所示。

类似地，还存在物质和时空单向决定场的物理现象，这属于电动力学的研究范畴，如图 1. 16 所示。

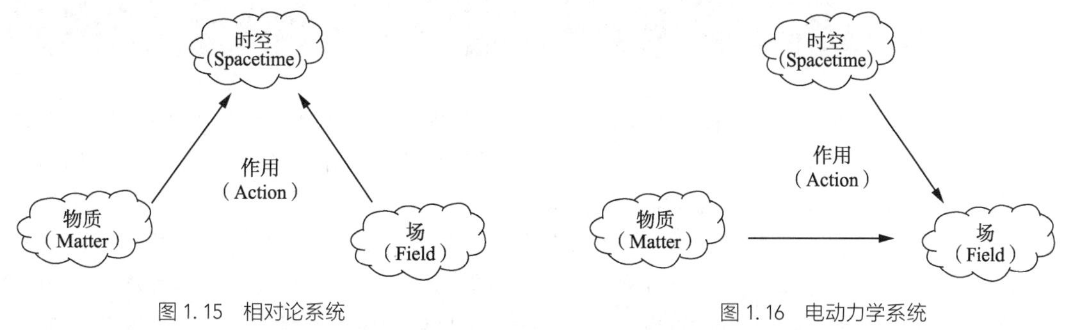

图 1. 15 相对论系统

图 1. 16 电动力学系统

由于本书主要讨论的是宏观、低速的经典机械运动问题，相对论效应可以忽略，也不涉及电磁场的变化问题，因此采纳的是图 1. 14 所示的经典力学系统。值得注意的是，因为处理不了

图 1. 13 所示的复杂物理交互，我们根据物理现象最终表现出来的特点，把物理学系统拆分成了图 1. 14 所示的经典力学系统、图 1. 15 所示的相对论系统和图 1. 16 所示的电动力学系统，分而治之。这再次反映了系统论的思想，对于复杂事物，它是由元素、结构和功能相互交织的整体，要理解乃至控制它，我们需要根据研究对象表现出来的现象，或者说基于我们的研究目的，来为它量身定做一个系统模型。

具体到图 1. 12 所示的抛物运动，要理解和控制整个运动现象，我们可以画出它的系统结构，如图 1. 17 所示。由于空间、引力场为不变因素，因此整个抛物系统的状态可以用小球的力学状态，也就是位置和速度表示。

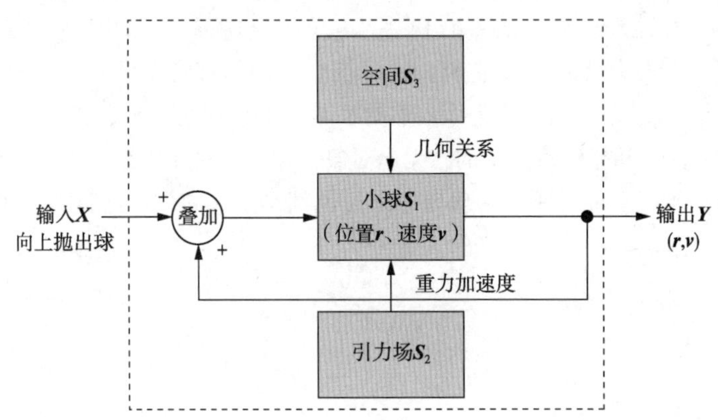

图 1. 17　抛物系统结构

我们从系统的输入开始，顺着因果关系来理解抛物运动现象。外界通过向上抛出球给了抛物系统一个输入，经过一段时间，该输入行为结束，使小球的力学状态改变，获得了一个初始位置 $\boldsymbol{r}_0$ 和初速度 $\boldsymbol{v}_0$。我们可以认为系统的输入设置了小球的初始力学状态。我们把输入结束的时刻记为初始时刻 t_0。在抛物系统的内部，引力场和空间子系统持续向小球输出万有引力，使其产生加速度 $\boldsymbol{a}$，加速度将改变小球下一时刻的速度状态 $\boldsymbol{v}(t_0+\Delta t)=\boldsymbol{v}(t_0)+\boldsymbol{a}\Delta t$，小球此时的速度 $\boldsymbol{v}(t_0)$ 也将改变小球下一时刻的位置状态 $\boldsymbol{r}(t_0+\Delta t)=\boldsymbol{r}(t_0)+\boldsymbol{v}(t_0)\Delta t$。$\boldsymbol{r}(t_0+\Delta t)$ 和 $\boldsymbol{v}(t_0+\Delta t)$ 作为抛物系统 $(t_0+\Delta t)$ 时刻的输出，又以输入的形式“设置”了小球的力学状态，并对小球接下来时刻 $(t_0+2\Delta t)$ 的输出产生影响，如此循环往复，造成我们观察到小球先上升后下落的运动现象。

1. 3　矢量分析：力学量的推理计算工具

一般来说，物理对象（比如机械运动系统）的某个性质通常需要多个量来描述。为了方便，同时强调它们的共同归属，我们通常会把这些相关量打包成一个整体物理量来看待和处理。通常，物理量的值是相互影响并动态变化的，根据其演变规律，我们在数学上可以把它们划分为标量、矢量和张量 3 类，它们均会在力学中大显身手。标量所涉及的数学计算对于读者来说比较熟悉，这里不赘述。与矢量相关的数学计算，比如矢量的描述、分解、合成和转化在力学中的应用会涉及复杂的技巧，为本节的关注重点。对于张量大家比较陌生，而且特别抽象，因此会在第 4 章中结合具体的问题来阐述。

1.3.1　几何性质：整合大小和方向属性

大家熟悉的矢量是指有方向和大小的量。比如，在平面内，一个点的位置可以由从原点出发到目标点的有向线段（位置矢量，简称位矢）表示，如图 1.18 所示。

一方面，代表位矢的有向线段 $\boldsymbol{OA}$ 可以由目标点 A 与原点 O 的距离 r 和方向角度 θ 两个标量变量决定。

$$\boldsymbol{r}=\boldsymbol{r}(r,\theta) \tag{1.7}$$

另一方面，如图 1.19 所示，在原点基础上建立起坐标系后，平面点 A 的位置也可以由它与两个坐标轴的垂直距离标量 x 和 y 决定。

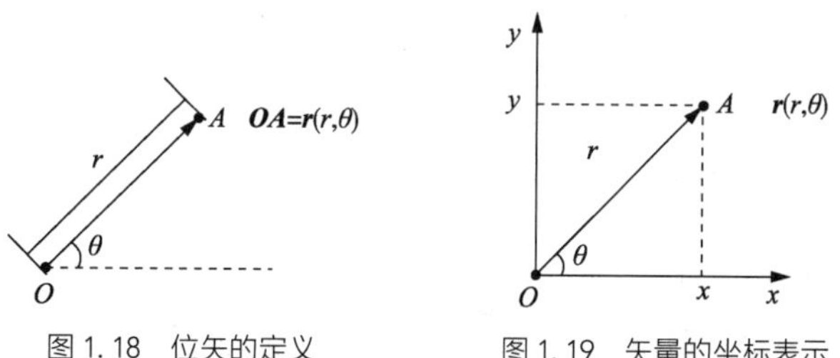

图 1.18　位矢的定义　　图 1.19　矢量的坐标表示

$$\boldsymbol{r}=\boldsymbol{r}(x,y) \tag{1.8}$$

对比式（1.7）和式（1.8）可以看出，用于描述对象性质（比如点的位置）的矢量，所涉及的具体标量变量的内容可以不同，但是总体所需标量变量的个数是一样的。我们称完整描述一个对象性质所需的最少标量变量的个数为矢量的维度。

1.3.2　代数运算：矢量的分解、合成、转化

正如我们在系统思维部分所强调的，物理现象背后是一个复合系统，组成它的物理对象相互影响并时刻变化着。所以，描述对象物理性质的矢量就必须要有相应的运算体系来方便地处理这些具体的相互影响和时变规律。根据现实世界物理对象关系及其演化所呈现出来的特点，矢量数学的基本代数运算被定义为加法、数乘、内积（点乘）、外积（叉乘）等。从几何的意义上说，这些运算对应有向线段（或之间）的分解、合成、伸缩、投影、旋转以及面积度量等基本操作。

（1）加法

如图 1.20 所示，矢量加法满足平行四边形法则。

$$\boldsymbol{a}+\boldsymbol{b}=\boldsymbol{c} \tag{1.9}$$

它实际上解决了矢量的合成［从左到右看式（1.9）］和分解［从右到左看式（1.9）］问题。与我们熟悉的标量加法类似，矢量加法计算满足如下几种规则。

① 交换律。

$$\boldsymbol{a}+\boldsymbol{b}=\boldsymbol{b}+\boldsymbol{a}$$

它的正确性可以从图 1.21 所示的几何意义直接看出来。

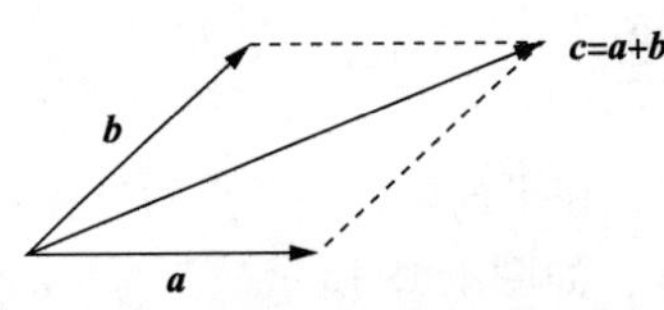

图 1.20 矢量加法的几何意义

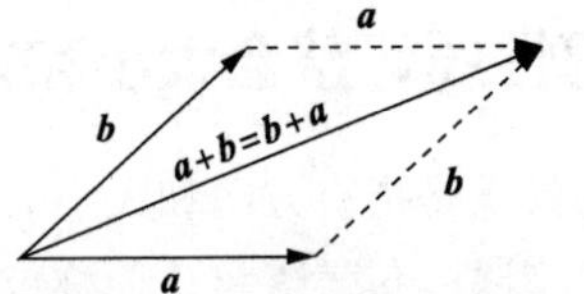

图 1.21 加法交换律的几何意义

② 结合律。

$$(\boldsymbol{a}+\boldsymbol{b})+\boldsymbol{c}=\boldsymbol{a}+(\boldsymbol{b}+\boldsymbol{c})$$

加法结合律的几何意义如图 1.22 所示。

③ 矢量减法。

$$\boldsymbol{a}-\boldsymbol{b}=\boldsymbol{a}+(-\boldsymbol{b})$$

矢量减法的几何意义如图 1.23 所示。

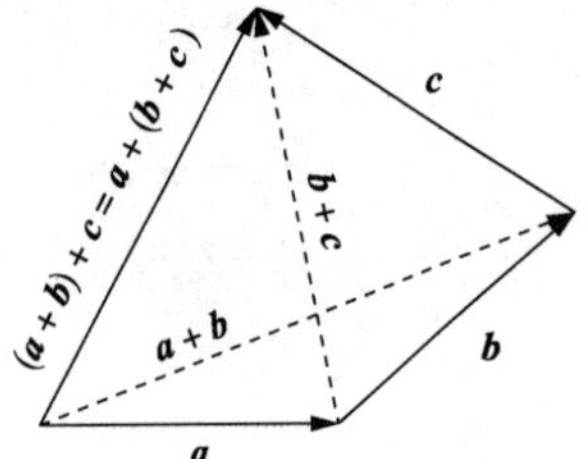

图 1.22 加法结合律的几何意义

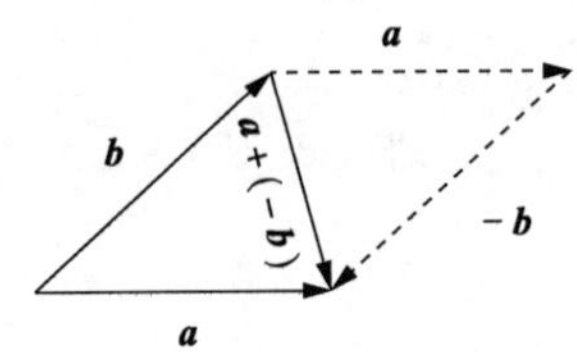

图 1.23 矢量减法的几何意义

通过矢量减法，我们可以得到一个特殊的矢量——零矢量。

$$\boldsymbol{0}=\boldsymbol{a}-\boldsymbol{a}$$

它是唯一一个没有确定方向的矢量，任何矢量与它求和都等于其自身。

$$\boldsymbol{a}+\boldsymbol{0}=\boldsymbol{a}$$

（2）数乘

令 λ 为一实数，将它与矢量 $\boldsymbol{a}$ 的数乘 $\lambda\boldsymbol{a}$ 定义为一个新的矢量，其方向与 $\boldsymbol{a}$ 的相同或相反，这取决于 λ 的正负。

$$\lambda\boldsymbol{a}\text{ 的方向}=\begin{cases}\boldsymbol{a}\text{ 的方向} & \lambda>0\\ \boldsymbol{a}\text{ 的反方向} & \lambda<0\\ \text{不确定} & \lambda=0\end{cases}$$

其大小定义为

$$|\lambda\boldsymbol{a}|=|\lambda|\times|\boldsymbol{a}|=|\lambda|a$$

特别地，有

$$1\boldsymbol{a}=\boldsymbol{a}$$

$$0\boldsymbol{a}=\boldsymbol{0}$$

$$-1\boldsymbol{a}=-\boldsymbol{a}$$

可以看出，数乘实际上对应有向线段的伸长、缩短和反向等变化。进一步，我们把矢量的合成和分解与数乘相结合，可以得到如下计算规则。

① 分配律。

$$(\lambda_1+\lambda_2)\boldsymbol{a}=\lambda_1\boldsymbol{a}+\lambda_2\boldsymbol{a}$$

$$\lambda(\boldsymbol{a}+\boldsymbol{b})=\lambda\boldsymbol{a}+\lambda\boldsymbol{b}$$

练习　如图 1.24 所示，利用几何知识证明数乘分配律。

② 结合律。

$$\lambda_1\lambda_2\boldsymbol{a}=\lambda_1(\lambda_2\boldsymbol{a})=(\lambda_1\boldsymbol{a})\lambda_2$$

根据标量乘法的性质，数乘结合律是显而易见的。

③ 单位矢量。

利用数乘，对于任意一个有确定方向的非零矢量，在该矢量的方向上，我们都可以找到一个长度为 1 的单位矢量。

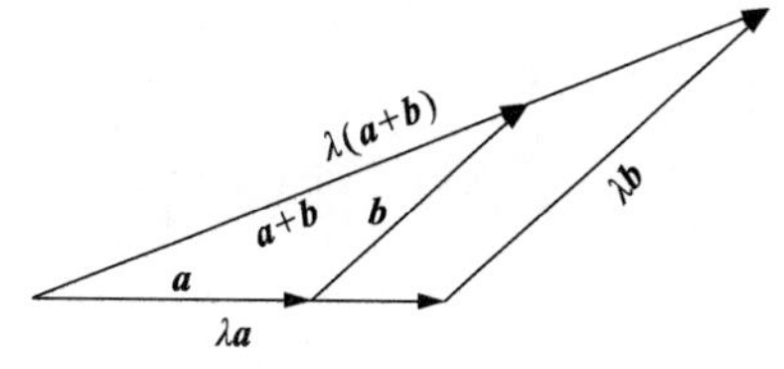

图 1.24　数乘分配律的几何意义

$$\boldsymbol{e}_a=a^{-1}\boldsymbol{a}$$

很容易验证单位矢量的长度是 1。

$$|\boldsymbol{e}_a|=a^{-1}a=1$$

反过来，从单位矢量出发，通过拉伸、压缩和反向，我们也可以得到该方向上的任意长度的矢量。

$$\boldsymbol{a}=a\boldsymbol{e}_a$$

(3) 内积

矢量的内积定义为

$$\boldsymbol{a}\cdot\boldsymbol{b}=ab\cos\theta \tag{1.10}$$

它实现了将两个矢量映射到一个标量上。我们可以从矢量的分解这个角度来理解它。利用矢量的加法，我们可以把矢量分解到其他方向上。这个分解关系显然与原矢量和分解方向有关。一种常用的分解方式是在互相垂直的方向上对矢量进行投影。与之对应的运算就是矢量与这些方向上的单位矢量的内积，如图 1.25 所示。

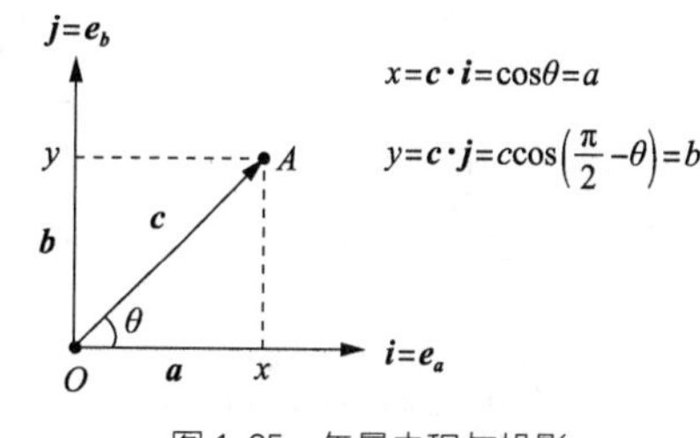

图 1.25　矢量内积与投影

如果两个矢量 $\boldsymbol{a}$ 和 $\boldsymbol{b}$ 相互垂直，那么它们在对方方向上的投影长度均为 0，有

$$\boldsymbol{a}\cdot\boldsymbol{b}=0 \tag{1.11}$$

但是反过来，式 (1.11) 成立并不能得到 $\boldsymbol{a}\perp\boldsymbol{b}$。除非 $\boldsymbol{a}$ 和 $\boldsymbol{b}$ 均为非零矢量。类似数乘，矢量的内积有以下性质。

① 交换律。

$$\boldsymbol{a}\cdot\boldsymbol{b}=\boldsymbol{b}\cdot\boldsymbol{a}$$

内积交换律的性质可以从内积的定义和实数乘法的交换律中直接得到。

② 分配律。

$$(\boldsymbol{a}+\boldsymbol{b})\cdot\boldsymbol{c}=\boldsymbol{a}\cdot\boldsymbol{c}+\boldsymbol{b}\cdot\boldsymbol{c}$$

如图 1.26 所示，根据投影关系有

$$\boldsymbol{a}\cdot\boldsymbol{e}_c+\boldsymbol{b}\cdot\boldsymbol{e}_c=(\boldsymbol{a}+\boldsymbol{b})\cdot\boldsymbol{e}_c$$

等式两边同时乘以 $\boldsymbol{c}$ 的模长

$$c(\boldsymbol{a}\cdot\boldsymbol{e}_c+\boldsymbol{b}\cdot\boldsymbol{e}_c)=c(\boldsymbol{a}+\boldsymbol{b})\cdot\boldsymbol{e}_c$$

连续使用数乘的分配律和内积的交换律

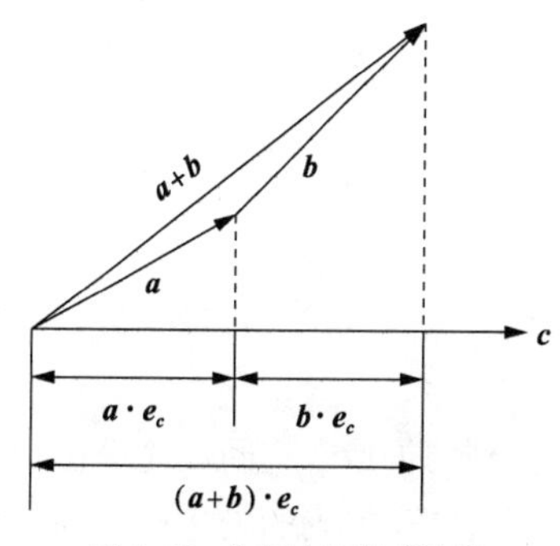

图 1.26　矢量内积的分配律

$$\boldsymbol{a} \cdot c\boldsymbol{e}_c+\boldsymbol{b} \cdot c\boldsymbol{e}_c=(\boldsymbol{a}+\boldsymbol{b}) \cdot c\boldsymbol{e}_c$$

有

$$\boldsymbol{a} \cdot \boldsymbol{c}+\boldsymbol{b} \cdot \boldsymbol{c}=(\boldsymbol{a}+\boldsymbol{b}) \cdot \boldsymbol{c}$$

③ 矢量模长。

由于

$$\boldsymbol{a} \cdot \boldsymbol{a}=|\boldsymbol{a}|^2$$

因此

$$a=\sqrt{\boldsymbol{a} \cdot \boldsymbol{a}}$$

特别地，对于单位矢量，有

$$\boldsymbol{e} \cdot \boldsymbol{e}=1$$

④ 施瓦兹不等式。

$$|\boldsymbol{a} \cdot \boldsymbol{b}| \leqslant ab$$

这可以利用内积的定义式，以及$|\cos\theta| \leqslant 1$得到。

⑤ 三角不等式。

$$|a-b| \leqslant |\boldsymbol{a}+\boldsymbol{b}| \leqslant |a+b|$$

因为

$$(\boldsymbol{a}+\boldsymbol{b})^2=a^2+b^2+2\boldsymbol{a} \cdot \boldsymbol{b}$$
$$a^2+b^2-2ab \leqslant (\boldsymbol{a}+\boldsymbol{b})^2 \leqslant a^2+b^2+2ab$$
$$(a-b)^2 \leqslant (\boldsymbol{a}+\boldsymbol{b})^2 \leqslant (a+b)^2$$
$$|a-b| \leqslant |\boldsymbol{a}+\boldsymbol{b}| \leqslant |a+b|$$

（4）外积

内积是两个矢量到一个标量的转化，矢量的外积定义为两个矢量到另一个矢量的转化。

$$\boldsymbol{a}\times\boldsymbol{b}=\boldsymbol{c} \tag{1.12}$$

两个矢量外积得到的新矢量 $\boldsymbol{c}$ 的长度定义为

$$|\boldsymbol{a}\times\boldsymbol{b}|=ab\sin\theta$$

如图 1.27 所示，$\boldsymbol{c}$ 的长度数值 c 与 $\boldsymbol{a}$ 和 $\boldsymbol{b}$ 组成的平行四边形的面积数值 s 相等，而 $\boldsymbol{c}$ 的方向与该平行四边形所在平面垂直，可以看作当矢量 $\boldsymbol{a}$ 向矢量 $\boldsymbol{b}$ 逆时针旋转时，旋转轴的指向（右手定则）。

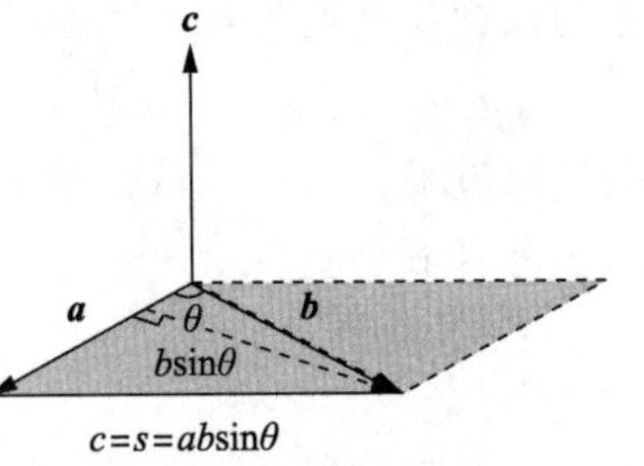

图 1.27 矢量外积

与矢量的加法类似，矢量的外积也可以被看作将两个矢量合成为另一个矢量。现在我们来看一看由外积得到的矢量有什么特殊之处。对于正常的矢量而言，有

$$\boldsymbol{a}+\boldsymbol{b}=\boldsymbol{c}$$

我们对上式中的 $\boldsymbol{a}$ 和 $\boldsymbol{b}$ 进行空间反演，让它们反向，有

$$-\boldsymbol{a}+(-\boldsymbol{b})=-(\boldsymbol{a}+\boldsymbol{b})=-\boldsymbol{c} \tag{1.13}$$

同样地，我们对式（1.12）进行空间反演，有

$$-\boldsymbol{a}\times(-\boldsymbol{b})=\boldsymbol{a}\times\boldsymbol{b}=\boldsymbol{c} \tag{1.14}$$

可见得到的矢量在空间反演操作下，性质完全相反。为了区分两者，我们将通常的矢量称为极矢量，而将外积得到的矢量称为轴矢量（也称赝矢量）。换句话说，外积得到的矢量并不完全是我们之前所理解的矢量，所以是“赝品”。矢量可以是“赝品”，标量会不会也有“赝品”？观察

两个矢量内积得到的标量（式1.10）。在空间反演下，如果两个矢量都是极矢量，其内积得到的标量不会发生改变。

$$\boldsymbol{a}\cdot\boldsymbol{b}=x$$
$$-\boldsymbol{a}\cdot(-\boldsymbol{b})=\boldsymbol{a}\cdot\boldsymbol{b}=x$$

如果对两个轴矢量进行内积，得到的标量不会更改符号。

$$(\boldsymbol{a}\times\boldsymbol{b})\cdot(\boldsymbol{c}\times\boldsymbol{d})=y$$
$$[(-\boldsymbol{a})\times(-\boldsymbol{b})]\cdot[(-\boldsymbol{c})\times(-\boldsymbol{d})]=y$$

但是，当一个矢量是极矢量，另一个矢量是轴矢量时，得到的标量符号会发生反转。

$$\boldsymbol{a}\cdot(\boldsymbol{b}\times\boldsymbol{c})=z$$
$$-\boldsymbol{a}\cdot[(-\boldsymbol{b})\times(-\boldsymbol{c})]=-z$$

所以，我们把极矢量和轴矢量混合内积得到的标量称为赝标量。

在上面的推导中，我们遇到了外积和内积的混合或者多重运算。我们以后会经常用到它们，其中常见的计算关系有

$$\boldsymbol{a}\cdot(\boldsymbol{b}\times\boldsymbol{c})=\boldsymbol{b}\cdot(\boldsymbol{c}\times\boldsymbol{a})=\boldsymbol{c}\cdot(\boldsymbol{a}\times\boldsymbol{b}) \tag{1.15}$$

$$\boldsymbol{a}\times(\boldsymbol{b}\times\boldsymbol{c})=\boldsymbol{b}(\boldsymbol{a}\cdot\boldsymbol{c})-\boldsymbol{c}(\boldsymbol{a}\cdot\boldsymbol{b}) \tag{1.16}$$

$$\begin{aligned}&(\boldsymbol{a}\times\boldsymbol{b})\cdot(\boldsymbol{c}\times\boldsymbol{d})=(\boldsymbol{a}\cdot\boldsymbol{c})(\boldsymbol{b}\cdot\boldsymbol{d})-(\boldsymbol{a}\cdot\boldsymbol{d})(\boldsymbol{b}\cdot\boldsymbol{c})\\&(\boldsymbol{a}\times\boldsymbol{b})^2=a^2b^2-(\boldsymbol{a}\cdot\boldsymbol{b})^2\end{aligned} \tag{1.17}$$

1.3.3 线性空间：几何和代数相辅相成

到此为止，以有大小和方向的位矢为例，我们发现了矢量的几何和代数属性的等价性。这意味着，我们可以超越大小和方向的几何意义局限，把矢量看作满足代数运算规则（矢量加法和数乘）的数学对象，从而扩展矢量的应用范围。反过来，我们也可以通过大小和方向的类比，从几何的角度来可视化理解多个标量变量协同演化所呈现出来的整体物理特征。

我们知道作为几何对象的矢量可以被拉伸、压缩、反向、合成与分解，对应的代数操作是数乘和矢量加法。通过这两种操作，我们可以从一些矢量出发，得到其他矢量。如图1.28所示，将 $\boldsymbol{v}_1$ 拉伸 x 倍，将 $\boldsymbol{v}_2$ 拉伸 y 倍，再通过平行四边形法则进行合成，可以得到新的矢量 $\boldsymbol{v}$。

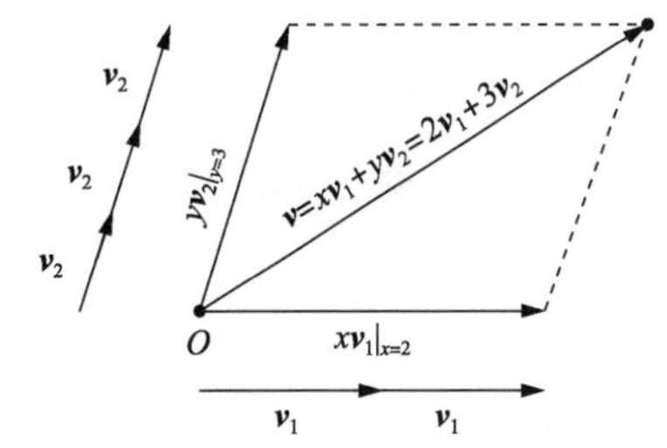

图1.28 矢量的线性组合

$$x\boldsymbol{v}_1+y\boldsymbol{v}_2=\boldsymbol{v} \tag{1.18}$$

其中 x 和 y 为实数。

我们把 $x\boldsymbol{v}_1+y\boldsymbol{v}_2$ 称为 $\boldsymbol{v}_1$ 和 $\boldsymbol{v}_2$ 的线性组合（叠加），其结果是一个新的矢量 $\boldsymbol{v}$。当式（1.18）中的 x 和 y 遍历所有实数时，我们将得到一系列的矢量 $\boldsymbol{v}|_{x,y\in\mathbf{R}}$。这些矢量构成的集合（暗含它们之间的构成关系），称为矢量 $\boldsymbol{v}_1$ 和 $\boldsymbol{v}_2$ 张开的线性空间。如图1.29所示，在平面内，我们任意取互相垂直的两个单位矢量 i 和 j 作为基本矢量，通过它们的线性组合可以得到平面内的任意一个矢量。此时我们说矢量 $\boldsymbol{i}$ 和 $\boldsymbol{j}$ 张开了整个平面。

$$\boldsymbol{v}=x\boldsymbol{i}+y\boldsymbol{j} \tag{1.19}$$

在单位矢量固定的情况下，$\boldsymbol{v}$ 与 x 和 y 一一对应，所以 $\boldsymbol{v}=x\boldsymbol{i}+y\boldsymbol{j}$ 可以简写为

$$\boldsymbol{v}=\begin{bmatrix}x\\y\end{bmatrix}=[x,y]^{\mathrm{T}} \tag{1.20}$$

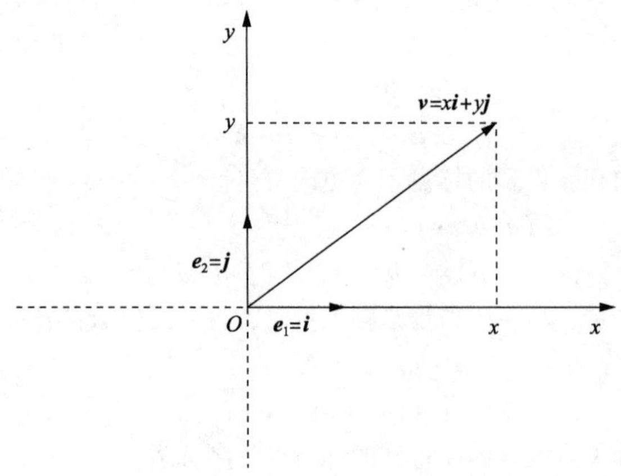

图 1.29 矢量的线性组合

相信大家已经发觉，这就是直角坐标系下平面矢量的坐标表示。令

$$\boldsymbol{a}=\begin{bmatrix}a_1\\a_2\\a_3\end{bmatrix},\boldsymbol{b}=\begin{bmatrix}b_1\\b_2\\b_3\end{bmatrix},\boldsymbol{c}\in\mathbf{R}$$

矢量的运算规则可以得到简化，转化为一系列标量运算。

（1）矢量加减法

$$\boldsymbol{a}\pm\boldsymbol{b}=\begin{bmatrix}a_1\\a_2\\a_3\end{bmatrix}\pm\begin{bmatrix}b_1\\b_2\\b_3\end{bmatrix}=\begin{bmatrix}a_1\pm b_1\\a_2\pm b_2\\a_3\pm b_3\end{bmatrix}$$

（2）矢量数乘

$$c(\boldsymbol{a})=c\begin{bmatrix}a_1\\a_2\\a_3\end{bmatrix}=\begin{bmatrix}ca_1\\ca_2\\ca_3\end{bmatrix}$$

（3）矢量内积

$$\boldsymbol{a}\cdot\boldsymbol{b}=\begin{bmatrix}a_1\\a_2\\a_3\end{bmatrix}^{\mathrm{T}}\cdot\begin{bmatrix}b_1\\b_2\\b_3\end{bmatrix}=a_1b_1+a_2b_2+a_3b_3$$

（4）矢量外积

$$\boldsymbol{a}\times\boldsymbol{b}=\begin{vmatrix}\boldsymbol{i}&\boldsymbol{j}&\boldsymbol{k}\\a_1&a_2&a_3\\b_1&b_2&b_3\end{vmatrix}=(a_2b_3-a_3b_2)\boldsymbol{i}+(a_1b_3-a_3b_1)\boldsymbol{j}+(a_1b_2-a_2b_1)\boldsymbol{k}$$

有时候，从不同数目的矢量出发，张开的空间可能是一样大的。也就是说，我们用来张开空间的矢量组可能会有冗余。如图 1.30 所示，在平面内引入第三个矢量 $\boldsymbol{k}$ 后，有

$$\boldsymbol{v}=x\boldsymbol{i}+y\boldsymbol{j}+z\boldsymbol{k}=x\boldsymbol{i}+y\boldsymbol{j}+x'\boldsymbol{i}+y'\boldsymbol{j}=(x+x')\boldsymbol{i}+(y+y')\boldsymbol{j}=x''\boldsymbol{i}+y''\boldsymbol{j}$$

与式（1.19）等价，仅能构建二维空间。换句话说，矢量的个数越多，张开的空间并不一定越大。

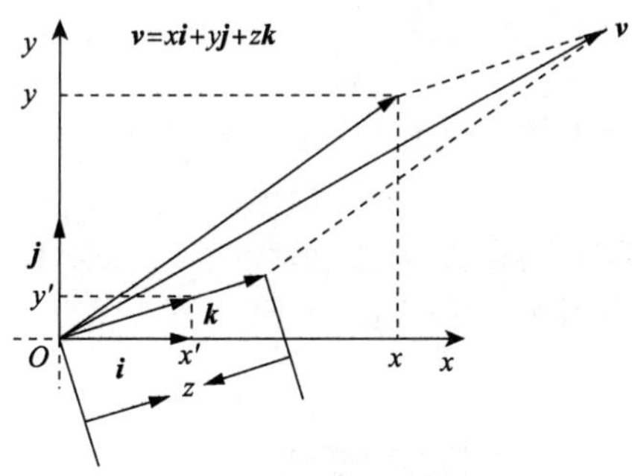

图 1.30　矢量的线性相关

一般地，如果用于张开空间的矢量组有冗余，我们称它们线性相关。具体来说，如果方程

$$x_1\boldsymbol{v}_1+x_2\boldsymbol{v}_2+x_3\boldsymbol{v}_3+\cdots+x_n\boldsymbol{v}_n=\boldsymbol{0} \tag{1.21}$$

有非零解，那么矢量组$\{\boldsymbol{v}_1,\cdots,\boldsymbol{v}_n\}$线性相关。与之相反，如果方程只有全零解$x_1=0,\cdots,x_n=0$，那么矢量组$\{\boldsymbol{v}_1,\cdots,\boldsymbol{v}_n\}$线性无关。线性无关的矢量组张开的空间的维度等于矢量组包含的矢量个数。

如果一个矢量$\boldsymbol{v}$，在矢量组$\{\boldsymbol{v}_1,\cdots,\boldsymbol{v}_n\}$所张开的空间内，那么式（1.22）一定有实数解。

$$\sum_{i=1}^{n}x_i\boldsymbol{v}_i=\boldsymbol{v} \tag{1.22}$$

简单但不失一般性，我们以平面矢量为例，看看如何具体求解矢量方程。在式（1.22）中，令$n=2$，$\boldsymbol{v}_1=\boldsymbol{a}_1$，$\boldsymbol{v}_2=\boldsymbol{a}_2$，$\boldsymbol{v}=\boldsymbol{b}$，有

$$x_1\boldsymbol{a}_1+x_2\boldsymbol{a}_2=\boldsymbol{b} \tag{1.23}$$

类似地，我们可以在直角坐标系下求解式（1.23）。选定单位矢量$\boldsymbol{i}$和$\boldsymbol{j}$后，有

$$\boldsymbol{a}_1=a_{11}\boldsymbol{i}+a_{12}\boldsymbol{j}=\begin{bmatrix}a_{11}\\a_{12}\end{bmatrix}$$

$$\boldsymbol{a}_2=a_{21}\boldsymbol{i}+a_{22}\boldsymbol{j}=\begin{bmatrix}a_{21}\\a_{22}\end{bmatrix}$$

$$\boldsymbol{b}=b_1\boldsymbol{i}+b_2\boldsymbol{j}=\begin{bmatrix}b_1\\b_2\end{bmatrix}$$

将上式代入式（1.23），有

$$x_1\begin{bmatrix}a_{11}\\a_{12}\end{bmatrix}+x_2\begin{bmatrix}a_{21}\\a_{22}\end{bmatrix}=\begin{bmatrix}b_1\\b_2\end{bmatrix}$$

它可以被整理成大家熟悉的线性方程组形式。

$$a_{11}x_1+a_{21}x_2=b_1$$
$$a_{12}x_1+a_{22}x_2=b_2$$

并进一步写成矩阵乘法的形式。

$$\begin{bmatrix}a_{11}&a_{21}\\a_{12}&a_{22}\end{bmatrix}\begin{bmatrix}x_1\\x_2\end{bmatrix}=\begin{bmatrix}b_1\\b_2\end{bmatrix} \tag{1.24}$$

令

$$\begin{bmatrix}a_{11}&a_{21}\\a_{12}&a_{22}\end{bmatrix}=\boldsymbol{A}=[\boldsymbol{a}_1,\boldsymbol{a}_2]$$

式（1.24）可以被重新识别为

$$\boldsymbol{Ax}=\boldsymbol{b}$$

所以，我们可以认为式（1.24）的解组成了一个矢量 $\boldsymbol{x}$，目标矢量 $\boldsymbol{v}$ 是该矢量的一个函数变换。

$$\boldsymbol{v}=f_{\mathrm{lt}}(\boldsymbol{x})$$

我们知道矩阵（及其逆矩阵）可以被看作线性变换（Linear Transformation）的一种表示。因此，上式需要的函数形式 f_{lt} 是线性的。如图 1.31 所示，常见的与几何有关的线性变换有恒等变换、镜像变换、放大变换、旋转变换等。

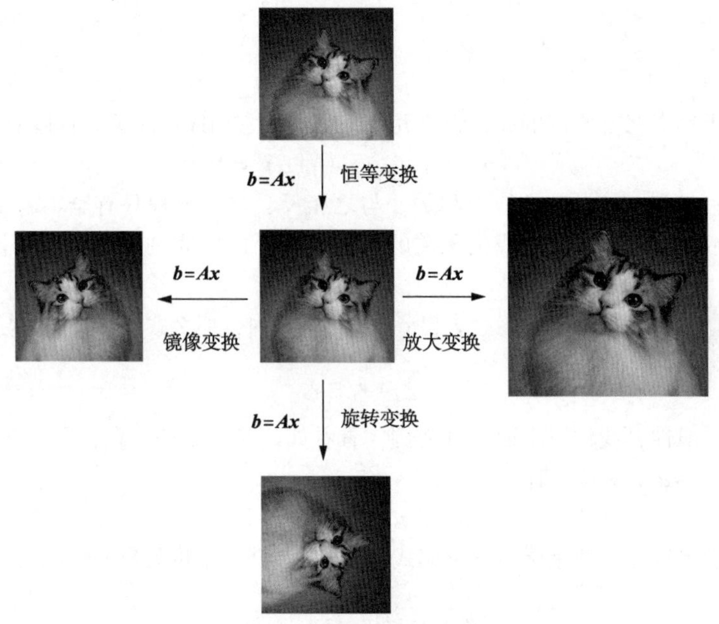

图 1.31　常见几何线性变换

练习　请解释矩阵 $\boldsymbol{A}$ 的几何意义。

$$\boldsymbol{A}=\begin{bmatrix}0 & -1\\ 1 & 0\end{bmatrix}$$

1.3.4　空间分布：自变量是矢量的情况

（1）场的两种类型：标量与矢量

有了线性空间后，空间中任意一点都可以方便地用矢量（及其坐标）来表示。自然地，弥散在空间中的物理量也可以用基于矢量的函数来描述，把这种有空间分布特性的量叫作场，它通常被写成下面这种形式：

$$\boldsymbol{y}(\boldsymbol{x})=f(\boldsymbol{x})$$

注意，自变量 $\boldsymbol{x}$ 和因变量 $\boldsymbol{y}$ 所在空间不需要具有同样的维度，如图 1.32 所示。

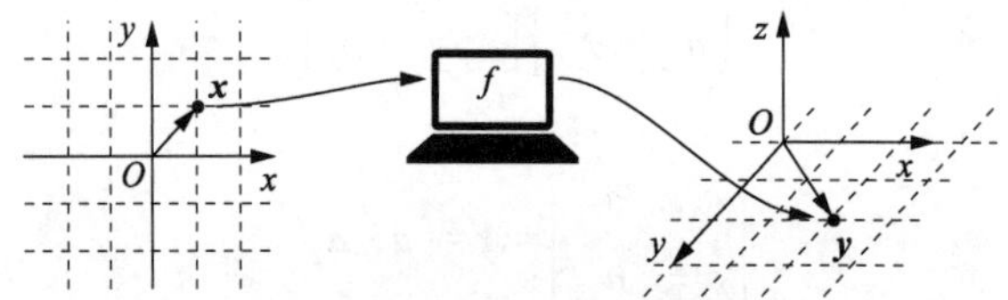

图 1.32　二维矢量到三维矢量的映射

就力学来说，自变量 $\boldsymbol{x}$ 一般存在于三维空间或其子空间（比如平面）。而因变量 $\boldsymbol{y}$ 与力学量有关，可以是标量或者矢量。当因变量 $\boldsymbol{y}$ 是标量时，我们称其为标量场，将其记为 $y(\boldsymbol{x})$。在坐标系中，它还可以被记为分量形式，即

$$y(\boldsymbol{x})=y(x_1,x_2,x_3)$$

比如能量场中的引力势能场，令位矢 $\boldsymbol{r}=x_1\boldsymbol{i}+x_2\boldsymbol{j}+x_3\boldsymbol{k}$，有

$$E_{\mathrm{p}}=-\frac{GMm}{\sqrt{\boldsymbol{r}\cdot\boldsymbol{r}}}=-\frac{GMm}{\sqrt{x_1^2+x_2^2+x_3^2}}$$

当因变量是矢量时，我们称其为矢量场，将其记为 $\boldsymbol{y}(\boldsymbol{x})$，其分量形式为

$$\boldsymbol{y}(\boldsymbol{x})=\begin{bmatrix}y_1(x_1,x_2,x_3)\\y_2(x_1,x_2,x_3)\\y_3(x_1,x_2,x_3)\end{bmatrix}\tag{1.25}$$

比如引力场下，有

$$\boldsymbol{F}_{\mathrm{g}}=-\frac{GMm\boldsymbol{r}}{r^3}=\frac{GMm}{r^3}\begin{bmatrix}x_1\\x_2\\x_3\end{bmatrix}$$

从式（1.25）可以看出，矢量场其实可以被看作多个标量场的堆叠。

（2）场的轴向变化：偏导数

现在，我们来观察从空间的一点移动到另一点，场会发生什么变化。以标量场为例，我们首先观察沿着平行于 3 个坐标轴方向的场的变化性质。比如，我们沿着平行于 x_1 轴的方向，在 $\boldsymbol{x}$ 处，保持 x_2、x_3 的值不变，当 x_1 发生一个小的变化 Δx_1 时，观察单位长度标量场的变化。

$$\lim_{\Delta x_1\to 0}\frac{y(x_1+\Delta x_1,x_2,x_3)-y(x_1,x_2,x_3)}{\Delta x_1}\equiv\left.\frac{\partial y}{\partial x_1}\right|_{x_2,x_3}\tag{1.26}$$

为了简化书写，在本书中，我们把$\left.\dfrac{\partial y}{\partial x_1}\right|_{x_2,x_3}$简写为$\dfrac{\partial y}{\partial x_1}$或 $\partial_{x_1}y$。对于其他两个维度，也可以得到完全类似的结果。

$$\begin{aligned}&\lim_{\Delta x_2\to 0}\frac{y(x_1,x_2+\Delta x_2,x_3)-y(x_1,x_2,x_3)}{\Delta x_2}\equiv\left.\frac{\partial y}{\partial x_2}\right|_{x_1,x_3}\equiv\frac{\partial y}{\partial x_2}\equiv\partial_{x_2}y\\&\lim_{\Delta x_3\to 0}\frac{y(x_1,x_2,x_3+\Delta x_3)-y(x_1,x_2,x_3)}{\Delta x_3}\equiv\left.\frac{\partial y}{\partial x_3}\right|_{x_1,x_2}\equiv\frac{\partial y}{\partial x_3}\equiv\partial_{x_3}y\end{aligned}\tag{1.27}$$

式（1.27）用于提供场的空间变化信息，称为场的空间偏导数。对于矢量场，其 3 个独立的分量均为标量场，所以矢量场的空间偏导数可以被看作 3 个标量场偏导数的集合。比如，引力场，其偏导数为

$$\begin{aligned}\boldsymbol{F}_{\mathrm{g}}(\boldsymbol{r})&=-\frac{GMm\boldsymbol{r}}{r^3}=k\,\frac{\boldsymbol{r}}{r^3}\\&=\begin{bmatrix}k\,\dfrac{x_1}{r^3}\\k\,\dfrac{x_2}{r^3}\\k\,\dfrac{x_3}{r^3}\end{bmatrix}\\&\Rightarrow\partial_{x_1}\left(k\,\frac{x_1}{r^3}\right)=k\left(\frac{1}{r^3}-\frac{3x_1}{r^4}\,\frac{x_1}{r}\right)=\frac{k}{r^5}(r^2-3x_1^2)\end{aligned}$$

$$\partial_{x_2}\left(\alpha\frac{x_2}{r^3}\right)=-3k\frac{x_2x_1}{r^5}$$

$$\partial_{x_3}\left(\alpha\frac{x_3}{r^3}\right)=-3k\frac{x_3x_1}{r^5}$$

练习 请计算引力场其他两个分量的偏导数，并将其合成为整个引力场的偏导数。

可见，场的偏导数仍然是场，于是我们可以定义场的高阶偏导，即

$$\frac{\partial^2 y}{\partial x_i^2}=\frac{\partial y}{\partial x_i}\left(\frac{\partial y}{\partial x_i}\right)$$

$$\frac{\partial^n y}{\partial x_i^n}=\frac{\partial y}{\partial x_i}\left(\frac{\partial^{n-1} y}{\partial x_i^{n-1}}\right)$$

以及混合偏导。

$$\frac{\partial^2 y}{\partial x_i x_j}=\frac{\partial y}{\partial x_i}\left(\frac{\partial y}{\partial x_j}\right)$$

一般情况下，求混合偏导的顺序不能交换，只能从右到左依次进行。但是，对于具有良好连续性质（具有连续的高阶偏导）的场量，计算其混合偏导可以交换顺序。

$$\frac{\partial^2 y}{\partial x_i x_j}=\frac{\partial^2 y}{\partial x_j x_i}$$

（3）场的定向变化：梯度

借助偏导数，我们可以观察场在 3 个轴向上如何变化。对于标量场，通常我们还希望知道场在任意确定空间方向上的变化。如图 1.33 所示，有

$$\Delta y=y(\boldsymbol{r}+\Delta\boldsymbol{r})-y(\boldsymbol{r})$$

$$\Delta\boldsymbol{r}=\Delta x_1\boldsymbol{e}_1+\Delta x_2\boldsymbol{e}_2+\Delta x_3\boldsymbol{e}_3$$

通过偏导数我们很容易计算轴向的小位移所引起的场的变化，比如对于 x_1 方向有

$$\Delta y=\frac{\partial y}{\partial x_1}\Delta x_1$$

然而，如图 1.34 所示，一般的小位移并不一定是沿着轴向的。但是，我们可以重新选择坐标系的指向，使得小位移沿着新坐标系的轴向，有

$$\Delta y=\frac{\partial y}{\partial x_1'}\Delta x_1' \tag{1.28}$$

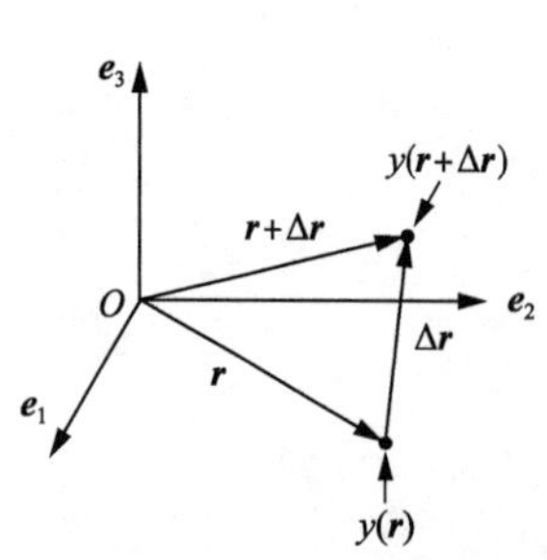

图 1.33　标量场沿任意方向的改变

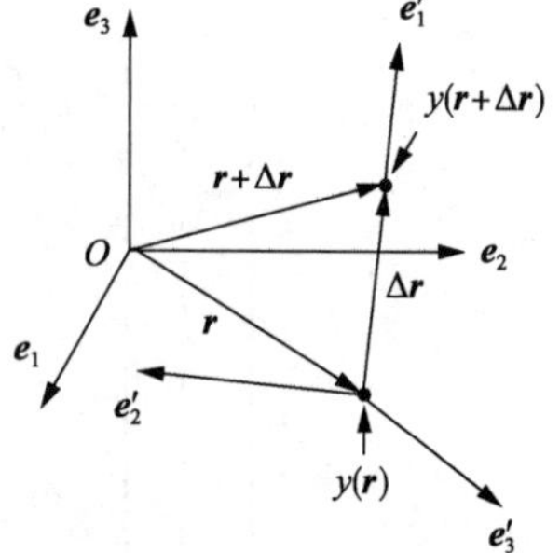

图 1.34　重新设置坐标系的轴向

于是，小位移 $\Delta\boldsymbol{r}$ 在两个坐标系中有了两种展开方式。

$$\Delta\boldsymbol{r}=\Delta x_1'\boldsymbol{e}_1'=\Delta x_1\boldsymbol{e}_1+\Delta x_2\boldsymbol{e}_2+\Delta x_3\boldsymbol{e}_3$$

在上式两端同时内积 $\boldsymbol{e}_i$；可以得到两个坐标系中坐标之间的关系。

$$\Delta x_i=\Delta x_1'\boldsymbol{e}_1'\cdot\boldsymbol{e}_i \tag{1.29}$$

当小位移足够小时，有

$$\frac{\mathrm{d}x_i}{\mathrm{d}x_1'}=\frac{\Delta x_i}{\Delta x_1'}=\boldsymbol{e}_1'\cdot\boldsymbol{e}_i \tag{1.30}$$

由于 y 是 x_i 的函数，x_i 又是 x_1'的函数，利用链式法则，由式（1.29）和式（1.30）可以得到

$$\begin{aligned}\Delta y &= \frac{\partial y}{\partial x_1'}\Delta x_1' \\ &= \sum_{i=1}^{3}\frac{\partial y}{\partial x_i}\frac{\mathrm{d}x_i}{\mathrm{d}x_1'}\Delta x_1' \\ &= \sum_{i=1}^{3}\frac{\partial y}{\partial x_i}(\boldsymbol{e}_1'\cdot\boldsymbol{e}_i)\Delta x_1'\end{aligned}$$

继续考虑式（1.30），上式被化简为

$$\Delta y=\sum_{i=1}^{3}\frac{\partial y}{\partial x_i}\Delta x_i$$

该式可以被看作两个矢量的内积，如下所示

$$\sum_{i=1}^{3}\frac{\partial y}{\partial x_i}\Delta x_i=\begin{bmatrix}\frac{\partial y}{\partial x_1} & \frac{\partial y}{\partial x_2} & \frac{\partial y}{\partial x_3}\end{bmatrix}\cdot\begin{bmatrix}\Delta x_1\\ \Delta x_2\\ \Delta x_3\end{bmatrix}$$

其中，第一个矢量被称为标量场的梯度。它也可以被看作一个矢量算符作用在标量场上的结果。

$$\begin{bmatrix}\frac{\partial y}{\partial x_1}\\ \frac{\partial y}{\partial x_2}\\ \frac{\partial y}{\partial x_3}\end{bmatrix}=\nabla y=\left(\frac{\partial}{\partial x_1}\boldsymbol{e}_1+\frac{\partial}{\partial x_2}\boldsymbol{e}_2+\frac{\partial}{\partial x_3}\boldsymbol{e}_3\right)y \tag{1.31}$$

其中，∇被称为那勃勒（Nabla）算子或算符。第二个矢量为小位移。

$$\begin{bmatrix}\Delta x_1\\ \Delta x_2\\ \Delta x_3\end{bmatrix}=\Delta x_1\boldsymbol{e}_1+\Delta x_2\boldsymbol{e}_2+\Delta x_3\boldsymbol{e}_3=\Delta\boldsymbol{r}$$

因此，沿任意方向的小位移 $\Delta\boldsymbol{r}$ 造成的标量场改变为

$$\Delta y=\nabla y\cdot\Delta\boldsymbol{r}$$

一个特殊的情况是当梯度矢量与小位移的方向垂直时

$$\Delta y=\nabla y\cdot\Delta\boldsymbol{r}=0$$

这意味着，在标量场 y 为恒定值的曲面上（比如等高线、等势面等），梯度矢量没有分量，它只分布在垂直该面的方向上。当我们沿着垂直于等 y 值的面移动时，梯度矢量的大小就表征了标量场 y 的改变程度。换句话说，梯度总是指向标量场变化最大的方向。

练习 请计算弹性势能 $U(x)=\frac{1}{2}kx^2$和引力势能的梯度，并解释其意义。

（4）场的时间变化：全导数

通常，场的自变量矢量还可能依赖其他量而变化。比如，研究引力场中，运动质点所具有的引力势能。该质点的位置 $\boldsymbol{r}$ 随着时间在发生变化。

$$y(\boldsymbol{r}(t))=\begin{bmatrix} y(x_1(t)) \\ y(x_2(t)) \\ y(x_3(t)) \end{bmatrix}$$

因此在一段微小的时间段 Δt 内，场的单位时间变化为

$$\frac{\Delta y}{\Delta t}=\frac{y[x_1(t+\Delta t),x_2(t+\Delta t),x_3(t+\Delta t)]-y[x_1(t),x_2(t),x_3(t)]}{\Delta t}$$

有

$$\begin{aligned}\frac{\Delta y}{\Delta t}=&\frac{1}{\Delta t}[y(x_1+\Delta x_1,x_2+\Delta x_2,x_3+\Delta x_3)\\&-y(x_1,x_2+\Delta x_2,x_3+\Delta x_3)+y(x_1,x_2+\Delta x_2,x_3+\Delta x_3)\\&-y(x_1,x_2,x_3+\Delta x_3)+y(x_1,x_2,x_3+\Delta x_3)-y(x_1,x_2,x_3)]\\=&\frac{1}{\Delta x_1}[y(x_1+\Delta x_1,x_2+\Delta x_2,x_3+\Delta x_3)-y(x_1,x_2+\Delta x_2,x_3+\Delta x_3)]\frac{\Delta x_1}{\Delta t}\\&+\frac{1}{\Delta x_2}[y(x_1,x_2+\Delta x_2,x_3+\Delta x_3)-y(x_1,x_2,x_3+\Delta x_3)]\frac{\Delta x_2}{\Delta t}\\&+\frac{1}{\Delta x_3}[y(x_1,x_2,x_3+\Delta x_3)-y(x_1,x_2,x_3)]\frac{\Delta x_3}{\Delta t}\end{aligned}$$

假设场的变化是连续的（物理量通常都有良好的连续性），由于 $\lim\limits_{\Delta t\to 0}\Delta x_i\to 0$，因此

$$\lim_{\Delta t\to 0}\frac{\Delta y}{\Delta t}=\frac{\partial y}{\partial x_1}\frac{\mathrm{d}x_1}{\mathrm{d}t}+\frac{\partial y}{\partial x_2}\frac{\mathrm{d}x_2}{\mathrm{d}t}+\frac{\partial y}{\partial x_3}\frac{\mathrm{d}x_3}{\mathrm{d}t}$$

于是，场关于时间的全导数为

$$\frac{\mathrm{d}y}{\mathrm{d}t}=\sum_{i=1}^{3}\frac{\partial y}{\partial x_i}\frac{\mathrm{d}x_i}{\mathrm{d}t}$$

隐藏时间的影响，场关于空间的全微分为

$$\mathrm{d}y=\sum_{i=1}^{3}\frac{\partial y}{\partial x_i}\mathrm{d}x_i \tag{1.32}$$

根据式（1.32）和关于$\frac{\partial y}{\partial x_i}$的定义，$\frac{\partial y}{\partial x_i}$为空间变化很小时，沿着坐标轴方向单位长度距离变化引起的场变化量。那么可以将$\frac{\partial y}{\partial x_i}\mathrm{d}x_i$ 理解为：在 x_i 轴方向上，空间距离变化量为 $\mathrm{d}x_i$ 时引起场的变化量。将 3 个方向距离变化引起的场变化加起来，即 $\sum\limits_{i=1}^{3}\frac{\partial y}{\partial x_i}\mathrm{d}x_i$，我们就得到总的场变化 $\mathrm{d}y$。

（5）矢量场的聚散：散度

对于矢量场，我们可以用类似电场线的形式将其可视化。如图 1.35 所示，箭头的方向用来标明矢量场的方向，线的密集程度用来标明场在此处的大小。

从电场和磁场的分布特点来看，场有发散、汇聚以及旋转的特性。我们首先来看如何定量地描述场的发散特性。

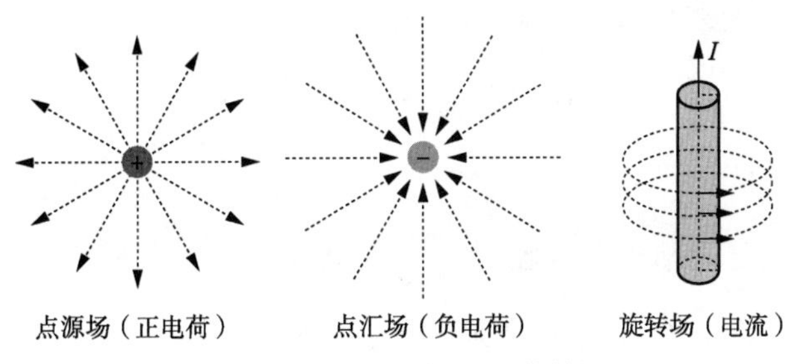

图 1.35 点源场、点汇场和旋转场

如图 1.36 所示，我们思考场通过空间中的一个封闭小区域会发生什么，无外乎 4 种情况：

① 场进入该区域；

② 场离开该区域；

③ 该区域产生（发出）了新的场；

④ 该区域破坏（吸收）了原有的场。

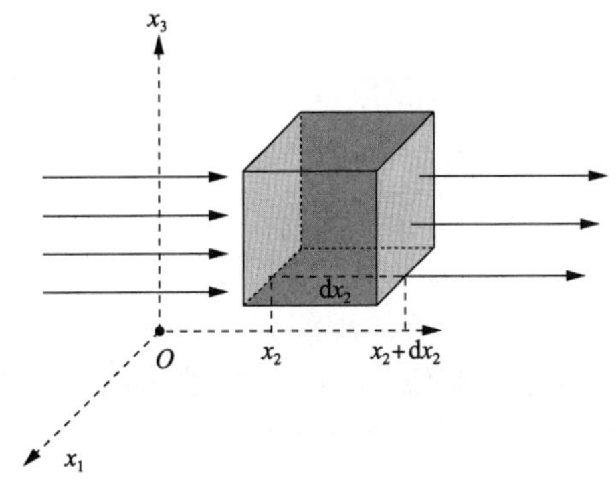

图 1.36 场在立方区域的进出

首先考虑仅在 x_2 方向上通过的场分量 y_2。每时每刻，场线会有一部分从左边，也就是 x_2 处的 x_1x_3 截面，进入该区域，还有一部分会从右边，也就是（$x_2+\mathrm{d}x_2$）处的 x_1x_3 截面，离开该区域。根据场线的定义，进入这个区域的场线数目（通量）应该与场在 x_2 处的大小 $y_2(x_2)$ 成正比。同样的道理，从此区域出来的场线数目应该与($x_2+\mathrm{d}x_2$)处场的大小 $y_2(x_2+\mathrm{d}x_2)$ 成正比。如果 $y_2(x_2+\mathrm{d}x_2)=y_2(x_2)$，那么进入区域的场线数目和离开区域的场线数目一样多，说明该立方区域内既不产生也不破坏场。如果场的大小随着空间位置变化发生了改变，使 $y_2(x_2+\mathrm{d}x_2)\neq y_2(x_2)$，那么进出该区域的场线数目就达不到平衡，说明该区域必然有发出场线的源头或吸收场线的孔洞。根据场线的定义，场线的面密度与场的大小成正比，所以穿过 $\mathrm{d}x_1\mathrm{d}x_2$ 截面的总场线数为

$$n_{x_2}^{\text{in}}=y_2(x_2)\,\mathrm{d}x_1\,\mathrm{d}x_3$$

类似地，离开区域的场线数目为

$$n_{x_2}^{\text{out}}=y_2(x_2+\mathrm{d}x_2)\,\mathrm{d}x_1\,\mathrm{d}x_3$$

所以，此区域破坏（吸收）的场线数目为

$$\begin{aligned}\Delta n_{x_2}&=n_{x_2}^{\text{in}}-n_{x_2}^{\text{out}}\\&=y_2(x_2)\,\mathrm{d}x_1\,\mathrm{d}x_3-y_2(x_2+\mathrm{d}x_2)\,\mathrm{d}x_1\,\mathrm{d}x_3\\&=-[\,y_2(x_2+\mathrm{d}x_2)-y_2(x_2)\,]\,\mathrm{d}x_1\,\mathrm{d}x_3\end{aligned}\tag{1.33}$$

利用微分关系式的 x_2 分量，有

$$y_2(x_2+\mathrm{d}x_2)-y_2(x_2)=\frac{\partial y_2}{\partial x_2}\mathrm{d}x_2$$

将其代入式（1.33），有

$$\Delta n_{x_2}=-\frac{\partial y_2}{\partial x_2}\mathrm{d}x_1\mathrm{d}x_2\mathrm{d}x_3$$

至于其他两个方向，场的进出、产生和破坏情况完全类似，有

$$\begin{aligned}\Delta n &=\Delta n_{x_1}+\Delta n_{x_2}+\Delta n_{x_3}\\ &=-\left(\frac{\partial y_1}{\partial x_1}+\frac{\partial y_2}{\partial x_2}+\frac{\partial y_3}{\partial x_3}\right)\mathrm{d}x_1\mathrm{d}x_2\mathrm{d}x_3\end{aligned} \tag{1.34}$$

其中，$\mathrm{d}x_1\mathrm{d}x_2\mathrm{d}x_3$ 为所选空间区域的体积 ΔV，所以

$$\left(\frac{\partial y_1}{\partial x_1}+\frac{\partial y_2}{\partial x_2}+\frac{\partial y_3}{\partial x_3}\right)=\frac{-\Delta n}{\mathrm{d}x_1\mathrm{d}x_2\mathrm{d}x_3}=\frac{-\Delta n}{\Delta V}$$

它代表该区域的源头产生场并发散出去的本领（体密度）。我们称其为散度，定义为

$$\begin{aligned}\nabla\cdot\boldsymbol{y} &=\left(\frac{\partial}{\partial x_1}\boldsymbol{e}_1+\frac{\partial}{\partial x_2}\boldsymbol{e}_2+\frac{\partial}{\partial x_3}\boldsymbol{e}_3\right)\cdot(y_1\boldsymbol{e}_1+y_2\boldsymbol{e}_2+y_3\boldsymbol{e}_3)\\ &=\frac{\partial y_1}{\partial x_1}+\frac{\partial y_2}{\partial x_2}+\frac{\partial y_3}{\partial x_3}\end{aligned} \tag{1.35}$$

正如散度的名字所暗示的，根据式（1.35），若它为正值，表示有新的场线从这个区域扩散出去，区域内有场的产生源。反过来，若它为负值，表示这个区域在吸收场线，区域内有场的破坏源。当散度为0时，该区域既不增加也不减少场线，没有任何场源，我们称这种类型的场为无源场。

我们知道标量场的梯度是一个矢量场，它的散度为

$$\nabla\cdot\nabla y(\boldsymbol{x})=\sum_{i=1}^{3}\frac{\partial^2 y}{\partial x_i^2}\equiv\Delta y \tag{1.36}$$

其中

$$\Delta=\frac{\partial^2}{\partial x_1^2}+\frac{\partial^2}{\partial x_2^2}+\frac{\partial^2}{\partial x_3^2} \tag{1.37}$$

式（1.37）中的 Δ 称为拉普拉斯（Laplace）算子。

（6）矢量场的旋转：旋度

接下来，我们探讨矢量场的旋转特性。考虑磁场线，如图 1.35 所示，可观察到场围绕电流呈现出旋转趋势。我们对旋转的基本理解来自圆周运动，例如指针顺时针旋转的时钟。为了更系统地描述这一现象，我们以二维的速度场 $\boldsymbol{v}(x_1,x_2)$ 为例，详细介绍如何定量分析矢量场的旋转特性。速度场是用于描述空间内物质速度分布的矢量场，例如水流的速度分布，如图 1.37 所示。

图 1.37　水流的速度场

我们知道，当一个物体进行旋转时，与旋转中心的距离越大，其线速度也越大。如图 1.38 所示，一根木棍被置于逆时针旋转的水流中。该木棍的速度由水流的速度场决定。

$$\boldsymbol{v}=v_1(x_1,x_2)\boldsymbol{e}_1+v_2(x_1,x_2)\boldsymbol{e}_2$$

根据旋转的性质，可知木棍上$(0,x_2')$和$(0,x_2)$处的速度大小对比。

$$v_1(0,x_2')>v_1(0,x_2)$$

因此，对于逆时针旋转，观察点竖直向上的空间移动（x_2），会造成其水平向左的速度（v_1）提高。这种效应通常通过变化率来描述，即使用偏导数来表示。

$$\frac{\partial v_1(x_1,x_2)}{\partial x_2} \tag{1.38}$$

需要指出，当木棍逆时针旋转时，由于速度方向与$\boldsymbol{e}_1$的方向相反，因此式（1.38）的结果为负值。若我们规定逆时针旋转为正方向，则式（1.38）中需添加一个负号进行修正。

$$-\frac{\partial v_1(x_1,x_2)}{\partial x_2} \tag{1.39}$$

下面探讨竖直方向的速度如何受到水平方向上的位移影响，如图1.39所示。

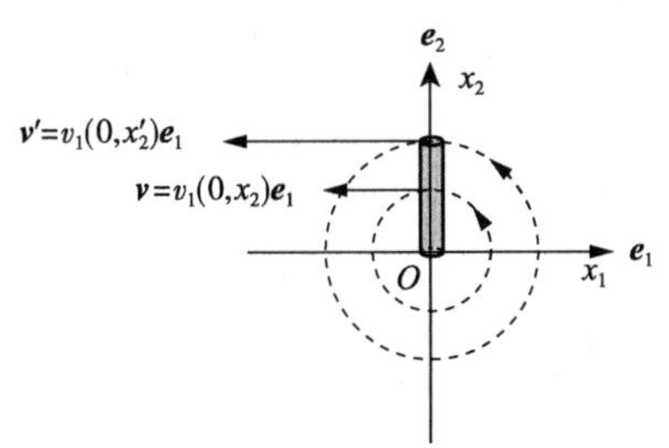

图1.38 水平方向的速度受竖直方向上的位移影响

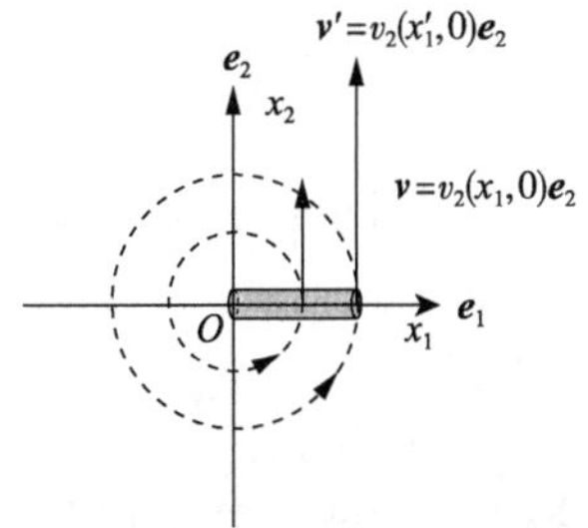

图1.39 竖直方向的速度受水平方向上的位移影响

旋转中竖直方向速度变化率与水平方向位移的关系为

$$\frac{\partial v_2(x_1,x_2)}{\partial x_1} \tag{1.40}$$

与式（1.38）相似，考虑逆时针旋转时，式（1.40）呈现为正值。在一个平面内，速度场的速度可以被分解为水平和竖直两个分量。因此，将式（1.39）和式（1.40）相加，可以得到描述速度场总旋转程度的量，这就是所谓的旋度。

$$\frac{\partial v_2(x_1,x_2)}{\partial x_1}-\frac{\partial v_1(x_1,x_2)}{\partial x_2} \tag{1.41}$$

可以将在$\boldsymbol{e}_1$和$\boldsymbol{e}_2$张开的平面内旋转视为在三维空间中绕$\boldsymbol{e}_3$轴定轴转动，因此该平面的旋转方向正是绕着$\boldsymbol{e}_3$轴的。因此，式（1.41）可以被看作总旋度在$\boldsymbol{e}_3$轴上的分量，为

$$\frac{\partial v_2}{\partial x_1}-\frac{\partial v_1}{\partial x_2}$$

类似地，旋度在$\boldsymbol{e}_1$轴上的分量为

$$\frac{\partial v_3}{\partial x_2}-\frac{\partial v_2}{\partial x_3}$$

旋度在$\boldsymbol{e}_2$轴上的分量为

$$\frac{\partial v_1}{\partial x_3}-\frac{\partial v_3}{\partial x_1}$$

因此，速度场的总旋度可以表示为这三者的矢量合成。

$$\left(\frac{\partial v_3}{\partial x_2}-\frac{\partial v_2}{\partial x_3}\right)\boldsymbol{e}_1+\left(\frac{\partial v_1}{\partial x_3}-\frac{\partial v_3}{\partial x_1}\right)\boldsymbol{e}_2+\left(\frac{\partial v_2}{\partial x_1}-\frac{\partial v_1}{\partial x_2}\right)\boldsymbol{e}_3$$

上式可以表示为梯度算子与矢量场的外积形式。

$$\begin{aligned}\nabla\times\boldsymbol{v} &= \left(\frac{\partial v_3}{\partial x_2}-\frac{\partial v_2}{\partial x_3}\right)\boldsymbol{e}_1+\left(\frac{\partial v_1}{\partial x_3}-\frac{\partial v_3}{\partial x_1}\right)\boldsymbol{e}_2+\left(\frac{\partial v_2}{\partial x_1}-\frac{\partial v_1}{\partial x_2}\right)\boldsymbol{e}_3\\ &= \begin{vmatrix}\boldsymbol{e}_1 & \boldsymbol{e}_2 & \boldsymbol{e}_3\\ \dfrac{\partial}{\partial x_1} & \dfrac{\partial}{\partial x_2} & \dfrac{\partial}{\partial x_3}\\ v_1 & v_2 & v_3\end{vmatrix}\\ &= \sum_{i,\ j,\ k}\varepsilon_{ijk}\left(\frac{\partial}{\partial x_i}v_j\right)\boldsymbol{e}_k\end{aligned} \tag{1.42}$$

其中，ε_{ijk} 为列维-奇维塔函数，其定义如下。

$$\varepsilon_{ijk}=\begin{cases}1 & ijk=123,231,312\\ -1 & ijk=321,213,132\\ 0 & \text{其他情况}\end{cases} \tag{1.43}$$

利用此形式，我们可以将外积操作完全转化为代数处理。

练习 请验证下式。

$$\boldsymbol{e}_j\times\boldsymbol{e}_k=\varepsilon_{ijk}\boldsymbol{e}_i \quad i\neq j,k$$

1.3.5 旋转变换：以直角坐标系为例

在直角坐标系中，虽然基矢的方向是固定的，但基矢的初始定位方向可以自由选择。这意味着，为了便于描述问题，我们可以根据需要选取不同的基矢方向来构建不同的直角坐标系。例如，在 1.3.4 节中，我们利用两个有差异的直角坐标系来得到梯度。鉴于在不同的坐标系中，相同矢量的坐标值会有所不同，我们需要解决因坐标轴方向的改变引起的坐标转换问题，以确保信息传递的准确性。

（1）提取坐标：基于内积计算

处理坐标变换问题的第一步是方便地确定任意矢量 $\boldsymbol{a}$ 在特定坐标系中的坐标。根据坐标的定义，这可以通过将矢量投影到基矢上实现。投影对应的计算方法是使用内积。对于同一坐标系，基矢之间的内积满足

$$\boldsymbol{e}_i\cdot\boldsymbol{e}_j=\delta_{ij}$$

其中

$$\delta_{ij}=\begin{cases}0 & i\neq j\\ 1 & i=j\end{cases}$$

在以 $\boldsymbol{e}_1$、$\boldsymbol{e}_2$ 和 $\boldsymbol{e}_3$ 为基矢的直角坐标系中，有 $\boldsymbol{a}=x_1\boldsymbol{e}_1+x_2\boldsymbol{e}_2+x_3\boldsymbol{e}_3$，于是

$$\begin{cases}\boldsymbol{a}\cdot\boldsymbol{e}_1=x_1\boldsymbol{e}_1\cdot\boldsymbol{e}_1+x_2\boldsymbol{e}_2\cdot\boldsymbol{e}_1+x_3\boldsymbol{e}_3\cdot\boldsymbol{e}_1=x_1\\ \boldsymbol{a}\cdot\boldsymbol{e}_2=x_1\boldsymbol{e}_1\cdot\boldsymbol{e}_2+x_2\boldsymbol{e}_2\cdot\boldsymbol{e}_2+x_3\boldsymbol{e}_3\cdot\boldsymbol{e}_2=x_2\\ \boldsymbol{a}\cdot\boldsymbol{e}_3=x_1\boldsymbol{e}_1\cdot\boldsymbol{e}_3+x_2\boldsymbol{e}_2\cdot\boldsymbol{e}_3+x_3\boldsymbol{e}_3\cdot\boldsymbol{e}_3=x_3\end{cases} \tag{1.44}$$

而在以 $\boldsymbol{e}_1'$、$\boldsymbol{e}_2'$和 $\boldsymbol{e}_3'$为基矢的另一个直角坐标系中，有 $\boldsymbol{a}=x_1'\boldsymbol{e}_1'+x_2'\boldsymbol{e}_2'+x_3'\boldsymbol{e}_3'$，类似式（1.44），有

$$\begin{cases}\boldsymbol{a}\cdot\boldsymbol{e}_1'=x_1'\boldsymbol{e}_1'\cdot\boldsymbol{e}_1'+x_2'\boldsymbol{e}_2'\cdot\boldsymbol{e}_1'+x_3'\boldsymbol{e}_3'\cdot\boldsymbol{e}_1'=x_1'\\ \boldsymbol{a}\cdot\boldsymbol{e}_2'=x_1'\boldsymbol{e}_1'\cdot\boldsymbol{e}_2'+x_2'\boldsymbol{e}_2'\cdot\boldsymbol{e}_2'+x_3'\boldsymbol{e}_3'\cdot\boldsymbol{e}_2'=x_2'\\ \boldsymbol{a}\cdot\boldsymbol{e}_3'=x_1'\boldsymbol{e}_1'\cdot\boldsymbol{e}_3'+x_2'\boldsymbol{e}_2'\cdot\boldsymbol{e}_3'+x_3'\boldsymbol{e}_3'\cdot\boldsymbol{e}_3'=x_3'\end{cases}$$

所以，在直角坐标系中，要获得任意矢量的坐标，只需要将其与相应的基矢进行内积运算即可。

（2）被动变换：以不变应万变

现在，我们的目标是确定坐标(x_1',x_2',x_3')和(x_1,x_2,x_3)之间的函数关系。换言之，我们需要找到一个不变量，以便在这两个坐标系中建立等式。这个不变量就是矢量$\boldsymbol{a}$本身。由于改变坐标系并不会改变矢量本身的性质，因此我们可以得到以下关系。

$$\boldsymbol{a}=x_1\boldsymbol{e}_1+x_2\boldsymbol{e}_2+x_3\boldsymbol{e}_3=x_1'\boldsymbol{e}_1'+x_2'\boldsymbol{e}_2'+x_3'\boldsymbol{e}_3'$$

我们的目标是确定$x_i'(x_1,x_2,x_3)$的具体表达形式。这可以通过对上式两边同时求其与$\boldsymbol{e}_i'=(i=1,2,3)$的内积来实现。

$$x_1'\boldsymbol{e}_1'\cdot\boldsymbol{e}_1'+x_2'\boldsymbol{e}_2'\cdot\boldsymbol{e}_1'+x_3'\boldsymbol{e}_3'\cdot\boldsymbol{e}_1'=x_1\boldsymbol{e}_1\cdot\boldsymbol{e}_1'+x_2\boldsymbol{e}_2\cdot\boldsymbol{e}_1'+x_3\boldsymbol{e}_3\cdot\boldsymbol{e}_1'$$
$$x_1'\boldsymbol{e}_1'\cdot\boldsymbol{e}_2'+x_2'\boldsymbol{e}_2'\cdot\boldsymbol{e}_2'+x_3'\boldsymbol{e}_3'\cdot\boldsymbol{e}_2'=x_1\boldsymbol{e}_1\cdot\boldsymbol{e}_2'+x_2\boldsymbol{e}_2\cdot\boldsymbol{e}_2'+x_3\boldsymbol{e}_3\cdot\boldsymbol{e}_2'$$
$$x_1'\boldsymbol{e}_1'\cdot\boldsymbol{e}_3'+x_2'\boldsymbol{e}_2'\cdot\boldsymbol{e}_3'+x_3'\boldsymbol{e}_3'\cdot\boldsymbol{e}_3'=x_1\boldsymbol{e}_1\cdot\boldsymbol{e}_3'+x_2\boldsymbol{e}_2\cdot\boldsymbol{e}_3'+x_3\boldsymbol{e}_3\cdot\boldsymbol{e}_3'$$

即

$$\begin{aligned}x_1'&=x_1\boldsymbol{e}_1\cdot\boldsymbol{e}_1'+x_2\boldsymbol{e}_2\cdot\boldsymbol{e}_1'+x_3\boldsymbol{e}_3\cdot\boldsymbol{e}_1'\\x_2'&=x_1\boldsymbol{e}_1\cdot\boldsymbol{e}_2'+x_2\boldsymbol{e}_2\cdot\boldsymbol{e}_2'+x_3\boldsymbol{e}_3\cdot\boldsymbol{e}_2'\\x_3'&=x_1\boldsymbol{e}_1\cdot\boldsymbol{e}_3'+x_2\boldsymbol{e}_2\cdot\boldsymbol{e}_3'+x_3\boldsymbol{e}_3\cdot\boldsymbol{e}_3'\end{aligned}\tag{1.45}$$

式（1.45）中出现的$\boldsymbol{e}_i\cdot\boldsymbol{e}_j'(i,j=1,2,3)$的具体值由基矢之间的几何关系确定。基矢之间的几何关系如图1.40所示，$\boldsymbol{e}_1$与$\boldsymbol{e}_1'$之间的夹角为θ，$\boldsymbol{e}_1'$与$\boldsymbol{e}_2$之间的夹角为$\left(\frac{\pi}{2}-\theta\right)$，$\boldsymbol{e}_3$和$\boldsymbol{e}_3'$重合。

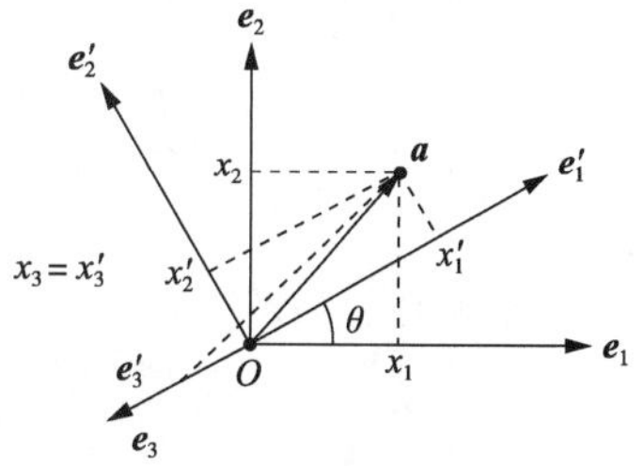

图1.40 基矢之间的几何关系

根据式（1.45），得$x_i'(i=1,2,3)$与(x_1,x_2,x_3)的关系为

$$x_1'=x_1\cos\theta+x_2\cos\left(\frac{\pi}{2}-\theta\right)+x_3\cdot 0$$

$$x_2'=x_1\cos\left(\theta+\frac{\pi}{2}\right)+x_2\cos\theta+x_3\cdot 0$$

$$x_3'=x_1\cdot 0+x_2\cdot 0+x_3$$

因此，两个坐标之间的关系由一个线性方程组描述，我们可以将其表示为矩阵乘法的形式，使其更为简洁。

$$\begin{bmatrix}x_1'\\x_2'\\x_3'\end{bmatrix}=\begin{bmatrix}\cos\theta&\sin\theta&0\\-\sin\theta&\cos\theta&0\\0&0&1\end{bmatrix}\begin{bmatrix}x_1\\x_2\\x_3\end{bmatrix}\tag{1.46}$$

这意味着可以认为矢量的新坐标矢量$\begin{bmatrix}x_1'\\x_2'\\x_3'\end{bmatrix}$是旧坐标矢量$\begin{bmatrix}x_1\\x_2\\x_3\end{bmatrix}$通过矩阵（线性）变换得到的。另外，如图1.40所示，新坐标系也可以被视为通过将旧坐标系绕$\boldsymbol{e}_3$轴旋转θ角度得到的，这表明绕定轴的旋转操作是一种可以使用矩阵来描述的线性变换。仔细观察式（1.46）中的旋转矩阵，可以看出它描述了两个坐标系之间的一般关系，因此，它可以被应用于任意矢量$\boldsymbol{a}$。当我们将旋转矩阵作用于旧坐标系的基矢$\boldsymbol{e}_1$，在旧坐标系中其坐标表示为$\begin{bmatrix}1\\0\\0\end{bmatrix}$，那么它在新坐标系中的坐标$\begin{bmatrix} e'_{11} \\ e'_{12} \\ e'_{13} \end{bmatrix}$表示为

$$\begin{bmatrix} e'_{11} \\ e'_{12} \\ e'_{13} \end{bmatrix} = \begin{bmatrix} \cos\theta & \sin\theta & 0 \\ -\sin\theta & \cos\theta & 0 \\ 0 & 0 & 1 \end{bmatrix} \begin{bmatrix} 1 \\ 0 \\ 0 \end{bmatrix} = \begin{bmatrix} \cos\theta \\ -\sin\theta \\ 0 \end{bmatrix}$$

与之相似，对基矢 $\boldsymbol{e}_2$ 和 $\boldsymbol{e}'_2$有

$$\begin{bmatrix} e'_{21} \\ e'_{22} \\ e'_{23} \end{bmatrix} = \begin{bmatrix} \cos\theta & \sin\theta & 0 \\ -\sin\theta & \cos\theta & 0 \\ 0 & 0 & 1 \end{bmatrix} \begin{bmatrix} 0 \\ 1 \\ 0 \end{bmatrix} = \begin{bmatrix} \sin\theta \\ \cos\theta \\ 0 \end{bmatrix}$$

对基矢 $\boldsymbol{e}_3$ 和 $\boldsymbol{e}'_3$有

$$\begin{bmatrix} e'_{31} \\ e'_{32} \\ e'_{33} \end{bmatrix} = \begin{bmatrix} \cos\theta & \sin\theta & 0 \\ -\sin\theta & \cos\theta & 0 \\ 0 & 0 & 1 \end{bmatrix} \begin{bmatrix} 0 \\ 0 \\ 1 \end{bmatrix} = \begin{bmatrix} 0 \\ 0 \\ 1 \end{bmatrix}$$

通过仔细分析基矢的坐标变换，并注意到矢量在矩阵运算中通常作为列矢量出现，我们可以得出结论：坐标变换矩阵的各列直接对应基矢在新坐标系下的坐标表示。

$$\begin{bmatrix} \cos\theta & \sin\theta & 0 \\ -\sin\theta & \cos\theta & 0 \\ 0 & 0 & 1 \end{bmatrix} = \begin{bmatrix} e'_{11} & e'_{21} & e'_{31} \\ e'_{12} & e'_{22} & e'_{32} \\ e'_{13} & e'_{23} & e'_{33} \end{bmatrix} \tag{1.47}$$

综上所述，当进行只涉及旋转的直角坐标变换时，我们可以按照以下 3 个步骤操作：

① 根据坐标系基矢之间的几何关系，确定旧坐标系中的基矢在新坐标系下的坐标表示；

② 利用这些新的坐标表示来构造坐标变换矩阵；

③ 通过将坐标变换矩阵作用于矢量的旧坐标表示，计算出该矢量在新坐标系下的坐标表示。

(3) 主动变换：矢量自身旋转

如图 1.41 所示，在不同的坐标系中，坐标系的旋转会导致矢量的坐标被动地发生变化。在同一坐标系中，矢量的主动旋转也会导致其坐标发生变化。

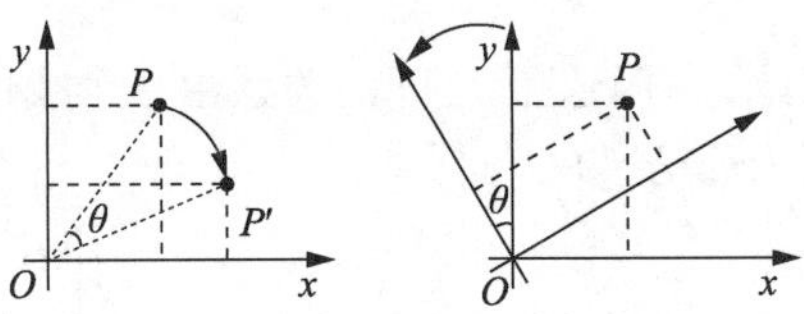

图 1.41　主动变换和被动变换

当坐标系绕 $\boldsymbol{e}_3$ 轴旋转 θ 角度时（逆时针为正方向），由式（1.47）得其旋转矩阵为

$$\boldsymbol{R}(\theta) = \begin{bmatrix} \cos\theta & \sin\theta & 0 \\ -\sin\theta & \cos\theta & 0 \\ 0 & 0 & 1 \end{bmatrix}$$

对应的矢量 $\boldsymbol{x}$ 的新坐标为

$$\begin{bmatrix} x'_1 \\ x'_2 \\ x'_3 \end{bmatrix} = \boldsymbol{R} \begin{bmatrix} x_1 \\ x_2 \\ x_3 \end{bmatrix}$$

该坐标系转动所导致的矢量坐标变换效果等同于将矢量自身顺时针旋转 θ 角度。换言之，主动地将矢量旋转 θ 角度与被动地将坐标系旋转 $-\theta$ 角度所产生的坐标变换效果是相同的。因此，假设主动变换的转动矩阵为 $\boldsymbol{R}'$，有

$$\boldsymbol{R}'=\boldsymbol{R}(-\theta)=\boldsymbol{R}^{-1}(\theta)$$

那么矢量 $\boldsymbol{x}$ 经过主动变换得到的新坐标可以被写为

$$\begin{bmatrix} x_1' \\ x_2' \\ x_3' \end{bmatrix}=\boldsymbol{R}^{-1}\begin{bmatrix} x_1 \\ x_2 \\ x_3 \end{bmatrix}$$

1.3.6　坐标变换：关注邻域性质关系

直至目前，我们无论是刻意还是不经意地，均采用了直角坐标系，并利用一个完全对称的实数对(x,y)来描述空间点。但实际上，直角坐标系（见图 1.42 左图）更适用于描述具有平移对称性的对象（注意虚直线）。对于那些具有其他对称性质的对象（注意虚圆线），例如旋转对称的圆形，使用曲线坐标系（见图 1.42 右图）进行描述可能会更加直观、灵活且方便。

在平面内，用矢量的长度 $|\boldsymbol{r}|=r$ 和方向角度 θ 来定位目标的坐标系称为平面极坐标系。其基矢的取向如图 1.43 所示。

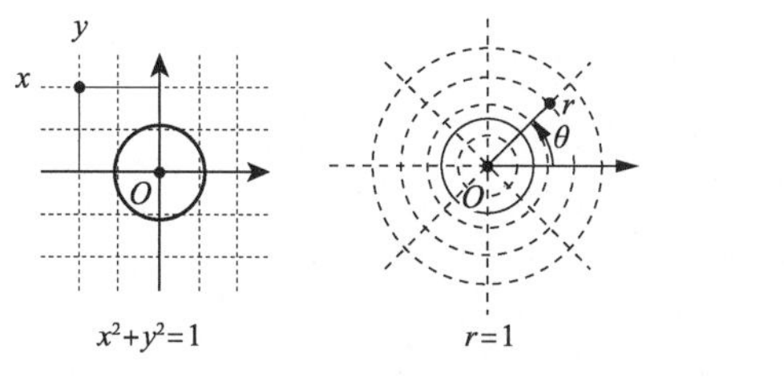

图 1.42　根据对称性选择坐标系

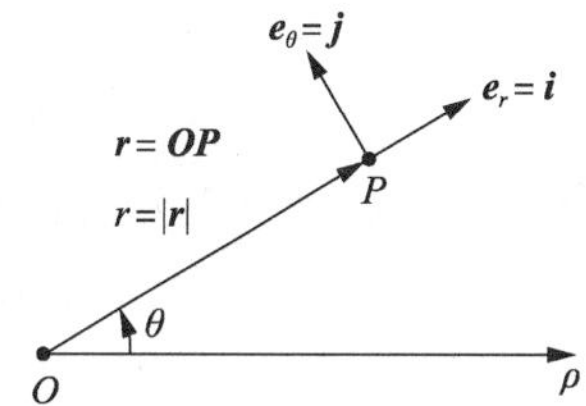

图 1.43　平面极坐标系

习惯上，位矢 $\boldsymbol{r}$ 所指向的方向称为径向，将该方向上的基矢记为 $\boldsymbol{i}$。角度 θ 增长的方向称为横向，基矢为 $\boldsymbol{j}$。显然，对于绝大部分平面点来说，当我们把 θ 限制在一定范围内，比如，$\theta\in[0,2\pi)$时，其直角坐标和平面极坐标有着一一对应的关系。

$$x_1=r\cos\theta$$
$$x_2=r\sin\theta$$

也就是说，直角坐标系中坐标可以由极坐标系的坐标所决定。

$$x_1=x_1(r,\theta)$$
$$x_2=x_2(r,\theta)$$

反过来，直角坐标也有对应的极坐标。

$$r(x_1,x_2)=\sqrt{x_1^2+x_2^2}$$
$$\theta(x_1,x_2)=\arctan\left(\frac{x_2}{x_1}\right)$$

唯一需要注意的是直角坐标系中的原点。在平面极坐标系中，原点将对应无数个点。

$$\begin{bmatrix} 0 \\ 0 \end{bmatrix}\to\begin{bmatrix} 0 \\ 0\leqslant\theta<2\pi \end{bmatrix}$$

值得注意的是，尽管在平面极坐标系中存在无数个点，无法与直角坐标系中的点一一对应，但这些特殊点在整个空间点集中所占的比例是非常小的。这里的“非常小”是从空间维度的角度来考虑的。这意味着这些特殊点所在区域的维度必须低于整个空间的维度。例如，在平面极坐标系中，尽管平面的空间维度为 2，但那些特殊的点所在区域$[r=0,0\leqslant\theta<2\pi]^{\mathrm{T}}$的维度仅为 1。因此，

在大多数情况下，我们只需要简单地排除这些例外，平面极坐标系就能像直角坐标系那样有效地描述空间。

综上所述，基于目标对象的具体特性，我们可以为了描述的便利性而建立与直角坐标系不同的坐标系。如果空间是 n 维的，那么新坐标系必定能通过 n 个变量组成的矢量 $[y_1,y_2,\cdots,y_n]^{\mathrm{T}}$ 来唯一地标识空间中的点。由于两个坐标系统都代表同一空间，因此在大多数情况下，它们之间应该有一个明确的转换关系。这种关系一般可以通过一组方程来表示，并且该方程的解是唯一的。

$$
\begin{aligned}
&x_i=x_i(y_1,y_2,\cdots,y_n)\\
&y_i=y_i(x_1,x_2,\cdots,x_n)\\
&i=1,2,\cdots,n
\end{aligned}
$$

（1）邻域可逆：雅可比行列式

正如我们通过观察曲线上某点的邻近区域（即直线段）来认识曲线一样，我们也可以通过研究空间点的局域特性来了解曲线坐标系。我们从判断任意两个坐标系之间的变换是否具有一一对应关系开始。假定在 n 维空间中，有一个固定点 P 由两个坐标系描述，其坐标分别为

$$
[x_1,x_2,\cdots,x_n]^{\mathrm{T}}
$$

$$
[y_1,y_2,\cdots,y_n]^{\mathrm{T}}
$$

接着，P 点附近的微小区域可以分别表示为

$$
[x_1+\mathrm{d}x_1,x_2+\mathrm{d}x_2,\cdots,x_n+\mathrm{d}x_n]^{\mathrm{T}}
$$

$$
[y_1+\mathrm{d}y_1,y_2+\mathrm{d}y_2,\cdots,y_n+\mathrm{d}y_n]^{\mathrm{T}}
$$

由于两者描述的是同一个邻域，因此我们可以得到

$$
\begin{aligned}
&\mathrm{d}x_i=x_i(y_1+\mathrm{d}y_1,y_2+\mathrm{d}y_2,\cdots,y_n+\mathrm{d}y_n)-x_i(y_1,y_2,\cdots,y_n)\\
&i=1,2,\cdots,n
\end{aligned}
$$

另一方面，由上式可得

$$
\begin{aligned}
&\mathrm{d}x_i=\sum_{j=1}^{n}\frac{\partial x_i}{\partial y_j}\mathrm{d}y_j\\
&i=1,2,\cdots,n
\end{aligned}
$$

该式可以被写成矩阵乘法的形式。

$$
\begin{bmatrix}\mathrm{d}x_1\\ \vdots\\ \mathrm{d}x_n\end{bmatrix}=\begin{bmatrix}\dfrac{\partial x_1}{\partial y_1} & \cdots & \dfrac{\partial x_1}{\partial y_n}\\ \vdots & & \vdots\\ \dfrac{\partial x_n}{\partial y_1} & \cdots & \dfrac{\partial x_n}{\partial y_n}\end{bmatrix}\begin{bmatrix}\mathrm{d}y_1\\ \vdots\\ \mathrm{d}y_n\end{bmatrix} \tag{1.48}
$$

其中，雅可比矩阵如下。

$$
\boldsymbol{J}^{y\to x}=\begin{bmatrix}\dfrac{\partial x_1}{\partial y_1} & \cdots & \dfrac{\partial x_1}{\partial y_n}\\ \vdots & & \vdots\\ \dfrac{\partial x_n}{\partial y_1} & \cdots & \dfrac{\partial x_n}{\partial y_n}\end{bmatrix}
$$

$$
\boldsymbol{J}_{ij}^{y\to x}=\frac{\partial x_i}{\partial y_i}
$$

式（1.48）可以被看作线性方程组，若它有唯一解，那么雅可比矩阵的行列式不为0。

$$\det \boldsymbol{J}^{y\to x}=\begin{vmatrix}\frac{\partial x_1}{\partial y_1} & \cdots & \frac{\partial x_1}{\partial y_n}\\ \vdots & & \vdots\\ \frac{\partial x_n}{\partial y_1} & \cdots & \frac{\partial x_n}{\partial y_n}\end{vmatrix}=\frac{\partial(x_1,\cdots,x_n)}{\partial(y_1,\cdots,y_n)}\neq 0$$

以平面极坐标系为例，其雅可比矩阵的行列式为

$$\frac{\partial(x_1,x_2)}{\partial(r,\theta)}=\begin{vmatrix}\frac{\partial x_1}{\partial r}=\cos\theta & \frac{\partial x_1}{\partial \theta}=-r\sin\theta\\ \frac{\partial x_2}{\partial r}=\sin\theta & \frac{\partial x_2}{\partial \theta}=r\cos\theta\end{vmatrix}=r \tag{1.49}$$

因此，只有当 $r\neq 0$ 时，平面直角坐标系与平面极坐标系之间才有一一对应的关系。

（2）邻域体积：多变量微积分

在多变量微积分中，一个经常需要考虑的关键概念是坐标变换下的邻域体积关系。如图1.44所示，直角坐标系下邻域的面积（也称为面积元，多维情况为体积元）为 $\mathrm{d}x_1\mathrm{d}x_2$。而在极坐标系下，根据几何关系，相应的邻域面积为 $r\mathrm{d}\theta\mathrm{d}r$。鉴于这两个区域的坐标描述是可逆的（坐标点具有一一对应的关系），这意味着它们的面积是相等的。

$$\mathrm{d}x_1\mathrm{d}x_2=r\mathrm{d}\theta\mathrm{d}r$$

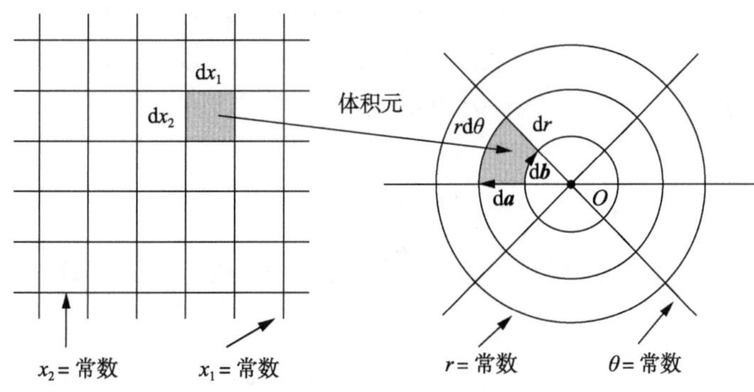

图1.44 任意坐标系的邻域面积

现在，我们换一种思路来看该问题。如图1.44所示，在极坐标系中，坐标值相等的线围成的坐标网格可以被视为由矢量 d$\boldsymbol{a}$ 和矢量 d$\boldsymbol{b}$ 张开的平行四边形（曲线微元等价于直线段，因此可看作平行四边形）。考虑 d$\boldsymbol{a}$，它是由位矢 $\boldsymbol{r}$ 在保持 θ 不变的情况下，模长发生变化得到的，有

$$\mathrm{d}\boldsymbol{a}=\frac{\partial \boldsymbol{r}}{\partial r}\mathrm{d}r=\left[\frac{\partial x_1}{\partial r}\mathrm{d}r,\frac{\partial x_2}{\partial r}\mathrm{d}r\right]^{\mathrm{T}}$$

同理有

$$\mathrm{d}\boldsymbol{b}=\frac{\partial \boldsymbol{r}}{\partial \theta}\mathrm{d}\theta=\left[\frac{\partial x_1}{\partial \theta}\mathrm{d}\theta,\frac{\partial x_2}{\partial \theta}\mathrm{d}\theta\right]^{\mathrm{T}}$$

对于平行四边形，其面积可以通过它的两条相邻边的矢量外积来计算。因此，有

$$\mathrm{d}S=\begin{vmatrix}\frac{\partial x_1}{\partial r}\mathrm{d}r & \frac{\partial x_2}{\partial r}\mathrm{d}r\\ \frac{\partial x_1}{\partial \theta}\mathrm{d}\theta & \frac{\partial x_2}{\partial \theta}\mathrm{d}\theta\end{vmatrix}=\begin{vmatrix}\frac{\partial x_1}{\partial r} & \frac{\partial x_2}{\partial r}\\ \frac{\partial x_1}{\partial \theta} & \frac{\partial x_2}{\partial \theta}\end{vmatrix}\mathrm{d}r\mathrm{d}\theta$$

$$=\frac{\partial(x_1,x_2)}{\partial(r,\theta)}\mathrm{d}r\mathrm{d}\theta=r\mathrm{d}r\mathrm{d}\theta$$

$$=\mathrm{d}x_1\mathrm{d}x_2$$

在该式的推导中，我们使用了极坐标的雅可比行列式。当从二维平面扩展到多维空间时，概念类似，只是我们考虑的不再是面积，而是体积。在三维空间中，体积元为

$$\mathrm{d}V=\begin{vmatrix}\frac{\partial x_1}{\partial y_1}\mathrm{d}y_1 & \frac{\partial x_2}{\partial y_1}\mathrm{d}y_1 & \frac{\partial x_3}{\partial y_1}\mathrm{d}y_1\\ \frac{\partial x_1}{\partial y_2}\mathrm{d}y_2 & \frac{\partial x_2}{\partial y_2}\mathrm{d}y_2 & \frac{\partial x_3}{\partial y_2}\mathrm{d}y_2\\ \frac{\partial x_1}{\partial y_3}\mathrm{d}y_3 & \frac{\partial x_2}{\partial y_3}\mathrm{d}y_3 & \frac{\partial x_3}{\partial y_3}\mathrm{d}y_3\end{vmatrix} \tag{1.50}$$

$$=\frac{\partial(x_1,x_2,x_3)}{\partial(y_1,y_2,y_3)}\mathrm{d}y_1\mathrm{d}y_2\mathrm{d}y_3$$

$$=\mathrm{d}x_1\mathrm{d}x_2\mathrm{d}x_3$$

以球坐标系为例，我们用 r、θ 和 ϕ 来表示一个点。其中，r 是点到原点的距离，其范围是 $0\leqslant r<\infty$；θ 定义为从正 z 轴到连接原点和目标点的线段之间的角度，其范围是 $0\leqslant\theta\leqslant\pi$；$\phi$ 表示的是目标点在 xy 平面上的方位角，其范围是 $0\leqslant\phi<2\pi$。它们与直角坐标的关系为

$$x=r\sin\theta\cos\phi$$

$$y=r\sin\theta\sin\phi$$

$$z=r\cos\theta$$

于是，可以求得其雅可比行列式。

$$\frac{\partial(x_1,x_2,x_3)}{\partial(r,\theta,\phi)}=\begin{vmatrix}\sin\theta\cos\phi & r\cos\theta\cos\phi & -r\sin\theta\sin\phi\\ \sin\theta\sin\phi & r\cos\theta\sin\phi & r\sin\theta\cos\phi\\ \cos\theta & -r\sin\theta & 0\end{vmatrix}=r^2\sin\theta$$

根据式（1.50），可得体积元为

$$\mathrm{d}V=\frac{\partial(x_1,x_2,x_3)}{\partial(r,\theta,\phi)}\mathrm{d}r\mathrm{d}\theta\mathrm{d}\phi=r^2\sin\theta\mathrm{d}r\mathrm{d}\theta\mathrm{d}\phi$$

（3）邻域基矢：变化决定方向

我们需要注意，对于某些坐标系，如极坐标系，其坐标基矢的方向不是恒定的。要处理这种变化，我们需采取与之前相同的策略，即通过观察其局部性质来了解其特性。

我们从基本的直角坐标系开始探讨。在这个坐标系中，任意矢量与其基矢有如下关系。

$$\boldsymbol{r}=\sum_{i=1}^{3}x_i\boldsymbol{e}_i \tag{1.51}$$

观察其邻域性质，根据微分关系有

$$\mathrm{d}\boldsymbol{r}=\sum_{i=1}^{3}\mathrm{d}x_i\boldsymbol{e}_i=\sum_{i=1}^{3}\frac{\partial\boldsymbol{r}}{\partial x_i}\mathrm{d}x_i$$

与式（1.51）对比可得

$$\boldsymbol{e}_i=\frac{\partial \boldsymbol{r}}{\partial x_i}$$

由于直角坐标系的基矢方向为坐标网格线的切线方向，因此 x_i 之间互相独立，于是可得

$$\begin{aligned}\boldsymbol{e}_1&=[1,0,0]^{\mathrm{T}}\\ \boldsymbol{e}_2&=[0,1,0]^{\mathrm{T}}\\ \boldsymbol{e}_3&=[0,0,1]^{\mathrm{T}}\end{aligned}\tag{1.52}$$

对于任何曲线坐标系，我们均可以采取与直角坐标系相似的方法来定义其坐标基矢。具体地说，我们将坐标基矢的方向定义为坐标网格线的切线方向。因此，基矢方向上的一个矢量表示为

$$\boldsymbol{a}_i^y=\frac{\partial \boldsymbol{r}}{\partial y_i}$$

进一步对上式进行归一化处理，可以得到基矢的表达式。

$$\boldsymbol{e}_i^y=\left|\frac{\partial \boldsymbol{r}}{\partial y_i}\right|^{-1}\frac{\partial \boldsymbol{r}}{\partial y_i}=\frac{1}{a_i^y}\frac{\partial \boldsymbol{r}}{\partial y_i}\tag{1.53}$$

其中，系数 a_i^y 被称为拉梅系数。观察式（1.52），我们可以明显地看到，在直角坐标系中，情况相对简单，其拉梅系数为 1，而且在整个坐标系中都是恒定的。然而从式（1.53）中可知，对于一般的曲线坐标系，不同位置的点在其局部表现出的偏导性质是有所不同的。因此，坐标基矢的方向和拉梅系数都是位置依赖的，会随着位置的变化而改变。以极坐标系为例，利用式（1.53）我们可以得出以下关系。

$$\begin{aligned}&\boldsymbol{r}=r\cos\theta\boldsymbol{e}_1+r\sin\theta\boldsymbol{e}_2=[r\cos\theta,r\sin\theta]\\ &\frac{\partial \boldsymbol{r}}{\partial r}=\cos\theta\boldsymbol{e}_1+\sin\theta\boldsymbol{e}_2=[\cos\theta,\sin\theta]\\ &\left|\frac{\partial \boldsymbol{r}}{\partial r}\right|=1\\ &\frac{\partial \boldsymbol{r}}{\partial \theta}=-r\sin\theta\boldsymbol{e}_1+r\cos\theta\boldsymbol{e}_2=[-r\sin\theta,r\cos\theta]\\ &\left|\frac{\partial \boldsymbol{r}}{\partial \theta}\right|=r\end{aligned}$$

将上式代入式（1.53），可以得到极坐标的基矢。

$$\begin{aligned}\boldsymbol{e}_r&=\left|\frac{\partial \boldsymbol{r}}{\partial r}\right|^{-1}\frac{\partial \boldsymbol{r}}{\partial r}=\cos\theta\boldsymbol{e}_1+\sin\theta\boldsymbol{e}_2=[\cos\theta,\sin\theta]^{\mathrm{T}}\\ \boldsymbol{e}_\theta&=\left|\frac{\partial \boldsymbol{r}}{\partial \theta}\right|^{-1}\frac{\partial \boldsymbol{r}}{\partial \theta}=-\sin\theta\boldsymbol{e}_1+\cos\theta\boldsymbol{e}_2=[-\sin\theta,\cos\theta]^{\mathrm{T}}\end{aligned}\tag{1.54}$$

如图 1.43 所示，我们可以利用几何关系对式（1.54）的结果进行验证。另一方面，直接利用式（1.54），可以得到基矢之间的相互垂直关系。

$$\begin{aligned}&\boldsymbol{e}_r\cdot\boldsymbol{e}_\theta=0\\ &\boldsymbol{e}_r\perp\boldsymbol{e}_\theta\end{aligned}$$

得到了基矢之后，我们就可以更加方便地确定曲线坐标系中的各点坐标。结合式（1.53）可知

$$\mathrm{d}\boldsymbol{r}=\sum\frac{\partial \boldsymbol{r}}{\partial y_i}\mathrm{d}y_i=\sum\left|\frac{\partial \boldsymbol{r}}{\partial y_i}\right|\mathrm{d}y_i\boldsymbol{e}_i^y=\sum a_i^y\mathrm{d}y_i\boldsymbol{e}_i^y$$

其中

$$\boldsymbol{e}_i^y \cdot \boldsymbol{e}_j^y = \delta_{ij}$$

对于平面极坐标系来说，有

$$\mathrm{d}\boldsymbol{r} = \sum \frac{\partial \boldsymbol{r}}{\partial y_i}\mathrm{d}y_i = \mathrm{d}r\boldsymbol{e}_r + r\mathrm{d}\theta\boldsymbol{e}_\theta = \mathrm{d}r\boldsymbol{i} + r\mathrm{d}\theta\boldsymbol{j}$$

（4）微分算符：梯度、散度、旋度

在任何曲线坐标系（$\boldsymbol{y}=[y_1,y_2,y_3]^{\mathrm{T}}$）中，当我们考虑式（1.31）所述的梯度算符，并将其作用到一个标量场 φ 上时，梯度算符的第 i 个分量可以表示为

$$\begin{aligned}
\nabla_{y_i}\varphi &= \boldsymbol{e}_i^y \cdot \nabla\varphi \\
&= \left|\frac{\partial \boldsymbol{r}}{\partial y_i}\right|^{-1}\frac{\partial \boldsymbol{r}}{\partial y_i}\cdot\nabla\varphi \\
&= \left|\frac{\partial \boldsymbol{r}}{\partial y_i}\right|^{-1}\left(\frac{\partial x_1}{\partial y_i}\boldsymbol{e}_1+\frac{\partial x_2}{\partial y_i}\boldsymbol{e}_2+\frac{\partial x_3}{\partial y_i}\boldsymbol{e}_3\right)\cdot\left(\frac{\partial \varphi}{\partial x_1}\boldsymbol{e}_1+\frac{\partial \varphi}{\partial x_2}\boldsymbol{e}_2+\frac{\partial \varphi}{\partial x_3}\boldsymbol{e}_3\right) \\
&= \left|\frac{\partial \boldsymbol{r}}{\partial y_i}\right|^{-1}\left(\frac{\partial x_1}{\partial y_i}\frac{\partial \varphi}{\partial x_1}+\frac{\partial x_2}{\partial y_i}\frac{\partial \varphi}{\partial x_2}+\frac{\partial x_3}{\partial y_i}\frac{\partial \varphi}{\partial x_3}\right) \\
&= \left|\frac{\partial \boldsymbol{r}}{\partial y_i}\right|^{-1}\frac{\partial \varphi}{\partial y_i}
\end{aligned}$$

所以，对任意坐标系，梯度算符的形式为

$$\nabla^y = \begin{bmatrix} \left|\dfrac{\partial \boldsymbol{r}}{\partial y_1}\right|^{-1} & \dfrac{\partial}{\partial y_1} \\ \left|\dfrac{\partial \boldsymbol{r}}{\partial y_2}\right|^{-1} & \dfrac{\partial}{\partial y_2} \\ \left|\dfrac{\partial \boldsymbol{r}}{\partial y_3}\right|^{-1} & \dfrac{\partial}{\partial y_3} \end{bmatrix} = \sum \boldsymbol{e}_i^y \frac{1}{a_i^y}\frac{\partial}{\partial y_i} \tag{1.55}$$

得到梯度算符在具体坐标系中的表示后，我们可以方便地将它与以下矢量场内积。

$$\boldsymbol{v} = \sum v_i^y \boldsymbol{e}_i^y$$

从而得到散度算符在具体坐标系中的表示。

$$\begin{aligned}
\nabla^y\cdot\boldsymbol{v} &= \sum \boldsymbol{e}_j^y \frac{1}{a_j^y}\frac{\partial}{\partial y_j}\cdot\sum v_i^y\boldsymbol{e}_i^y \\
&= \sum_{i,j}\boldsymbol{e}_j^y\frac{1}{a_j^y}\frac{\partial}{\partial y_j}\cdot(v_i^y\boldsymbol{e}_i^y) \\
&= \sum_{i,j}\frac{1}{a_j^y}\frac{\partial v_i^y}{\partial y_j} + \sum_{i,j}\frac{v_i^y}{a_j^y}\boldsymbol{e}_j^y\cdot\frac{\partial \boldsymbol{e}_i^y}{\partial y_j}
\end{aligned}$$

对于上式中的 $\sum\limits_{i,j}\dfrac{1}{a_j^y}\dfrac{\partial v_i^y}{\partial y_j}$ 项，由于矢量的坐标相互独立，因此只有当 v_i^y 和 y_j 具有同一个坐标方向时，$\dfrac{\partial v_i^y}{\partial y_j}$才不为 0。因此，上式可以得到简化。

$$\begin{aligned}\nabla^y \cdot \boldsymbol{v} &= \sum_{i,j} \frac{1}{a_j^y} \frac{\partial v_i^y}{\partial y_j} + \sum_{i,j} \frac{v_i^y}{a_j^y} \boldsymbol{e}_j^y \cdot \frac{\partial \boldsymbol{e}_i^y}{\partial y_j} \\ &= \sum_{i} \frac{1}{a_i^y} \frac{\partial v_i^y}{\partial y_i} + \sum_{i,j} \frac{v_i^y}{a_j^y} \boldsymbol{e}_j^y \cdot \frac{\partial \boldsymbol{e}_i^y}{\partial y_j}\end{aligned} \tag{1.56}$$

接下来，我们观察 $\sum_{i,j} \frac{v_i^y}{a_j^y} \boldsymbol{e}_j^y \cdot \frac{\partial \boldsymbol{e}_i^y}{\partial y_j}$ 项，可以看出其出现了基矢与基矢的偏导数之间进行内积的情况。根据基矢与偏导数的关系式

$$\boldsymbol{e}_i^y = \frac{1}{a_i^y} \frac{\partial \boldsymbol{r}}{\partial y_i}$$

我们容易联想到，$\sum_{i,j} \frac{v_i^y}{a_j^y} \boldsymbol{e}_j^y \cdot \frac{\partial \boldsymbol{e}_i^y}{\partial y_j}$ 可能与 $\frac{\partial^2 \boldsymbol{r}}{\partial y_i \partial y_j}$ 有关，有

$$\frac{\partial^2 \boldsymbol{r}}{\partial y_i \partial y_j} = \frac{\partial^2 \boldsymbol{r}}{\partial y_j \partial y_i}$$

将其代入式（1.53），可得

$$\frac{\partial(a_j^y \boldsymbol{e}_j^y)}{\partial y_i} = \frac{\partial^2(a_i^y \boldsymbol{e}_i^y)}{\partial y_j}$$

利用分配律将其展开，可得

$$\boldsymbol{e}_j^y \frac{\partial a_j^y}{\partial y_j} + a_j^y \frac{\partial \boldsymbol{e}_j^y}{\partial y_i} = \boldsymbol{e}_i^y \frac{\partial a_i^y}{\partial y_j} + a_i^y \frac{\partial \boldsymbol{e}_i^y}{\partial y_j}$$

我们的目标是得到基矢与其偏导数之间的内积关系。为了得到这一关系，我们可以将上式两端同时与 $\boldsymbol{e}_j^y$ 进行内积，得到

$$\boldsymbol{e}_i^y \cdot \boldsymbol{e}_j^y \frac{\partial a_j^y}{\partial y_i} + a_j^y \boldsymbol{e}_i^y \cdot \frac{\partial \boldsymbol{e}_j^y}{\partial y_i} = \boldsymbol{e}_i^y \cdot \boldsymbol{e}_i^y \frac{\partial a_i^y}{\partial y_j} + a_i^y \boldsymbol{e}_i^y \cdot \frac{\partial \boldsymbol{e}_i^y}{\partial y_j} \tag{1.57}$$

因为

$$\boldsymbol{e}_i^y \cdot \boldsymbol{e}_j^y = \delta_{ij}$$

$$\frac{\partial}{\partial y_i}(\boldsymbol{e}_i^y \cdot \boldsymbol{e}_i^y) = 2\boldsymbol{e}_i^y \cdot \frac{\partial \boldsymbol{e}_i^y}{\partial y_i} = 0$$

$$\Rightarrow \boldsymbol{e}_i^y \cdot \frac{\partial \boldsymbol{e}_i^y}{\partial y_i} = 0$$

所以上式可以被化简为

$$a_j^y \boldsymbol{e}_i^y \cdot \frac{\partial \boldsymbol{e}_j^y}{\partial y_i} = \frac{\partial a_i^y}{\partial y_j} - \delta_{ij} \frac{\partial a_j^y}{\partial y_i} \Rightarrow$$

$$\boldsymbol{e}_i^y \cdot \frac{\partial \boldsymbol{e}_j^y}{\partial y_i} = \begin{cases} 0 & i = j \\ \dfrac{1}{a_j^y} \dfrac{\partial a_i^y}{\partial y_j} & i \neq j \end{cases}$$

将上面得到的关系代入式（1.56），可得

$$\begin{aligned}\nabla^y \cdot \boldsymbol{v} &= \sum_i \frac{1}{a_i^y}\frac{\partial v_i^y}{\partial y_i} + \sum_{i,j} \frac{v_i^y}{a_j^y}\boldsymbol{e}_j^y \cdot \frac{\partial \boldsymbol{e}_i^y}{\partial y_j} \\ &= \sum_i \frac{1}{a_i^y}\frac{\partial v_i^y}{\partial y_i} + \sum_{i,j} \frac{v_j^y}{a_i^y}\left(\boldsymbol{e}_i^y \cdot \frac{\partial \boldsymbol{e}_j^y}{\partial y_i}\right) \\ &= \sum_i \frac{1}{a_i^y}\frac{\partial v_i^y}{\partial y_i} + \sum_{i,j} \frac{v_j^y}{a_i^y a_j^y}\frac{\partial a_i^y}{\partial y_j}\bigg|_{i\neq j} \\ &= \frac{1}{a_1^y a_2^y a_3^y}\left(\frac{\partial(a_2^y a_3^y v_1^y)}{\partial y_1} + \frac{\partial(a_3^y a_1^y v_2^y)}{\partial y_2} + \frac{\partial(a_1^y a_2^y v_3^y)}{\partial y_3}\right)\end{aligned} \tag{1.58}$$

需要特别强调的是，我们将式（1.56）写成式（1.58）这样相对对称的形式有其深意。首先，这种对称的表示方式更为直观，便于记忆；其次，它有助于深化我们对公式背后的物理含义的理解。在 1.3.4 节中，我们详细探讨了散度的物理意义，并将其与通量的体密度变化进行了类比，从而构建了一张直观的物理图像。对于式（1.58），其中的 a_i^y 为拉梅系数。从定义上看，它可以被视作邻域体积元的边长，这意味着 $a_1^y a_2^y a_3^y$ 描述的是该体积元的整体体积。而 $a_2^y a_3^y$ 描述的是体积元的一个横截面积。这一横截面积与场分量 v_1^y 的乘积便代表了场在这一面上的通量。而 $\frac{\partial(a_2^y a_3^y v_1^y)}{\partial y_1}$描述的则是这一通量在 y_1 方向上每单位长度上的增加量。从这个角度看，式（1.58）与我们在 1.3.4 节中对散度的讨论是高度一致的。

与对散度的推导类似，我们也可以推导出旋度在坐标系中的具体表达式，读者可以自行推导，这里不再详述。

$$\nabla^y \times \boldsymbol{v} = \frac{1}{a_1^y a_2^y a_3^y}\begin{vmatrix} a_1^y \boldsymbol{e}_1^y & a_2^y \boldsymbol{e}_2^y & a_3^y \boldsymbol{e}_3^y \\ \dfrac{\partial}{\partial y_1} & \dfrac{\partial}{\partial y_2} & \dfrac{\partial}{\partial y_3} \\ a_1^y v_1^y & a_2^y v_2^y & a_3^y v_3^y \end{vmatrix} \tag{1.59}$$

1.4 表示空间：空间分类及表示形式

在力学的理论框架中，我们时常会遇到各种关于“空间”的描述和表达。为了帮助大家理解和区分这些概念，本节将对这些空间概念进行分类和概述。为确保叙述的连贯、完整，本节可能会涉及一些在后文中才会深入探讨的内容。对于初次接触的读者，若觉得难以理解，完全可以先跳过相应部分，这并不会妨碍我们对空间表述思想的整体理解。

（1）位形空间

在力学的理论表达体系中，位形空间（Configuration Space）是大家非常熟悉的空间表示方法。它用于描述物体的静态空间位置形态，也就是描述其组成质点的具体几何位置。完整描述位形所需要的最少变量个数称为该空间的维度。我们一般把维度记为 S。当然，维度只说明了变量个数，并没有限制我们具体使用什么形式的变量。原则上我们可以建立任意的坐标系来具体描述空间位形。

$$\boldsymbol{q} = (q_1, q_2, \cdots, q_s) \tag{1.60}$$

比如，对于做平面圆周运动的质点来说，在位形空间中它的运动路径可以表示为

$$x^2+y^2=R^2 \tag{1.61}$$

（2）事件空间

位形空间的路径并未考虑时间因素。因此，仅凭式（1.61），我们不能确定质点在某一时刻的确切位置。当质点在确定的时刻出现在某个特定位置时，我们称其为“可观测事件”。所有这些可观测事件一起定义了“事件空间”（Event Space）。相较于位形空间，事件空间增加了时间这一新的维度。

$$\boldsymbol{q}=(q_1,q_2,\cdots,q_s;t) \tag{1.62}$$

以一个做平面圆周运动的质点为例，在事件空间中，它的运动路径可以表示为

$$\begin{aligned} x&=R\sin(\omega t)\\ y&=R\cos(\omega t) \end{aligned} \tag{1.63}$$

实际上，牛顿运动方程（参见 2.2 节）与欧拉-拉格朗日方程（参见 3.3 节）都是描述物体在事件空间中运动规律的方程。

$$\begin{aligned} &F(\boldsymbol{r},\dot{\boldsymbol{r}},\ddot{\boldsymbol{r}},\cdots)=m\frac{\mathrm{d}^2\boldsymbol{r}}{\mathrm{d}t^2}\\ &\frac{\mathrm{d}}{\mathrm{d}t}\frac{\partial L}{\partial\dot{q}_i}-\frac{\partial L}{\partial q_i}=0 \end{aligned} \tag{1.64}$$

（3）相空间

在处理力学问题时，我们知道存在 S 个坐标和 S 个动量，它们是相互独立且对等的。因此，可以整合这些元素，形成所谓的“相空间”（Phase Space）。

$$(\boldsymbol{q},\boldsymbol{p})=(q_1,q_2,\cdots,q_S,p_1,p_2,\cdots,p_S) \tag{1.65}$$

相对于位形空间，相空间的维度是 $2S$。例如，对于能量为 E、角频率为 ω 的一维谐振子，根据式（1.65），其在相空间中的轨迹满足

$$p^2+q^2=\frac{2E}{\omega} \tag{1.66}$$

这是一个二维空间中的圆形。

（4）状态空间

与位形空间和事件空间的关系相似，相空间中也未包含时间这一维度。当我们将时间 t 纳入考虑范围，就构建了一个（$2S+1$）维的状态空间（State Space），用于完整描述力学系统的状态。

$$(\boldsymbol{q},\boldsymbol{p};t)=(q_1,q_2,\cdots,q_S,p_1,p_2,\cdots,p_S;t) \tag{1.67}$$

哈密顿正则方程（参见 3.6.2 节）阐述的就是状态空间中的演化规律。

$$\begin{cases} \dot{q}_i=\dfrac{\mathrm{d}q_i}{\mathrm{d}t}=\dfrac{\partial H}{\partial p_i}\\ \dot{p}_i=\dfrac{\mathrm{d}p_i}{\mathrm{d}t}=-\dfrac{\partial H}{\partial q_i} \end{cases} \tag{1.68}$$

以一维谐振子为例，当考虑时间演化后，从其初始状态开始，其在状态空间中的运动轨迹如图 1.45 所示。

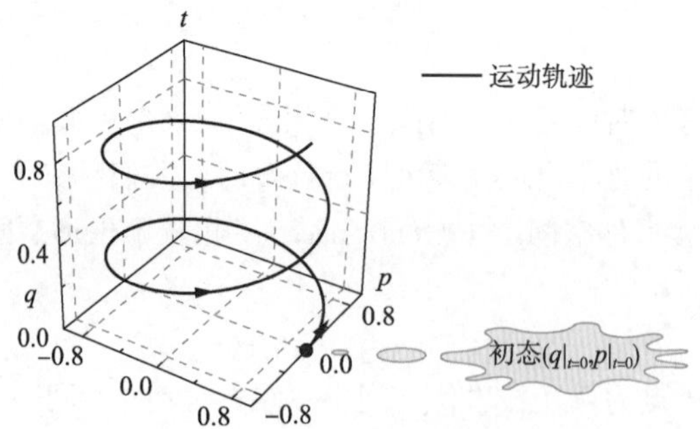

图 1.45　一维谐振子在状态空间的运动轨迹

1.5　本章小结

本章深入探讨了用于理解物体变化的系统思维方式，详细描述了如何将系统思维应用于力学实体以形成力学系统模型，以及基于这种模型进行力学量推断和计算所需的矢量分析。这些知识不仅为解决具体的力学问题提供了基本框架和推理工具，而且为学习本书接下来的内容打下了坚实基础。

1.6　习　　题

1. $\boldsymbol{e}_1$、$\boldsymbol{e}_2$ 和 $\boldsymbol{e}_3$ 分别为沿 x、y 和 z 轴方向的单位向量。

（1）计算：

① $\boldsymbol{e}_3(\boldsymbol{e}_1+\boldsymbol{e}_2)$；

② $(5\boldsymbol{e}_1+3\boldsymbol{e}_2)\cdot(7\boldsymbol{e}_1-16\boldsymbol{e}_3)$；

③ $(\boldsymbol{e}_1+7\boldsymbol{e}_2-3\boldsymbol{e}_3)\cdot(12\boldsymbol{e}_1-3\boldsymbol{e}_2-4\boldsymbol{e}_3)$。

（2）向量 $\boldsymbol{a}$ 和 $\boldsymbol{b}$ 彼此正交，请确定 α 为多少。

$\boldsymbol{a}=3\boldsymbol{e}_1-6\boldsymbol{e}_2+\alpha\boldsymbol{e}_3$

$\boldsymbol{b}=-\boldsymbol{e}_1+2\boldsymbol{e}_2-3\boldsymbol{e}_3$

（3）向量 $\boldsymbol{a}$ 在 $\boldsymbol{b}$ 方向上的投影有多长？

$\boldsymbol{a}=3\boldsymbol{e}_1+\boldsymbol{e}_2-4\boldsymbol{e}_3$

$\boldsymbol{b}=4\boldsymbol{e}_2+3\boldsymbol{e}_3$

2. 证明：

（1）$(\boldsymbol{a}\times\boldsymbol{b})^2=a^2b^2-(\boldsymbol{a}\cdot\boldsymbol{b})^2$；

（2）$(\boldsymbol{a}\times\boldsymbol{b})\cdot(\boldsymbol{c}\times\boldsymbol{d})=(\boldsymbol{a}\cdot\boldsymbol{c})(\boldsymbol{b}\cdot\boldsymbol{d})-(\boldsymbol{a}\cdot\boldsymbol{d})(\boldsymbol{b}\cdot\boldsymbol{c})$；

（3）$(\boldsymbol{a}\times\boldsymbol{b})\cdot[(\boldsymbol{b}\times\boldsymbol{c})\times(\boldsymbol{c}\times\boldsymbol{a})]=[\boldsymbol{a}\cdot(\boldsymbol{b}\times\boldsymbol{c})]^2$。

3. $\boldsymbol{e}_1'$和 $\boldsymbol{e}_2'$是分别定义 x'轴和 y'轴的两个正交向量。质点沿轨迹 $\boldsymbol{r}(t)=\dfrac{1}{\sqrt{2}}(a_1\cos\omega t+a_2\sin\omega t)\boldsymbol{e}_1'+$

$\frac{1}{\sqrt{2}}(-a_1\cos\omega t+a_2\sin\omega t)\boldsymbol{e}_2'$移动。其中 a_1、a_2 和 ω 为常数，且大于0。

（1）设计新的坐标系（基矢为 $\boldsymbol{e}_1$、$\boldsymbol{e}_2$，坐标轴为 x、y），使得从 $\boldsymbol{e}_1'$和 $\boldsymbol{e}_2'$切换到 $\boldsymbol{e}_1$ 和 $\boldsymbol{e}_2$ 时，质点轨迹曲线的表示得到简化。写出在新的 xy 坐标系中，空间曲线的参数表示。

（2）该空间曲线表现为什么几何形式？

（3）计算 $\boldsymbol{r}(t)$、$\boldsymbol{v}(t)=\dot{\boldsymbol{r}}(t)$和 $\boldsymbol{a}(t)=\ddot{\boldsymbol{r}}(t)$的大小。$|\boldsymbol{r}(t)|$和$|\boldsymbol{a}(t)|$之间存在什么关系？

（4）计算 $\dot{r}(t)=\frac{\mathrm{d}}{\mathrm{d}t}|\boldsymbol{r}(t)|$。

4. 计算单位向量 $\boldsymbol{e}_r=\frac{\boldsymbol{r}}{r}$的散度。

5. φ 为标量，$\boldsymbol{a}$ 为矢量。证明：$\nabla\cdot(\varphi\boldsymbol{a})=\varphi\nabla\cdot\boldsymbol{a}+\boldsymbol{a}\cdot\nabla\varphi$。

6. 证明以下恒等式适用于任意标量场 $\phi=\phi(x,y,z)$ 和向量场 $\boldsymbol{F}=F_x(x,y,z)\boldsymbol{i}+F_y(x,y,z)\boldsymbol{j}+F_z(x,y,z)\boldsymbol{k}$。

（1）$\nabla\times(\nabla\phi)=0$。

（2）$\nabla\cdot(\nabla\times\boldsymbol{F})=0$。

7. 证明：

$$\frac{\partial}{\partial x_i}(\boldsymbol{a}\times\boldsymbol{b})=\left(\frac{\partial}{\partial x_i}\boldsymbol{a}\right)\times\boldsymbol{b}+\boldsymbol{a}\times\left(\frac{\partial}{\partial x_i}\boldsymbol{b}\right)\quad i=1,2,3$$

其中，$\boldsymbol{a}(\boldsymbol{r})$、$\boldsymbol{b}(\boldsymbol{r})$和 $\boldsymbol{b}(\boldsymbol{r})$为矢量场，$\boldsymbol{r}$ 的坐标为(x_1,x_2,x_3)。

8. 在处理由带电粒子组成的“气体”（等离子体）时，嵌入等离子体中的点电荷的标量静电势可以用下面公式近似描述。

$$\varphi(\boldsymbol{r})=\frac{q}{4\pi\varepsilon_0}\frac{e^{-\alpha r}}{r}$$

（1）确定 φ 的偏导数并计算$\nabla\varphi$。

（2）计算 $\Delta\varphi$，其中 Δ 是拉普拉斯算子。

$$\Delta=\frac{\partial^2}{\partial x_1^2}+\frac{\partial^2}{\partial x_2^2}+\frac{\partial^2}{\partial x_3^2}$$

9. 求参考系$\{O',\boldsymbol{i}',\boldsymbol{j}',\boldsymbol{r}'\}$上点 P 的一般表达式，该参考系由$\{O,\boldsymbol{i},\boldsymbol{j},\boldsymbol{r}\}$绕 $\boldsymbol{r}$ 轴旋转，并在(x,y)平面上平移得到（见图1.46）。

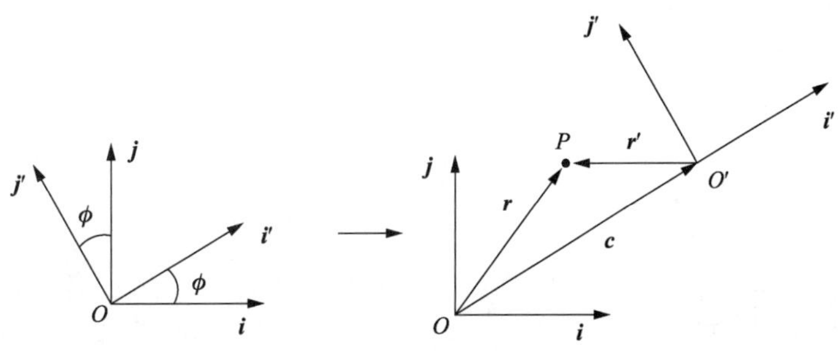

图1.46　第9题图

10. (x_1,x_2,x_3)是直角坐标，抛物柱面坐标(u,v,z)满足以下转换公式。

$$x_1=\frac{1}{2}(u^2-v^2)$$

$$x_2=uv$$

$$x_3=z$$

（1）计算雅可比行列式$\frac{\partial(x_1,x_2,x_3)}{\partial(u,v,z)}$。

（2）体积元 $dV=dx_1dx_2dx_3$ 如何变换？

第2章 质点运动

在我国古籍《吴越春秋》中，有一首描写弹弓的诗《弹歌》：

弹歌

断竹，续竹；

飞土，逐宍。

诗中描述了如何砍伐野竹制作弹弓，再使用它发射泥弹去捕猎。这展现了我们的祖先早已开始利用机械运动来应对生活中的挑战。不难想象，在缺乏科学理论和分析工具的古代，使用弹弓打猎完全依赖于经验，需要一定的技巧和长时间的训练，并不是每个人都能轻松掌握的。如今，当我们将弹弓视为一个系统，从其功能、结构和组成元素进行分析，我们就能更深入地理解其工作原理。实际上，在 1.2 节中，我们已经分析了与之类似的系统。弹弓其实可以被视为抛物系统的一个特例。泥弹的初始质量和发射速度是影响其功能（如成功捕猎）的核心因素。而泥弹的具体形状，如是圆形还是方形，对系统功能的影响较小。因此，在研究抛物运动时，我们可以将物体简化为一个无结构的实体——质点，并将其运动视为三维空间中点的简单移动。

本章学习目标：

（1）掌握描述质点运动现象的方法和工具；

（2）理解质点运动现象的成因；

（3）了解如何控制质点的运动。

2.1 描述现象：基于定量测量的运动学

2.1.1 变化：运动现象的本质

当我们观察运动时，发现其显著的特点是对象的某些属性在发生变化。这些改变无论是幅度还是速度，都可以被量化为可测量的数值，这构成了我们描述运动现象的基础。对于质点的运动，明显的变化是它的位置发生改变。通过观察，我们可以总结出质点位置变化的 3 个关键特点：

（1）质点位置由其相对距离和方向确定；

（2）任意时刻，质点只能占据一个空间位置；

（3）质点不能瞬间从一个位置跳转到另一个位置。

因此，我们可以使用一个关于时间的单值连续矢量函数 $\boldsymbol{r}(t)$ 来准确描述质点随时间变动的位置。

$$\boldsymbol{r}=\boldsymbol{r}(t) \tag{2.1}$$

我们称这个函数为质点的“运动方程”。通过这个方程，我们可以清晰地预知在特定的时间，质点会出现在何处。满足式（2.1）条件的所有空间点所形成的曲线，被称为“质点的运动轨迹”或“轨道”。如图 2.1 所示，质点 P 划过的曲线就是 P 点的运动轨迹。与这条曲线相对应的数学表示被称作“物体的轨迹方程”或“轨道方程”。

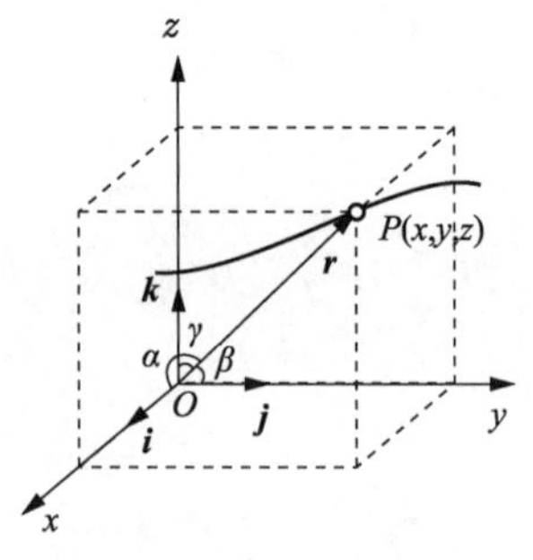

图 2.1　质点运动轨迹

练习　请说明轨道方程与运动方程的异同。

2.1.2　变量：位移、速度与加速度

除了描述质点在空间中如何随时间变动的运动方程外，我们还关心质点运动的其他特征，例如运动的快慢。从理论上讲，运动方程已经包含物体所有的运动信息，其他运动特性应该能够从运动方程中提取出来。接下来，我们对这些特性进行详细探讨。

我们首先考虑物体位置的总体变化。从数学上讲，我们通常采用差值来衡量变化。它被定义为目标量在末时刻的值减去其初始时刻的值，其计算用符号 Δ 表示。质点的位置变化被称作位移，如图 2.2 所示，并且遵循上述定义的计算逻辑。

$$\Delta\boldsymbol{r}=\boldsymbol{r}(t+\Delta t)-\boldsymbol{r}(t)$$

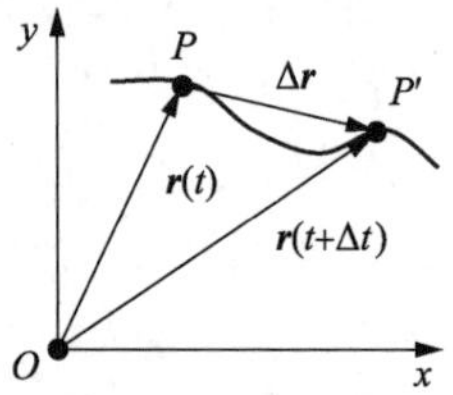

图 2.2　位移矢量

值得注意的是，我们需要明确区分位移与路程。例如，如果我们早上离家，然后晚上回到同一个地点，虽然起点和终点相同导致位移为零，但这一天的交通费用并不为零。这是因为司机是按照路程来计费的，而不是位移。

除了位移，我们还非常关心位移变化的快慢。为了比较快慢，我们可以考虑两种方案：首先，当位移固定时，我们比较所需的时间；其次，当时间固定时，我们比较位移量的大小。需要注意的是，位移是一个矢量，上述比较其实固定了位移的方向。虽然奥运会采用的是第一种方法，但在物理学中，我们更偏向于使用第二种方案。我们通常用单位时间（比如 1 s）内质点平均发生的位移量来表征运动的快慢，所以速度的单位是 m/s。为了更精确地理解运动，我们可以缩短观察的时间间隔。理论上，我们会把这个“缩短”推向极致，得到在时刻 t 附近，极限短时间间隔内的位矢变化率，并称其为质点的“瞬时速度”或简称为“速度”。

$$\boldsymbol{v}=\lim_{\Delta t\to 0}\frac{\Delta\boldsymbol{r}}{\Delta t}=\frac{\mathrm{d}\boldsymbol{r}(t)}{\mathrm{d}t}=\dot{\boldsymbol{r}}(t) \tag{2.2}$$

若无特殊说明，本书所指的速度都是极限情况下的瞬时速度。

在式（2.2）中，有一个细节容易被忽视。考虑到时光无法倒流，所以 $\Delta t>0$。这意味着速度的方向必然与位移 $\Delta\boldsymbol{r}$ 的极限方向保持一致。在图 2.2 中，当 P、P' 两点无限靠近时，$\Delta\boldsymbol{r}$ 的方向应在轨道的切线方向上。因此，瞬时速度的方向也沿着轨道的切线方向，并指向运动的前进方向。

在研究位置如何变化之后，我们还可以进一步研究速度如何变化，这就涉及加速度的概念。如图 2.3 所示，求加速度矢量的方法与求速度的类似，需要求速度矢量的时间导数。

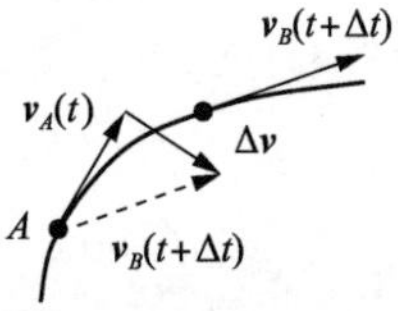

图 2.3　加速度矢量求解

$$a = \lim_{\Delta t \to 0} \frac{\Delta v}{\Delta t} = \frac{dv}{dt} = \dot{v} = \ddot{r}(t)$$

至此，正如表 2.1 所示，我们已经利用矢量及其相关运算，清晰而简单地解决了描述质点运动现象（位置变化及其相关属性）的问题。

表 2.1　矢量及其运算在运动描述中的核心地位

描述	概念	符号	说明
位置	位矢	$\boldsymbol{r}$	相对于参考点的距离和方向
位置变化	位移	$\Delta\boldsymbol{r}$	位矢的增加值
位置变化快慢	速度	$\boldsymbol{v}$	无限短时间内的单位时间位移
速度变化快慢	加速度	$\boldsymbol{a}$	无限短时间内的单位时间速度增长
变化	增加值	Δ	做减法，末时刻值减去初始时刻值
瞬间变化	无限短时间内的增长	d	对减法求极限
瞬间变化率	无限短时间内的增长率	$\frac{\mathrm{d}}{\mathrm{d}t}$	对减法和除法的复合运算求极限（求导）
长时间的变化	瞬间增长的长时积累	$\int$	求瞬间增长率的时间累积效果

2.1.3　描述：参考系与坐标系

远近和方向是相对的，这意味着位置其实是一个相对量。为了准确地描述某个点的位置，我们首先需要确定一个参照标准。这个参照通常是空间中的一个点，被称为“参考点”。只有确定了参考点（同时蕴含参考方向），空间中的其他位置才能被精确地描述。因此，我们把参考点，连带依附参考点才可以描述清楚的空间，统称为参考系，如图 2.4 所示。

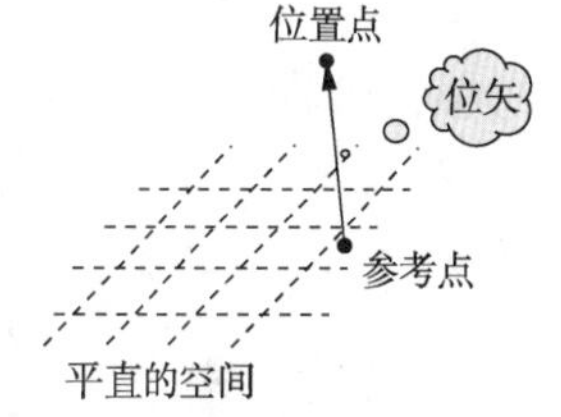

图 2.4　参考系

确定了参考系后，质点的位矢也随之确定。位矢一旦确定，那由其变化引发的位移、速度和加速度也就明确了。在不同的物理现象中，这些矢量之间会展现出各种定量关系。在经典的绝对时空观念中，参考系存在的空间被视为一个平直的线性空间。因此，我们可以利用 1.3 节中介绍的矢量分析工具来处理与这些矢量相关的运算。其中，一个关键技巧是将矢量代数化，即引入坐标系。

在讨论坐标系时，有一点尤为重要。在坐标系内，矢量的平移不会影响其坐标表示。也就是说，即使我们移动坐标系，矢量的描述保持不变。但是，当我们平移整个参考系时，质点的位置会发生明显变化，进而导致矢量的坐标表示也随之改变。这里需要明确，参考系与坐标系在本质上是不同的。为了方便操作，我们通常会将坐标系的原点设置在参考系的参考点上，并将坐标系的轴方向与相对参考点固定的方向绑定。这种设定下，坐标系也同时起到了参考系的作用。

在 1.3.6 节中，我们深入探讨了直角坐标系、平面极坐标系及任意曲线坐标系的基本特性。在当时的背景下，我们主要关注当矢量保持不变时，不同的坐标系选择如何影响矢量的坐标描述（即被动变换）。然而，当我们关注质点的运动时，情况发生了变化。此时，目标矢量和用于分解目标矢量的坐标基矢均可能会随时间改变。因此，在具体坐标系下，相关矢量的时间导数计算就成了重点。

（1）直角坐标系：基矢方向恒定

直角坐标系的特点是基矢固定且相互垂直，换句话说，基矢的时间导数为零。

$$\frac{\mathrm{d}\boldsymbol{i}}{\mathrm{d}t}=\frac{\mathrm{d}\boldsymbol{j}}{\mathrm{d}t}=\frac{\mathrm{d}\boldsymbol{k}}{\mathrm{d}t}=\boldsymbol{0}$$

以 $\boldsymbol{i}$ 为例，对上式进行积分。

$$\int_{t_0}^{t}\mathrm{d}\boldsymbol{i}=0$$

$$\Rightarrow\boldsymbol{i}(t)-\boldsymbol{i}(t_0)=0$$

$$\Rightarrow\boldsymbol{i}(t)=\boldsymbol{i}(t_0)=\text{常数}$$

这意味着随着直角坐标系的建立，基矢的信息就全部确定了。如此一来，在直角坐标系中，要精确地描述一个矢量只需明确其坐标即可。

$$\boldsymbol{a}=x\boldsymbol{i}+y\boldsymbol{j}+z\boldsymbol{k}$$

$$\boldsymbol{a}=[x,y,z]^{\mathrm{T}}$$

因此，在直角坐标系中，我们无须过多考虑基矢，只需关心坐标如何随时间变化，这使得表示矢量的时间变化变得更为简洁。

① 位矢。

具体到质点的位矢，将其用基矢展开，有

$$\boldsymbol{r}=x(t)\boldsymbol{i}+y(t)\boldsymbol{j}+z(t)\boldsymbol{k}$$

其坐标表示为

$$\boldsymbol{r}=[x,y,z]^{\mathrm{T}}$$

注意，这里我们已经把坐标系的原点当作确定质点位置的参考点。

② 运动方程。

通过方程，我们可以详细描述质点在特定时间应该出现的准确位置，利用坐标基矢将其展开

$$\boldsymbol{r}=x(t)\boldsymbol{i}+y(t)\boldsymbol{j}+z(t)\boldsymbol{k} \tag{2.3}$$

运动方程的坐标表示为

$$\begin{cases}x=x(t)\\y=y(t)\\z=z(t)\end{cases} \tag{2.4}$$

③ 轨道方程。

质点的轨道由其运动所经过的空间点聚合而成。这些空间点的坐标，可以由坐标 x、y 和 z 之间的关系确定。该关系可以由运动方程消去时间项得到。

$$f(x,y,z)=0$$

④ 位移。

将位移向坐标轴方向投影，有

$$\Delta\boldsymbol{r}=\Delta x\boldsymbol{i}+\Delta y\boldsymbol{j}+\Delta z\boldsymbol{k}$$

可以得到其坐标表示为

$$(\Delta x,\Delta y,\Delta z)$$

⑤ 速度。

由速度的定义式，对运动方程求导，考虑到单位矢量方向和大小都不变，其微分为 0，有

$$\boldsymbol{v}=\frac{\mathrm{d}\boldsymbol{r}}{\mathrm{d}t}=\dot{x}\boldsymbol{i}+\dot{y}\boldsymbol{j}+\dot{z}\boldsymbol{k}=v_x\boldsymbol{i}+v_y\boldsymbol{j}+v_z\boldsymbol{k}$$

其坐标表示为

$$\boldsymbol{v}=(v_x,v_y,v_z)$$

⑥ 加速度。

对速度继续求导可得加速度，即

$$\begin{aligned}\boldsymbol{a}&=\frac{\mathrm{d}\boldsymbol{v}}{\mathrm{d}t}\\&=\ddot{x}\boldsymbol{i}+\ddot{y}\boldsymbol{j}+\ddot{z}\boldsymbol{k}\\&=\dot{v}_x\boldsymbol{i}+\dot{v}_y\boldsymbol{j}+\dot{v}_z\boldsymbol{k}\\&=a_x\boldsymbol{i}+a_y\boldsymbol{j}+a_z\boldsymbol{k}\end{aligned}$$

其坐标表示为

$$\boldsymbol{a}=(a_x,a_y,a_z)$$

笔记 描述质点运动涉及位置、位移、速度和加速度等矢量的关系及其随时间的变化。这些关系中涉及的运算有矢量的加、减、内积、外积、微分和积分等。如果直接对这些矢量进行计算，由于方向与大小的联合变化，处理起来会比较复杂。但借助直角坐标系，我们可以将方向与大小分开处理，将矢量变化转化为沿 3 个固定方向的标量变化，从而使相应数学运算更加简捷。

例题 2.1 设椭圆规尺 AB 的端点 A 与 B 沿导槽 Ox 及 Oy 滑动，而 B 以匀速度 $\boldsymbol{c}$ 运动。求椭圆规尺上一点 M 的轨道方程、速度及加速度。设 $AM=a$，$BM=b$，$\angle OBA=\theta$。

笔记 虽然题目主要描述的是几何关系，但最终的要求却是揭示运动之间的关联。我们知道，尽管利用几何关系确定位置比较直观，但是几何约束与位置变化之间的关系并不显而易见。因此，如何通过静态的几何关系推导出动态的运动关系，成为求解这类题目的关键。一个有效的策略是，利用位置的导数即速度的原理，对几何关系求导，从而得到与之对应的运动关系。

解 ① 轨道方程。

求轨道方程，就是求坐标之间的关系。如图 2.5 所示，首先建立直角坐标系。有几何关系

$$\begin{aligned}x&=b\sin\theta\\y&=a\cos\theta\end{aligned}\tag{1}$$

消去 θ 可以得到轨道方程。

$$\frac{x^2}{b^2}+\frac{y^2}{a^2}=1\tag{2}$$

可见 M 点的轨道是一椭圆形。

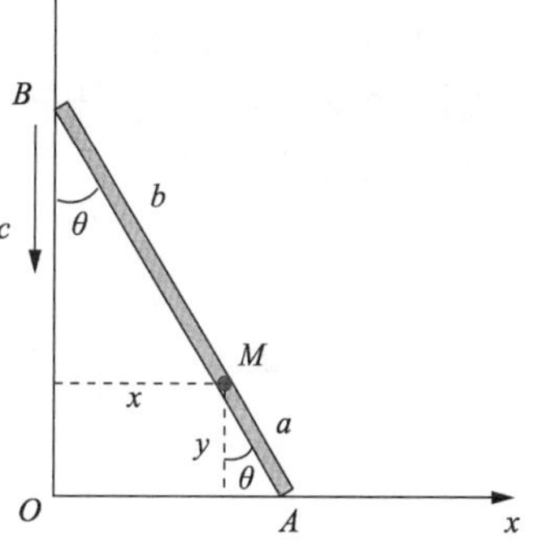

图 2.5 例题 2.1 示意

② 速度和加速度。

在 M 的位置关系式，即式（1）的两边对时间求导，可以建立 M 点的速度和 $\dot{\theta}$ 的关系，即

$$\begin{aligned}v_x&=\dot{x}=b\dot{\theta}\cos\theta\\v_y&=\dot{y}=-a\dot{\theta}\sin\theta\end{aligned}\tag{3}$$

其中，$\dot{\theta}$是未知量。类似地，在 B 点也可以建立相应关系，而且 B 点的速度已知，所以 B 点有

$$
\begin{aligned}
&x_B=0\\
&y_B=(a+b)\cos\theta\\
&v_{Bx}=\dot{x}_B=0\\
&v_{By}=\dot{y}_B=-(a+b)\dot{\theta}\sin\theta\\
&v_B=v_{By}=-(a+b)\dot{\theta}\sin\theta=-c
\end{aligned}
\tag{4}
$$

求解可得

$$\dot{\theta}=\frac{c}{(a+b)}\frac{1}{\sin\theta} \tag{5}$$

所以 M 点的速度为

$$
\begin{aligned}
&\dot{x}=\frac{bc}{a+b}\cot\theta \quad \dot{y}=-\frac{ac}{a+b}\\
&v_M=\sqrt{v_x^2+v_y^2}=\frac{c}{a+b}\sqrt{a^2+b^2\cot^2\theta}
\end{aligned}
\tag{6}
$$

M 点的加速度为

$$
\begin{aligned}
&\ddot{x}=-\frac{bc}{a+b}\frac{1}{\sin^2\theta}\dot{\theta}=-\frac{bc^2}{(a+b)^2}\frac{1}{\sin^3\theta}=-\frac{b^4c^2}{(a+b)^2}\frac{1}{x^3}\\
&\ddot{y}=0\\
&a_M=\sqrt{\ddot{x}^2+\ddot{y}^2}=\frac{b^4c^2}{(a+b)^2}\frac{1}{x^3}
\end{aligned}
\tag{7}
$$

对运动的描述问题来说，首先对位置求导得到速度；接着对速度求导，便能得到加速度。这样，求解的过程及其计算逻辑就变得明确。

（2）平面极坐标系：基矢的动态变化

如图 2.6 所示，当使用平面极坐标系来描述质点的位置时，随着质点的移动，坐标基矢也会随时间持续变化。

① 位矢。

$$\boldsymbol{r}=r\boldsymbol{i}$$

② 运动方程。

$$\boldsymbol{r}=r(t)\boldsymbol{i}(t)$$

③ 速度。

$$\boldsymbol{v}=\frac{\mathrm{d}\boldsymbol{r}}{\mathrm{d}t}=\frac{\mathrm{d}}{\mathrm{d}t}(r\boldsymbol{i})=\frac{\mathrm{d}r}{\mathrm{d}t}\boldsymbol{i}+r\frac{\mathrm{d}\boldsymbol{i}}{\mathrm{d}t}=\dot{r}\boldsymbol{i}+r\dot{\boldsymbol{i}} \tag{2.5}$$

在式（2.5）中，出现了对基矢求时间导数。与直角坐标系情况不同，在极坐标系中，基矢是时间相关的变量，它们的时间导数并非恒为 0，因此需要特别处理。在得到详细的表达式之前，我们可以预判这些导数与哪些因素相关。由于基矢的长度是恒定的，变化的只能是其方向。这个方向由角度 $\theta(t)$ 描述，因此这些导数必然与角速度 $\dot{\theta}(t)$ 有关系。以径向基矢 $\boldsymbol{i}$ 为例，根据导数定义，它的时间导数为 $\frac{\mathrm{d}\boldsymbol{i}}{\mathrm{d}t}$，表示矢量在极短时间 $\mathrm{d}t$ 内的变化率。由于基矢的变化是由质点的运动造成的，因此要获取 $\mathrm{d}\boldsymbol{i}$ 的具体表达式，我们需要回归到实际的运动情境中。如图 2.7 所示，我们设想以下的场景。

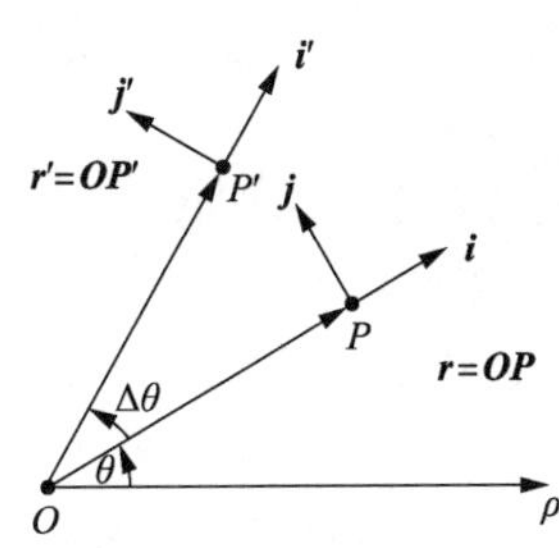

图 2.6　质点位置在平面极坐标系中的表示

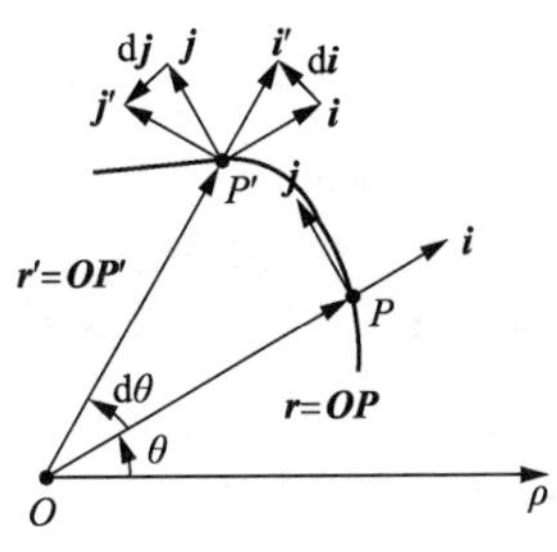

图 2.7　利用矢量变化的极限对单位矢量求导

质点在轨道线上运动，经过无限短的时间 $\mathrm{d}t$，从位置 $\boldsymbol{r}$ 运动到了位置 $\boldsymbol{r}'$。该运动造成其角度坐标增加了 $\mathrm{d}\theta$。相应地，坐标系的基矢也发生了偏转，由 $\boldsymbol{i}$ 和 $\boldsymbol{j}$ 变成了 $\boldsymbol{i}'$ 和 $\boldsymbol{j}'$。根据运动的性质，在无限短的时间 $\mathrm{d}t$ 内，基矢的增量也应该为无穷小量。

$$\mathrm{d}\boldsymbol{i}=\lim_{\Delta t\to 0}=\boldsymbol{i}'-\boldsymbol{i}$$

根据矢量减法的三角形关系，上式表明，$\boldsymbol{i}$、$\boldsymbol{i}'$ 和 $\mathrm{d}\boldsymbol{i}$ 这 3 个矢量组成了一个三角形。其中 $\boldsymbol{i}$ 和 $\boldsymbol{i}'$ 为单位矢量，长度相等，所以该三角形为等腰三角形。不难看出，$\angle iP'i'$ 与 $\mathrm{d}\theta$ 是同位角。

$$\angle iP'i'=\mathrm{d}\theta$$

这意味着当时间变化 $\mathrm{d}t$ 趋于 0 时，$\angle iP'i'$ 随着 $\mathrm{d}\theta$ 趋于 0。而由于三角形内角之和等于 π，可以推断出该三角形的其他两个角趋于直角。因此

$$\mathrm{d}\boldsymbol{i}\perp\boldsymbol{i}$$

事实上，这个结论也可以通过代数手段推导得出。

$$\boldsymbol{i}\cdot\boldsymbol{i}=1$$

$$\frac{\mathrm{d}}{\mathrm{d}t}(\boldsymbol{i}\cdot\boldsymbol{i})=2\boldsymbol{i}\cdot\frac{\mathrm{d}\boldsymbol{i}}{\mathrm{d}t}=0$$

$$\Rightarrow\boldsymbol{i}\cdot\mathrm{d}\boldsymbol{i}=0$$

在平面内，与 $\boldsymbol{i}$ 垂直的方向是 $\boldsymbol{j}$ 的方向。我们一般规定角度的增长方向是逆时针方向，所以矢量 $\mathrm{d}\boldsymbol{i}$ 与 $\boldsymbol{j}$ 的正方向相同。在确定了矢量 $\mathrm{d}\boldsymbol{i}$ 的方向后，接下来将探讨其大小的计算。在该三角形中，$\angle iP'i'=\mathrm{d}\theta$ 对应的边长即矢量 $\mathrm{d}\boldsymbol{i}$ 的大小。考虑到 $\mathrm{d}\theta$ 是一个无限小量，这个边长可以被视为一段弧长，从而使这个三角形近似为一个微小的扇形。因此，有

$$|\mathrm{d}\boldsymbol{i}|=|\boldsymbol{i}|\mathrm{d}\theta=1\mathrm{d}\theta=\mathrm{d}\theta$$

对于 $\boldsymbol{j}$ 的变化，其情况与 $\boldsymbol{i}$ 的类似。但需要注意的是，$\mathrm{d}\boldsymbol{j}$ 指向 $\boldsymbol{i}$ 的反方向。因此，我们可以得到

$$\begin{cases}\mathrm{d}\boldsymbol{i}=\mathrm{d}\theta\boldsymbol{j}\\ \mathrm{d}\boldsymbol{j}=-\mathrm{d}\theta\boldsymbol{i}\end{cases}\tag{2.6}$$

将式（2.6）两边除以 $\mathrm{d}t$，可以得到基矢的一阶时间导数，即

$$\begin{cases}\dfrac{\mathrm{d}\boldsymbol{i}}{\mathrm{d}t}=\dfrac{\mathrm{d}\theta}{\mathrm{d}t}\boldsymbol{j}=\dot{\theta}\boldsymbol{j}\\[2ex] \dfrac{\mathrm{d}\boldsymbol{j}}{\mathrm{d}t}=-\dfrac{\mathrm{d}\theta}{\mathrm{d}t}\boldsymbol{i}=-\dot{\theta}\boldsymbol{i}\end{cases}\tag{2.7}$$

因此，基矢时间导数的方向与自身垂直，量值为 $\dot{\theta}$（与我们之前的猜测一致）。现在，我们回到速度的定义式，再利用式（2.7）处理基矢的方向变化问题，就可以得到速度的表达式。

$$\boldsymbol{v}=\dot{r}\boldsymbol{i}+r\dot{\theta}\boldsymbol{j}=v_r\boldsymbol{i}+v_\theta\boldsymbol{j} \tag{2.8}$$

其中，$v_r=\dot{r}$ 被称为径向速度，它仅由位矢的量值（大小）变化引起。$v_\theta=r\dot{\theta}$ 被称为横向速度，它仅由位矢的方向变化引起。

笔记 从定义来看，位矢的长度变化方向为径向，位矢的角度变化方向为横向。当位矢长度发生变化时，径向和横向（$\boldsymbol{i}$ 和 $\boldsymbol{j}$）的空间指向不发生改变。而当位矢方向改变时，横向和径向的空间指向均会改变。根据式（2.8）可知，径向方向的改变发生在横向上，横向方向的改变发生在径向上，这说明横向和径向的方向变化是相互耦合的。因此，在极坐标系中，位矢的角度变化会引起连锁反应，必须特别留意这个问题。这也是极坐标系相对于直角坐标系在形式上更为复杂的根本原因。

④ 加速度。

在极坐标系下，我们可以继续对速度求导数，以方便计算出加速度。注意观察速度表达式，其中包含 r 和 θ 的一阶导数。对它们再求一次时间导数，最终表达式将出现 r 和 θ 的二阶导数。式（2.8）中还包含坐标基矢 $\boldsymbol{i}$ 和 $\boldsymbol{j}$，对它们求导，最终表达式仍将回到 $\boldsymbol{i}$ 和 $\boldsymbol{j}$ 的某种线性组合。这是完全合理的，因为加速度作为矢量，也必然可以沿着 $\boldsymbol{i}$ 和 $\boldsymbol{j}$ 的方向进行分解和合成。

$$\begin{aligned}\boldsymbol{a}&=\frac{\mathrm{d}\boldsymbol{v}}{\mathrm{d}t}=\frac{\mathrm{d}}{\mathrm{d}t}(\dot{r}\boldsymbol{i})+\frac{\mathrm{d}}{\mathrm{d}t}(r\dot{\theta}\boldsymbol{j})\\&=\ddot{r}\boldsymbol{i}+\dot{r}\dot{\theta}\boldsymbol{j}+\dot{r}\dot{\theta}\boldsymbol{j}+r\ddot{\theta}\boldsymbol{j}-r\dot{\theta}^2\boldsymbol{i}\end{aligned}$$

将上式中的各项合并整理，可得

$$\boldsymbol{a}=(\ddot{r}-r\dot{\theta}^2)\boldsymbol{i}+(r\ddot{\theta}+2\dot{r}\dot{\theta})\boldsymbol{j}$$

与速度情况类似，加速度在 $\boldsymbol{i}$ 方向的分量称为径向加速度。

$$a_r=\ddot{r}-r\dot{\theta}^2 \tag{2.9}$$

加速度在 $\boldsymbol{j}$ 方向的分量称为横向加速度。

$$a_\theta=r\ddot{\theta}+2\dot{r}\dot{\theta} \tag{2.10}$$

根据径向加速度的表达式可知，与径向速度仅由位矢长度的变化决定不同，径向加速度除了包含与长度加速度变化相关的 $\ddot{r}$ 项外，还包含位矢角度变化 $\dot{\theta}$ 项。横向加速度的情况也类似，除了位矢角度的加速度变化 $\ddot{\theta}$ 项外，位矢长度变化的速度 $\dot{r}$ 项和角度变化的速度 $\dot{\theta}$ 项均对其有正贡献。

值得注意的是，横向加速度的表达式看似由两个独立部分组成，但通过简单的变形（凑成全微分的形式），它可以被看作与某一个意义还不明确的量 $r^2\dot{\theta}$ 的整体变化相关的量。

$$a_\theta=r\ddot{\theta}+2\dot{r}\dot{\theta}=\frac{1}{r}\frac{\mathrm{d}}{\mathrm{d}t}(r^2\dot{\theta}) \tag{2.11}$$

我们可以从具体的运动场景中理解该量的物理意义。

如图 2.8 所示，考虑一个质点在纸面上绕参考点做椭圆运动。假设我们在质点的位矢 $\boldsymbol{r}$（有向线段）上涂上墨水，那么经过一个微小时间段 Δt 后，该质点会在纸上扫过一段距离，形成一个带阴影的扇形轨迹。这个扇形的半径为位矢的长度 r，其顶角为位矢

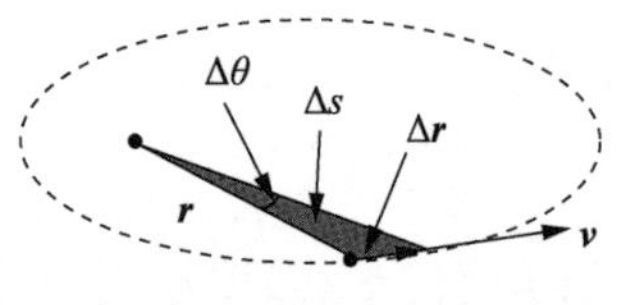

图 2.8 $r^2\dot{\theta}$ 的物理意义

方向的变化量 $\Delta\theta$。当 $\Delta t\to 0$，$\Delta\theta\to 0$，那么这个扇形将逼近一个三角形。这个三角形的底边即质点位移的长度，将其记作 $|\Delta\boldsymbol{r}|=r\Delta\theta$。基于上述描述，该扇形的面积 ΔS 可以表示为

$$\Delta S=\frac{1}{2}(r\Delta\theta\cdot r)$$

对上式求时间导数，我们可以计算出该扇形面积变化的瞬时速率，这种速率也被称作掠面速度。

$$\frac{\mathrm{d}S}{\mathrm{d}t}=\lim_{\Delta t\to 0}\frac{1}{2}\frac{r\Delta\theta\cdot r}{\Delta t}=\frac{1}{2}r^2\dot{\theta} \tag{2.12}$$

通过与式（2.11）对比，我们可以观察到，之前通过全微分方法得到的与横向加速度相关的那部分变化量，实际上与位矢的掠面速度有关，并且它们之间存在两倍的关系。

（3）柱坐标系：极坐标系的三维化

读者可能注意到了，前文特别提到了极坐标系仅限于平面情境。为了将极坐标系应用于三维空间，我们需要引入第三个坐标来完整地描述立体空间中的点。一个直观的方法是采用直角坐标系的 z 轴作为第三个坐标轴，使用(r,θ,z)来标定三维空间中点的位置，如图 2.9 所示。

这种表示法形似使用柱体填满整个空间，因此得名“柱坐标系”。由于柱坐标系本质上是直角坐标系和极坐标系的组合，我们可以直接将质点在柱坐标系下的位矢、位移、速度和加速度看作直角坐标系 z 轴分量与极坐标系的径向和横向分量的线性组合，如图 2.9 所示。

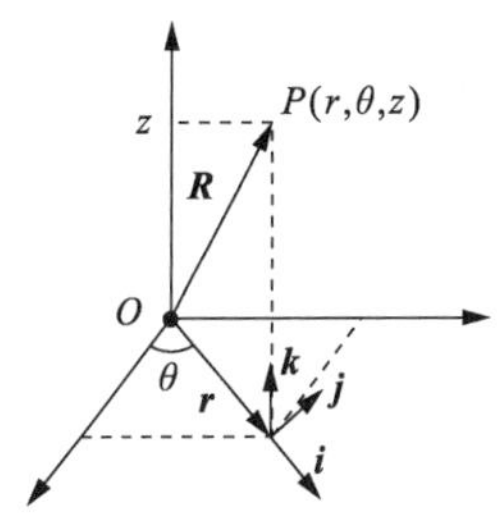

图 2.9　极坐标系扩展为空间坐标系——柱坐标系

① 位矢。

$$\boldsymbol{R}=\boldsymbol{R}(r,\theta,z)$$

② 速度。

$$\boldsymbol{v}=\dot{r}\boldsymbol{i}+r\dot{\theta}\boldsymbol{j}+\dot{z}\boldsymbol{k}$$

③ 加速度。

$$\boldsymbol{a}=(\ddot{r}-r\dot{\theta}^2)\boldsymbol{i}+(r\ddot{\theta}+2\dot{r}\dot{\theta})\boldsymbol{j}+\ddot{z}\boldsymbol{k}$$

④ 角速度。

当然，除了将柱坐标系视为极坐标系和直角坐标系的组合之外，我们还可以通过速度和加速度的基本定义来得到它们在柱坐标系下的表达式。实际上，无论在哪一种坐标系下，我们都可以通过对位矢进行一次求导来得到速度，再对速度进行一次求导得到加速度。关键在于，在进行这些计算时，我们必须仔细处理基矢的时间导数。例如，在极坐标系中，我们是通过详细分析基矢的极限变化来得到基矢的时间导数式的。

$$\begin{cases}\dfrac{\mathrm{d}\boldsymbol{i}}{\mathrm{d}t}=\dfrac{\mathrm{d}\theta}{\mathrm{d}t}\boldsymbol{j}=\dot{\theta}\boldsymbol{j}\\[2ex]\dfrac{\mathrm{d}\boldsymbol{j}}{\mathrm{d}t}=-\dfrac{\mathrm{d}\theta}{\mathrm{d}t}\boldsymbol{i}=-\dot{\theta}\boldsymbol{i}\end{cases}$$

细心的读者应该已经注意到了，在上述表达式中出现的 $\dot{\theta}$ 实际上就是我们所熟悉的角速度 $\omega=\dot{\theta}$。如果我们进一步假设角速度不仅有大小，还有明确的方向，为矢量 $\boldsymbol{\omega}$。那么它的大小即 $\dot{\theta}$，其方向可以通过右手定则来确定，为柱坐标系的 z 轴方向 $\boldsymbol{k}=\boldsymbol{i}\times\boldsymbol{j}$，如图 2.10 所示。

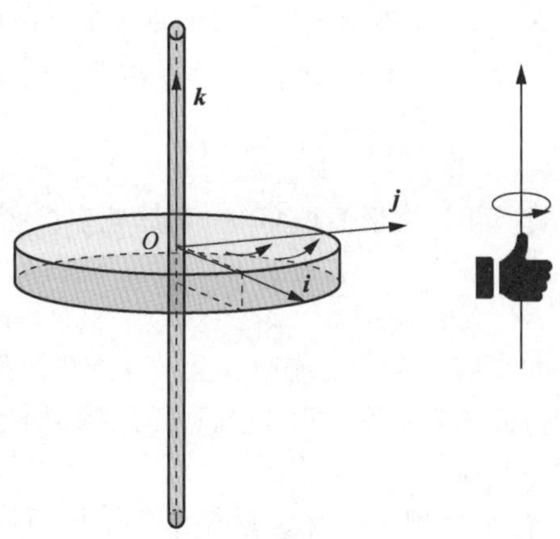

图 2.10　利用右手定则规定角速度矢量的方向

于是，有

$$\begin{cases}\dfrac{\mathrm{d}\boldsymbol{i}}{\mathrm{d}t}=\dot{\theta}\boldsymbol{j}=\omega\boldsymbol{k}\times\boldsymbol{i}=\boldsymbol{\omega}\times\boldsymbol{i}\\ \dfrac{\mathrm{d}\boldsymbol{j}}{\mathrm{d}t}=-\dot{\theta}\boldsymbol{i}=\omega\boldsymbol{k}\times\boldsymbol{j}=\boldsymbol{\omega}\times\boldsymbol{j}\end{cases}$$

观察上述公式，我们可以明确地看到基矢 $\boldsymbol{i}$ 和 $\boldsymbol{j}$ 的时间导数的一致性。对它们进行求导等同于对角速度矢量与它们自身进行外积。$\boldsymbol{j}$ 的时间导数中出现的负号，其实是矢量外积操作的固有特性。回顾我们通过基矢的极限变化确定其时间导数的过程，不难得出，对于一个长度固定、方向随时间变化的矢量 $\boldsymbol{A}$，其瞬时变化与基矢 $\boldsymbol{i}$ 和 $\boldsymbol{j}$ 的变化相似，这种关系可被统一描述为

$$\frac{\mathrm{d}\boldsymbol{A}}{\mathrm{d}t}=\boldsymbol{\omega}\times\boldsymbol{A} \tag{2.13}$$

请注意，虽然通过为角速度赋予明确的方向，我们得到了关于仅有方向变化矢量的时间导数的简明表述。但将角速度定义为矢量的这一数学方法，尽管在表述上为我们提供了便利，同样也带来了额外的后果。例如，矢量不仅涉及外积运算，还必须满足代表其分解、合成规律的加法法则。

$$\boldsymbol{\omega}=\boldsymbol{\omega}_1+\boldsymbol{\omega}_2$$

与此同时，角速度具有明确的物理含义，它描述了旋转运动的特性。如果角速度矢量的加法法则成立，那么瞬时旋转（$\boldsymbol{\omega}$ 是瞬时角速度）是可以分解的。这意味着由 $\boldsymbol{\omega}$ 引起的总转动可以解构为先根据 $\boldsymbol{\omega}_1$ 旋转，紧接着根据 $\boldsymbol{\omega}_2$ 旋转。更为关键的是，矢量加法遵循交换律。

$$\boldsymbol{\omega}=\boldsymbol{\omega}_1+\boldsymbol{\omega}_2=\boldsymbol{\omega}_2+\boldsymbol{\omega}_1$$

这表明，先根据 $\boldsymbol{\omega}_2$ 旋转，再根据 $\boldsymbol{\omega}_1$ 旋转也可以得到同样的转动效果。换言之，转动的顺序是可以交换的。然而，在宏观旋转的常见情况下，旋转的顺序并不总是可交换的。如图 2.11 所示，当我们交换绕 x 轴和绕 y 轴的旋转顺序时，所得结果并不相同。这似乎表明，为角速度添加方向并直接将其扩展为矢量的做法可能并不合适，因为它不符合矢量加法的交换律。

幸好，角速度 $\boldsymbol{\omega}$ 代表的是瞬时值，在极短的时间段内，它引起的转动角度极小，$\mathrm{d}\theta=\omega\mathrm{d}t$。无限小的转动与宏观转动可能会存在差异。鉴于这些考虑，我们有必要深入研究并确认这些微小转动之间的顺序是否真的可以交换（是否对易）。如图 2.12 所示，我们定义一个无限小的转角矢量 $\Delta\boldsymbol{n}$，它的大小为 $\Delta\theta$，方向为右手螺旋方向（与定义的角速度方向一致）。

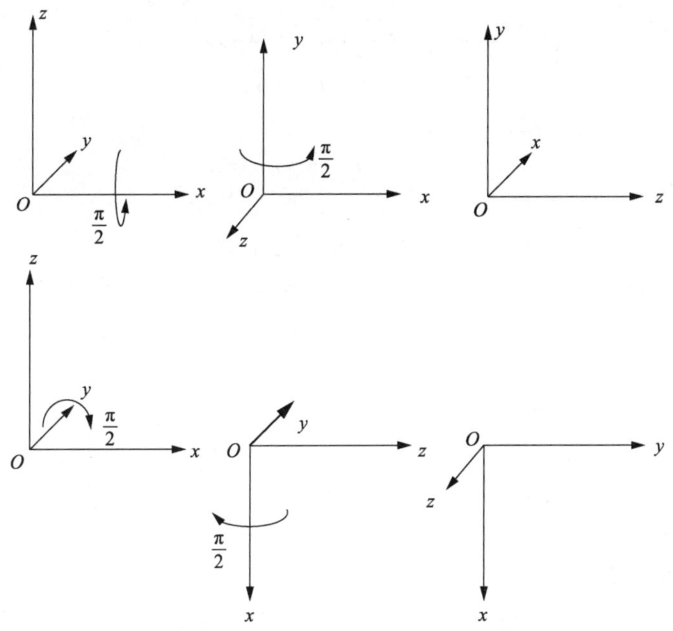

图 2. 11　宏观转动的顺序不可以交换

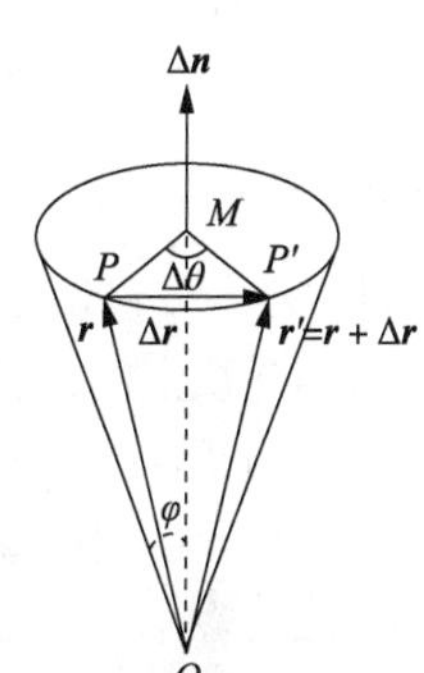

图 2. 12　无限小的转动矢量

有几何关系

$$|\Delta\boldsymbol{r}|=|\boldsymbol{r}'-\boldsymbol{r}|=|\overline{PP'}|=\overline{PM}\cdot\Delta\theta$$

因为

$$\overline{PM}=r\sin\varphi$$

所以

$$|\Delta\boldsymbol{r}|=r\cdot\Delta\theta\cdot\sin\varphi=|\boldsymbol{r}|\cdot|\Delta\boldsymbol{n}|\cdot\sin\varphi$$

因此

$$\Delta\boldsymbol{r}=\Delta\boldsymbol{n}\times\boldsymbol{r}$$

如果我们让位于位矢 $\boldsymbol{r}$ 处的质点做一次无限小转动 $\Delta\boldsymbol{n}$，质点的位矢将由 $\boldsymbol{r}$ 变为 $\boldsymbol{r}'$，导致的位移为 $\Delta\boldsymbol{r}$。因此，有以下关系式

$$\boldsymbol{r}\xrightarrow{\Delta\boldsymbol{n}}\boldsymbol{r}'=\boldsymbol{r}+\Delta\boldsymbol{r}=\boldsymbol{r}+\Delta\boldsymbol{n}\times\boldsymbol{r}$$

紧接着，我们让质点再做一次无限小转动 $\Delta\boldsymbol{n}'$，有

$$\begin{aligned}\boldsymbol{r}'\xrightarrow{\Delta\boldsymbol{n}'}\boldsymbol{r}''&=\boldsymbol{r}'+\Delta\boldsymbol{r}'=\boldsymbol{r}+\Delta\boldsymbol{n}\times\boldsymbol{r}+\Delta\boldsymbol{n}'\times\boldsymbol{r}'\\&=\boldsymbol{r}+\Delta\boldsymbol{n}\times\boldsymbol{r}+\Delta\boldsymbol{n}'\times\boldsymbol{r}+\Delta\boldsymbol{n}'\times(\Delta\boldsymbol{n}\times\boldsymbol{r})\\&=\boldsymbol{r}+\Delta\boldsymbol{n}\times\boldsymbol{r}+\Delta\boldsymbol{n}'\times\boldsymbol{r}+|\Delta\boldsymbol{n}|\cdot|\Delta\boldsymbol{n}'|\cdot|\boldsymbol{r}|\cdot\sin\angle(\Delta\boldsymbol{n},\boldsymbol{r})\cdot\sin\angle(\Delta\boldsymbol{n}',\Delta\boldsymbol{n}\times\boldsymbol{r})\end{aligned}$$

省略掉其中的二阶小量（包含 $|\Delta\boldsymbol{n}|\cdot|\Delta\boldsymbol{n}'|$ 的项），有

$$\boldsymbol{r}+\Delta\boldsymbol{r}+\Delta\boldsymbol{r}'=\boldsymbol{r}+\Delta\boldsymbol{n}\times\boldsymbol{r}+\Delta\boldsymbol{n}'\times\boldsymbol{r}$$

可以得到

$$\Delta\boldsymbol{r}+\Delta\boldsymbol{r}'=\Delta\boldsymbol{n}\times\boldsymbol{r}+\Delta\boldsymbol{n}'\times\boldsymbol{r} \tag{2.14}$$

接下来，我们交换转动的顺序，先执行转动 $\Delta\boldsymbol{n}'$，有

$$\boldsymbol{r}\xrightarrow{\Delta\boldsymbol{n}'}\boldsymbol{r}'=\boldsymbol{r}+\Delta\boldsymbol{r}'=\boldsymbol{r}+\Delta\boldsymbol{n}'\times\boldsymbol{r}$$

接着执行一次转动 $\Delta\boldsymbol{n}$ 有

$$
\begin{aligned}
\boldsymbol{r}'\xrightarrow{\Delta\boldsymbol{n}}\boldsymbol{r}''&=\boldsymbol{r}'+\Delta\boldsymbol{r}=\boldsymbol{r}+\Delta\boldsymbol{n}'\times\boldsymbol{r}+\Delta\boldsymbol{n}\times\boldsymbol{r}'\\
&=\boldsymbol{r}+\Delta\boldsymbol{n}'\times\boldsymbol{r}+\Delta\boldsymbol{n}\times\boldsymbol{r}+\Delta\boldsymbol{n}\times(\Delta\boldsymbol{n}'\times\boldsymbol{r})
\end{aligned}
$$

省略掉其中的二阶小量（包含$|\Delta\boldsymbol{n}|\cdot|\Delta\boldsymbol{n}'|$的项），有

$$
\boldsymbol{r}+\Delta\boldsymbol{r}'+\Delta\boldsymbol{r}=\boldsymbol{r}+\Delta\boldsymbol{n}'\times\boldsymbol{r}+\Delta\boldsymbol{n}\times\boldsymbol{r}
$$

因此

$$
\Delta\boldsymbol{r}'+\Delta\boldsymbol{r}=\Delta\boldsymbol{n}'\times\boldsymbol{r}+\Delta\boldsymbol{n}\times\boldsymbol{r} \tag{2.15}
$$

通过比较式（2.14）和式（2.15），我们可以确认无限小转动的顺序是可交换的。这为我们提供了一个依据，即我们可以借鉴线速度矢量的概念，使用带有大小和方向的角速度矢量来描述旋转运动。

（4）自然坐标系：基于轨迹定基矢

之前介绍的各种坐标系，虽然切入点不一样，但是解决的都是如何描述自由质点的一般运动（位矢、速度、加速度）这种问题。这些通用的描述方法并未针对特定的运动进行优化。本节我们将通过自然坐标系展示：当质点的运动受到某些约束，存在可用的额外信息时，如何构建专用坐标系以更为高效地描述这种运动。

如图 2.13 所示，质点 P 在沿着固定轨道 S 进行移动。轨道 S 的方向定义为由参考点 O 开始，沿轨道 OS 延伸。

在三维空间中，确定质点 P 的位置通常需要 3 个变量。但当质点 P 在固定轨道 S 上时，确定其位置所需的信息将显著减少。如图 2.13 所示，位矢 $\boldsymbol{r}$ 与弧长 $\overset{\frown}{OP}$ 是一一对应的，这意味着只需知道弧长 $\overset{\frown}{OP}$，便可确定 P 点的位置。因此，在自由空间中需用 3 个变量描述质点的位置，在固定轨道上只需一个变量。如此一来，借助运动轨道，我们就可以定义一个新坐标系以简化对质点运动的描述。此坐标系以轨道上的任选点为原点，以轨道弧长 S 为坐标变量，称此坐标系为自然坐标系。

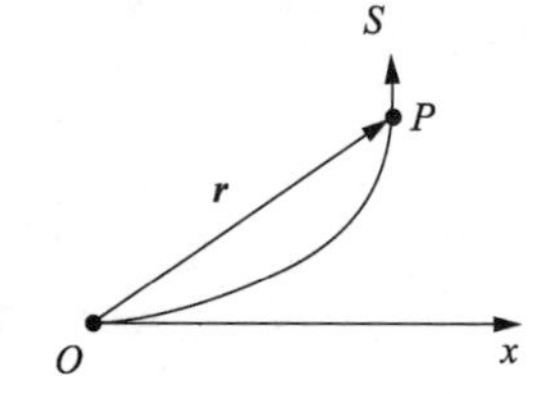

图 2.13　沿着固定轨道的质点运动

如图 2.13 所示，在自然坐标系中，要确定质点的位置，我们只需知道其运动弧长 $S(t)$ 这一标量函数。然后，从原点出发，按照弧长逐步推进即可，无须专门求解位矢 $\boldsymbol{r}$ 的方向和大小。但要考虑质点运动的快慢时，这种按弧长逐步推进的直观方法并不能简单地给出速度结果。依据速度的定义式，我们需直接对具有方向和大小的位矢求导。考虑到位矢 $\boldsymbol{r}$ 的信息与轨道的具体形态紧密相关，我们可以利用轨道的特性来求解速度问题。为此，我们首先需要回顾空间曲线的相关几何概念。如图 2.14 所示，空间矢量 $\boldsymbol{r}$ 的方向，可以通过其与主法线、切线（以及由它们决定的密切平面）、次法线和主法线（以及由它们决定的法平面）的关系来确定。

为了深入理解，我们将 P 点附近的部分轨迹放大展示，如图 2.15 所示，只要这一段曲线足够短，我们就可以认为它处于平面内。

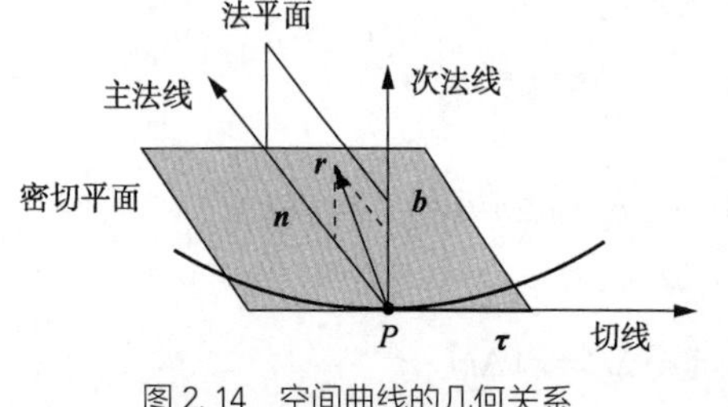

图 2.14　空间曲线的几何关系

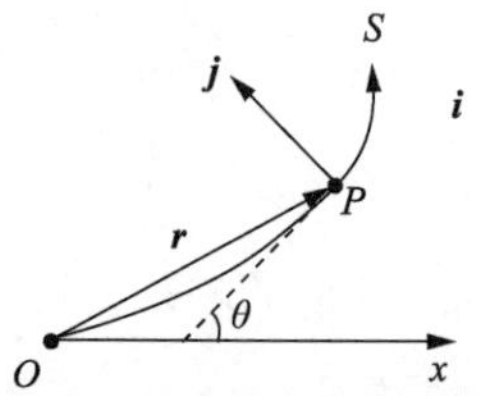

图 2.15　自然坐标系的位矢和基矢

如图 2.16 所示，首先，在质点运动的切线上建立第一个基矢 $\boldsymbol{i}$，随后在与其垂直的主法线上建立第二个基矢 $\boldsymbol{j}$。通过类似于柱坐标系的方法，我们可以利用这两个基矢的外积构造第三个基矢。

$$\boldsymbol{k}=\boldsymbol{i}\times\boldsymbol{j}$$

根据图 2.14 可知，我们可以确定 $\boldsymbol{k}$ 是次法线 $\boldsymbol{b}$ 上的单位矢量。我们采用角度 θ 来标定基矢 $\boldsymbol{i}$ 的方向，并将建立角度时引入的参考方向命名为 x 轴的正方向。在确定坐标基矢后，对于任何矢量 $\boldsymbol{c}$，无论是位矢、位移、速度还是加速度，均可以进行分解。

$$\boldsymbol{c}=c_i\boldsymbol{i}+c_j\boldsymbol{j}+c_k\boldsymbol{k} \tag{2.16}$$

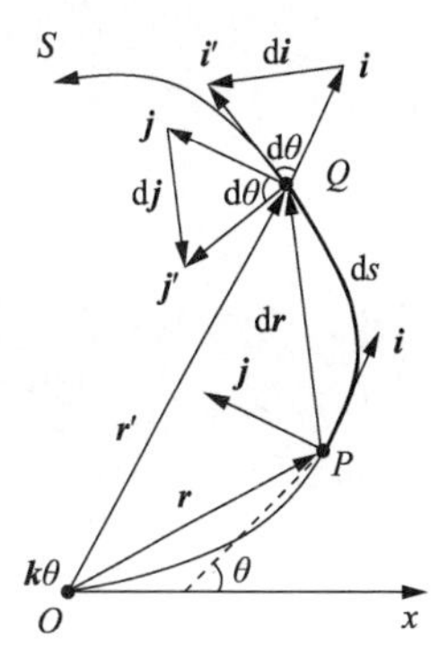

图 2.16 自然坐标系中矢量的运动变化

显然，我们可以对式（2.16）进行求导，探究该矢量随时间的变化情况。

$$\frac{\mathrm{d}\boldsymbol{c}}{\mathrm{d}t}=\frac{\mathrm{d}c_i}{\mathrm{d}t}\boldsymbol{i}+c_i\frac{\mathrm{d}\boldsymbol{i}}{\mathrm{d}t}+\cdots \tag{2.17}$$

式（2.17）的计算需要对 3 个基矢进行求导。关于基矢求导的通用方法，在式（2.13）处已做过说明。在此，我们将借助自然坐标系中的运动关系，对此进行深入阐述。

如图 2.16 所示，质点在无穷短时间 $\mathrm{d}t$ 内沿轨道从 P 点运动到 Q 点。当我们参考极坐标系的情况，可以发现基矢的变化模式相似，因此相关公式仍然适用。当质点在平面上进行运动，其角速度的方向指向 $\boldsymbol{k}$ 方向（垂直纸面向外），并满足

$$\begin{cases}\dfrac{\mathrm{d}\boldsymbol{i}}{\mathrm{d}t}=\boldsymbol{\omega}\times\boldsymbol{i}=\dfrac{\mathrm{d}\theta}{\mathrm{d}t}\boldsymbol{k}\times\boldsymbol{i}=\dfrac{\mathrm{d}\theta}{\mathrm{d}t}\boldsymbol{j}\\[2ex]\dfrac{\mathrm{d}\boldsymbol{j}}{\mathrm{d}t}=\boldsymbol{\omega}\times\boldsymbol{j}=-\dfrac{\mathrm{d}\theta}{\mathrm{d}t}\boldsymbol{k}\times\boldsymbol{j}=-\dfrac{\mathrm{d}\theta}{\mathrm{d}t}\boldsymbol{i}\end{cases} \tag{2.18}$$

在自然坐标系中，轨道的具体形状是常用的参考信息。如图 2.17 所示，任何曲线段的形状均可通过一系列首尾相接的直线段来近似表示。

因此，整条曲线的形状信息可以通过每条直线段与参考方向的夹角 θ 来近似表示。不难想象，当直线段的长度逐渐缩短时，直线段与曲线的局部重合度会逐渐增加，直至在极限情况下与曲线完全重合。这时，曲线上的每一点都将对应一个描述其局部形状的 θ。对于自然坐标系而言，这意味着曲线形状的信息被包含在轨道长度与切线方向的夹角关系之中。

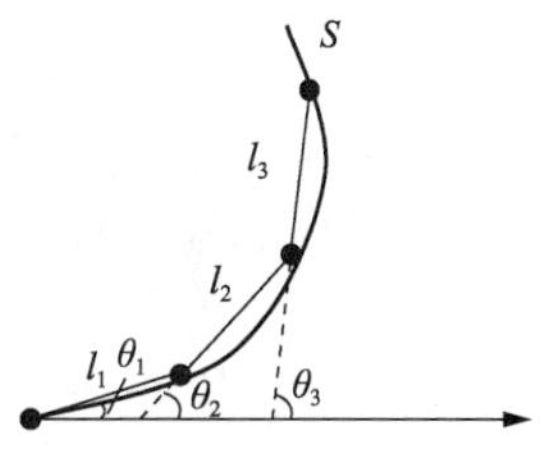

图 2.17 曲线形状的近似表示

$$s=s(\theta)$$

因此，当需要参考曲线形状信息时，使用 θ 作为自变量可能更为合适。因此，我们应重点关注式（2.18）中基矢与角度变化之间的关联。该关系可以通过消去式（2.18）中的 $\mathrm{d}t$ 来得到。

$$\begin{cases}\dfrac{\mathrm{d}\boldsymbol{i}}{\mathrm{d}\theta}=\boldsymbol{j}\\[2ex]\dfrac{\mathrm{d}\boldsymbol{j}}{\mathrm{d}\theta}=-\boldsymbol{i}\end{cases} \tag{2.19}$$

如图 2.16 所示，我们可以进一步提炼相关信息。当曲线 PQ 的长度足够短，它可以被视作直线段。这意味着，路程的微分 $\mathrm{d}s$ 等同于位移的大小 $|\mathrm{d}\boldsymbol{r}|$。考虑到位移的方向是沿着曲线的切线方向，我们可以推导出位矢 $\boldsymbol{r}$ 与路程 s 之间的微分关系

$$\mathrm{d}\boldsymbol{r}=\mathrm{d}s\boldsymbol{i}$$

并据此进一步推导出速度和加速度的数学表达式。

① 速度。

$$\boldsymbol{v}=\frac{\mathrm{d}\boldsymbol{r}}{\mathrm{d}t}=\frac{\mathrm{d}s\boldsymbol{i}}{\mathrm{d}t}=\dot{s}\boldsymbol{i}=v\boldsymbol{i} \tag{2.20}$$

显然，速度的大小与路程的变化直接相关。

② 加速度。

继续对式（2.20）表示的速度进行求导，我们可以得到加速度的表达式。

$$\begin{aligned}\boldsymbol{a}&=\frac{\mathrm{d}\boldsymbol{v}}{\mathrm{d}t}\\&=\frac{\mathrm{d}v}{\mathrm{d}t}\boldsymbol{i}+v\frac{\mathrm{d}\boldsymbol{i}}{\mathrm{d}t}\\&=\frac{\mathrm{d}^2s}{\mathrm{d}t^2}\boldsymbol{i}+\frac{\mathrm{d}s}{\mathrm{d}t}\frac{\mathrm{d}\boldsymbol{i}}{\mathrm{d}t}\end{aligned}$$

为了计算基矢相对于时间的导数，我们需充分应用下式中描述的基矢变化关系。

$$\frac{\mathrm{d}\boldsymbol{i}}{\mathrm{d}\theta}=\boldsymbol{j}$$

我们可以视 $\boldsymbol{i}$ 为 θ 的函数，θ 为 s 的函数，而 s 为 t 的函数，并根据复合函数的求导法则，推导出如下关系。

$$\frac{\mathrm{d}\boldsymbol{i}}{\mathrm{d}t}=\frac{\mathrm{d}\boldsymbol{i}}{\mathrm{d}\theta}\frac{\mathrm{d}\theta}{\mathrm{d}s}\frac{\mathrm{d}s}{\mathrm{d}t}$$

注意$\frac{\mathrm{d}s}{\mathrm{d}\theta}=\rho$、$\frac{\mathrm{d}s}{\mathrm{d}t}=v$，其中 ρ 为曲线的曲率半径，那么

$$\frac{\mathrm{d}\boldsymbol{i}}{\mathrm{d}t}=\frac{v}{\rho}\boldsymbol{j}$$

所以加速度在自然坐标系中的表达式为

$$\boldsymbol{a}=\frac{\mathrm{d}v}{\mathrm{d}t}\boldsymbol{i}+\frac{v^2}{\rho}\boldsymbol{j}=a_\tau\boldsymbol{i}+a_n\boldsymbol{j} \tag{2.21}$$

其中，$a_\tau=\frac{\mathrm{d}v}{\mathrm{d}t}=\frac{\mathrm{d}^2s}{\mathrm{d}t^2}$是切向加速度，它描述了速度大小随时间的变化率。$a_n=\frac{v^2}{\rho}$是法向加速度，代表了速度方向随时间的变化率。需要注意的是，在自然坐标系中，轨道是固定的，因此曲率半径 ρ 与运动并无直接关联（通过 θ 受间接影响）。加速度的方向仅与速度的大小及其随时间的变化有关。

依据解析几何知识，通常空间曲线（轨道）可以通过几何点坐标间的函数关系来描述。例如，在直角坐标系下，平面曲线可以表示为 $y=f(x)$。由于曲率半径描绘了曲线在某点附近的弯曲程度（可以通过圆半径和圆弧弯曲程度的关系来理解），因此它的大小由该点的邻域变化特性决定。换言之，我们可以推测曲线在任意点（x,y）处的曲率半径应与该点处的导数（例如一阶导数$\frac{\mathrm{d}y}{\mathrm{d}t}$）有关。

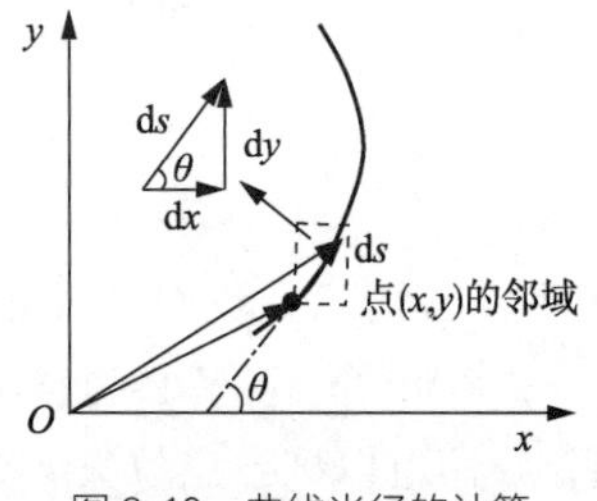

图 2.18　曲线半径的计算

如图 2.18 所示，点（x,y）附近的微元之间存在如下几何关系

$$\tan\theta=\frac{\mathrm{d}y}{\mathrm{d}x}=y'$$

对上式两边求微分，可得

$$\frac{\cos^2\theta+\sin^2\theta}{\cos^2\theta}\mathrm{d}\theta=y''\mathrm{d}x$$

考虑到

$$\mathrm{d}s=\sqrt{(\mathrm{d}x)^2+(\mathrm{d}y)^2}=\sqrt{1+\left(\frac{\mathrm{d}y}{\mathrm{d}x}\right)^2}\mathrm{d}x=\sqrt{1+y'^2}\mathrm{d}x$$

因此，曲率半径与导数之间的关系式为

$$\rho=\left|\frac{\mathrm{d}s}{\mathrm{d}\theta}\right|=\left|\frac{(1+y'^2)^{3/2}}{y''}\right| \tag{2.22}$$

一般而言，质点的轨道可能会以参数方程形式表示。

$$\begin{cases}x=x(t)\\y=y(t)\end{cases}$$

针对这类情况，我们可以先消去时间参数以得到轨道方程，然后应用式（2.22）来计算曲率半径。

练习 请证明，对于参数方程形式的轨道，其曲率半径有如下关系。

$$\rho=\left|\frac{(\dot{x}^2+\dot{y}^2)^{3/2}}{\dot{y}\ddot{x}-\ddot{y}\dot{x}}\right|$$

例题 2.2 一质点沿圆滚线 $s=b\sin\theta$ 的弧线运动，b 为常数，示意如图 2.19 所示。试证明如果 $\dot{\theta}$ 为常数，则其加速度亦为常数。式中 θ 为圆滚线上某点 P 的切线与水平线（x 轴）的夹角，s 为 P 点与曲线最低点 O 之间的曲线弧长。

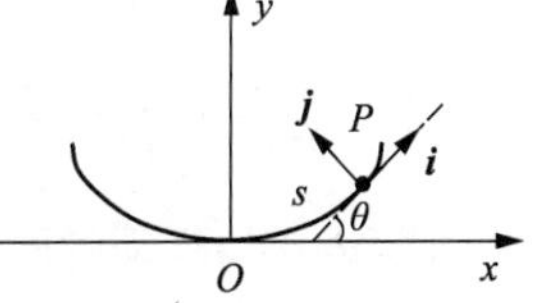

图 2.19 例题 2.2 示意

笔记 这是典型的已知轨迹求运动的问题。轨迹描述了质点位置的变化信息，对其进行一次相对于时间的导数求解可以得到速度信息，再次对速度求时间导数则可以揭示加速度的相关信息。

证明 根据路程与角度的关系

$$s=b\sin\theta$$

对其两边求时间导数，可以得到速度与角度的关系

$$v=\frac{\mathrm{d}s}{\mathrm{d}t}=b\dot{\theta}\cos\theta=b\omega\cos\theta$$

其中

$$\dot{\theta}=\omega=\text{常数}$$

由式（2.21），加速度的切向和法向分量分别为

$$a_\tau=\frac{\mathrm{d}v}{\mathrm{d}t}=\frac{\mathrm{d}^2s}{\mathrm{d}t^2}=\frac{\mathrm{d}(b\omega\cos\theta)}{\mathrm{d}t}=-b\omega^2\sin\theta$$

$$a_n=\frac{v^2}{\rho}$$

因为

$$\rho=\frac{\mathrm{d}s}{\mathrm{d}\theta}=b\cos\theta$$

所以

$$a_n=\frac{b^2\omega^2\cos^2\theta}{b\cos\theta}=b\omega^2\cos\theta$$

于是可得

$$a=\sqrt{a_\tau^2+a_n^2}=b\omega^2\sqrt{\sin^2\theta+\cos^2\theta}=b\omega^2=\text{常数}$$

证明完毕。

笔记 从这个问题中，我们可以看到，如果轨迹以弧长（路程）和角度的关系表示，那么让轨迹方程相对于时间求导就会揭示速率与角速度之间的关系。另外，让轨迹方程相对于角度求导可获取曲率半径的信息。在自然坐标系下，速率和曲率半径与加速度之间的关系相对较简单。因此，在已知轨迹的曲线方程情况下，我们通常会优先选择自然坐标系。

2.2 解释机制：基于因果关系的动力学

在前文的运动学部分，我们从质点的运动特性中提炼出了位矢、位移、速度和加速度等关键物理概念，并利用矢量对其进行了定量描述。但仅对自然现象进行描述并不足以满足我们的所有科学追求。更为重要的是，我们需要深入探究这些运动背后的原因，理解它们的因果机制。这样，我们才能更有效地预测和控制这些运动，甚至创造新的技术和系统，为人类生活开辟新的可能性。

2.2.1 牛顿三大运动定律：质点运动的因果规律

在深入探讨运动的原因之前，我们所关注的主要是质点的位置及其变化。然而，一旦我们试图解释运动的成因，就必须认真考虑质量对质点运动的影响。例如，我们容易察觉到同一质地的物体，使小物体动起来要比使大物体动起来容易得多。因此，将质量与位置的变化相结合来描述质点的运动似乎更为合适。我们称这个结合的量为动量（运动的度量），并将引起动量改变的因素归结为力。这些关于运动的深刻观点最初是牛顿在他的杰作《自然哲学的数学原理》① 中总结出来的。通过他的原始叙述，我们可以更深入地理解牛顿在当时的环境下是如何思考和处理运动问题的。

首先，我们要探讨质量的定义。事实上，牛顿在这方面得到了原子论的启示。

① 质量。

> Quantity of matter is a measure of matter that arises from its density and volume jointly.

物质的量是对物质的一种度量，由物质的密度和体积共同得出。

$$m=\rho V$$

---

① 牛顿的《自然哲学的数学原理》是用拉丁文写的，本小节的相关引用摘自英文参考文献。

接下来，我们探讨动量的定义。正如我们所感受到的，运动有两个基本元素——质量和速度，牛顿成功地将这两者结合在一起，为描述运动提供了一个有效的方案。

② 动量。

```
Quantity of motion is a measure of motion that arises from the velocity and the quantity of matter jointly.
```

动量是对运动的一种度量，由速度和质量共同得出。

将其翻译成数学语言，有

$$\boldsymbol{p}=m\boldsymbol{v}$$

现在我们可以正式介绍牛顿定律了。

（1）牛顿第一定律

每一个物体都保持静止或者一直向前均匀地运动的状态，除非有外加的力迫使它改变它自身的状态。

（2）牛顿第二定律

运动的改变与外加的引起运动改变的力成比例，并且发生在沿着力作用的直线上。对于牛顿第二定律，我们现在常用的表达式是

$$\begin{aligned}\boldsymbol{F}&=\frac{\mathrm{d}\boldsymbol{p}}{\mathrm{d}t}\\&=\frac{\mathrm{d}(m\boldsymbol{v})}{\mathrm{d}t}\\&=m\frac{\mathrm{d}\boldsymbol{v}}{\mathrm{d}t}\\&=m\boldsymbol{a}\end{aligned}\tag{2.23}$$

然而，这并不能完全反映牛顿的原始观点。实际上，牛顿所描述的是动量的改变，即动量增量 $\mathrm{d}(m\boldsymbol{v})$，而非其对时间的导数$\frac{\mathrm{d}(m\boldsymbol{v})}{\mathrm{d}t}$。牛顿的这种表述方式，与当时人们的思维习惯密切相关，我们将在后文进行详细探讨。

值得注意的是，根据牛顿第二定律，在式（2.23）中令

$$\boldsymbol{F}=0$$

可以得到

$$m\frac{\mathrm{d}\boldsymbol{v}}{\mathrm{d}t}=0$$

将其对时间进行积分可得

$$\boldsymbol{v}=\text{恒量}$$

当物体不受力时，由于加速度为0，速度 $\boldsymbol{v}$ 将必然保持恒定。因此，物体要么保持静止，要么做匀速直线运动。这意味着牛顿第一定律是牛顿第二定律的特例。那么，为何牛顿没有将这两个定律合并？牛顿的数学造诣深厚，他不可能没有意识到这两个定律之间的联系。我们现在只能推测牛顿的动机。其中一种解释是运动及其测量依赖于特定的参考系。牛顿第一定律告诉我们，牛顿第二定律所涉及的物理量（如速度）应该在何种参考系下进行测量。换言之，牛顿第一定律为牛顿第二定律的使用建立了前提条件。在运用牛顿第二定律时，必须将参考系建立在不受外力作用、处于静止或匀速运动状态的参考物上。

还存在一种解释，与原始的牛顿第二定律表述和我们现在熟知的版本之间的区别有关。现在表述为

$$\boldsymbol{F}=m\frac{\mathrm{d}\boldsymbol{v}}{\mathrm{d}t}$$

阐明的是力与动量变化率成正比。而牛顿的原始表述则强调力与动量变化之间的正比关系

$$\boldsymbol{F}=k\mathrm{d}(m\boldsymbol{v})$$

对比两式，只有在一个极短的固定作用时间 $\mathrm{d}t$ 内，假设

$$k=\frac{1}{\mathrm{d}t}$$

牛顿第二定律才可能够成立。这意味着牛顿所关心的“力”实际上是冲力，其对运动的影响呈脉冲状。在《自然哲学的数学原理》中，牛顿用来解释牛顿第一定律的所有例子都涉及连续的力，如空气阻力、重力和引力等。因此，牛顿将牛顿第一定律与牛顿第二定律分开的原因可能在于，两者所涉及“力”的性质不同。牛顿第二定律关注的冲力在日常生活中随处可见，我们可以通过感官轻易地察觉。然而，在牛顿那个时代，人们非常关注天体运动，其中并没有我们可以直接感知的施力者。如何才能发现其中涉及的力？牛顿认为应该摒弃感性认识，通过观察物体的运动形式，利用理性推断力的存在。由于天体并未静止或沿直线均匀运动，因此天体运动必涉及外力。对于那个时代的人们来说，这种仅通过理性才能认识的力，理解起来具有相当大的难度。因此，牛顿通过牛顿第一定律告诉人们如何发现这种力，从而更好地解释它们之间的联系。

从牛顿的原始叙述中，我们可以洞察到当时人们的思维模式（即力是脉冲式的）影响了他建立运动定律的过程。当然，牛顿之所以伟大，也在于他能够运用传统方法解决新问题。通过将脉冲力累积起来，他成功地解决了连续力的作用问题，从而为微积分的诞生创造了条件。

如图 2.20 所示，在有心力作用下的轨道运动中，牛顿提出了一种等分时间的方法。在一个非常短的时间间隔 $\mathrm{d}t$ 内，力会产生一次脉冲效应，使质点的动量发生改变（路径发生偏转），随后质点会继续进行一小段直线运动。通过这种方式，曲线运动被离散为折线运动，连续力的影响被处理为脉冲力的累积。当 $\mathrm{d}t\to 0$ 时，曲线和折线逐渐趋于等价，连续力也可以等效为累积的脉冲力。大家应该觉察到了，这其实就是微积分。在历史上，这一思想实际上是微积分的应用。初期，牛顿将微积分视为处理一般曲线运动的工具，并未预见到它在更广泛意义上的数学价值。而与牛顿同时代的莱布尼茨意识到了这种方法的重要性，并系统化地、严谨地扩充了微积分的思想和技巧。可以说，他们两人共同开创了今天我们熟知的微积分代数体系，为整个科学界带来了深刻的变革①。

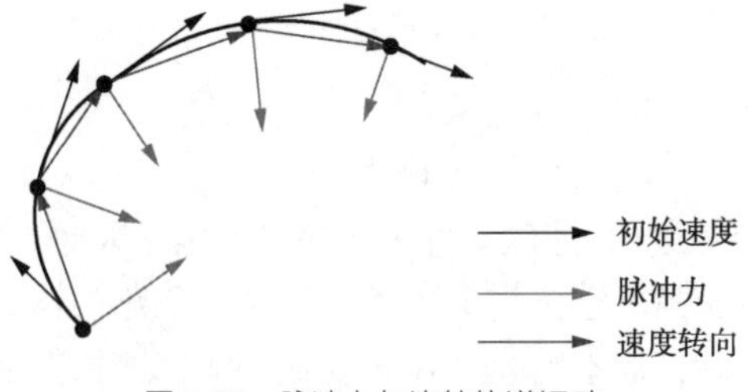

图 2.20　脉冲力与连续轨道运动

① 关于微积分的发明权，牛顿和莱布尼茨及其门徒有过激烈的争论，有兴趣的读者可以自行查阅该段历史。

引入微积分方法后，根据牛顿第二定律，我们便能够解决一般情况下的质点运动问题。我们首要关注的是，质点所受的力 $\boldsymbol{F}$ 究竟与哪些因素有关。考虑到很多相互作用都与物体的相对位置有关，如电荷之间的库仑力、万有引力以及弹性力等，因此力 $\boldsymbol{F}$ 通常是质点位矢的函数

$$\boldsymbol{F}=\boldsymbol{F}(\boldsymbol{r})$$

另外还有一些常见的力，如空气阻力等，它们与物体的运动快慢相关。因此，力也常常是速度 $\dot{\boldsymbol{r}}$ 的函数

$$\boldsymbol{F}=\boldsymbol{F}(\boldsymbol{r},\dot{\boldsymbol{r}})$$

当然，力还可能直接随时间变化。例如，我们可以人为施加一个周期性变化的力 $\boldsymbol{F}=\cos(\omega t)\boldsymbol{i}$，所以力也可以是时间的函数

$$\boldsymbol{F}=\boldsymbol{F}(\boldsymbol{r},\dot{\boldsymbol{r}},t)$$

通常情况下，力受到这些因素的综合影响，因此我们可以使用函数 $\boldsymbol{F}(\boldsymbol{r},\dot{\boldsymbol{r}},t)$ 明确地表示这种关系。如此一来，在实际情况中，牛顿第二定律实际上是关于位矢 $\boldsymbol{r}$、速度 $\dot{\boldsymbol{r}}$ 和加速度 $\ddot{\boldsymbol{r}}$ 的关系

$$\boldsymbol{F}(\boldsymbol{r},\dot{\boldsymbol{r}},t)=m\ddot{\boldsymbol{r}}$$

于是，牛顿第二定律可以被看作位矢与时间之间的二阶微分方程

$$\boldsymbol{F}\left(\boldsymbol{r},\frac{\mathrm{d}\boldsymbol{r}}{\mathrm{d}t},t\right)=m\frac{\mathrm{d}^2\boldsymbol{r}}{\mathrm{d}t^2} \tag{2.24}$$

我们称这个方程为动力学方程。需要注意的是，式（2.24）描述了在一个极短的时间间隔 $\mathrm{d}t$ 内，质点各运动相关的物理量之间的关系。通常情况下，在极短的时间内，物理量的变化比较简单（一般呈线性关系），因此列出质点的微分方程相对较为容易。然而，我们主要的兴趣并不在质点短时间内的行为，主要关注质点在未来较长时间内的表现。举例来说，相较于子弹如何飞出枪口，我们更关心它是否能够命中目标。因此，我们通常需要求解描述局部关系的微分方程以获取系统长期演化的信息。例如，我们想知道质点最终会运动到什么位置（$\boldsymbol{r}(t)|_{t\to\infty}$），以及最终的速度是多少（$\dot{\boldsymbol{r}}(t)|_{t\to\infty}$）等。

如图 2.21 所示，由于局部和整体之间可能存在较大差异，因此微分方程在某些情况下可能难以求解。在这种情况下，我们不得不对具体问题进行简化，调整 $\boldsymbol{F}\left(\boldsymbol{r},\frac{\mathrm{d}\boldsymbol{r}}{\mathrm{d}t},t\right)$ 的具体形式，以获得结果，即使这个结果是近似的。从这个角度来看，物理和数学相互补充。我们需要了解在哪些情况下可以求解微分方程，以及求解的代价是什么，然后根据特定目的，对目标体系进行简化，以在物理和数学之间取得平衡。这种平衡使我们能够在实际问题中取得有效进展。

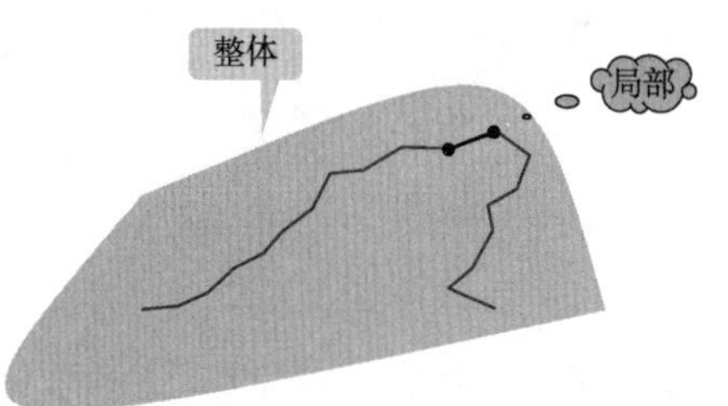

图 2.21 局部与整体差异悬殊

牛顿曾经把牛顿第一定律和牛顿第二定律归功于伽利略，牛顿第三定律则完全是他的原创。

（3）牛顿第三定律

对任意作用总是存在着方向相反、大小相等的反作用；换句话说，两个物体彼此的相互作用总是相等的，并且指向对方。

将该关系用数学语言描述，有

$$\boldsymbol{F}_{ab}=-\boldsymbol{F}_{ba}$$

需要注意的是，作用力和反作用力作用在不同的物体上，它们并不能使物体达到平衡。

2.2.2 伽利略相对性原理：牛顿定律成立的条件

在描述质点的运动时，原则上我们可以任意选择参考系。我们已经详细讨论了在不同的参考系下，同一质点运动的区别与联系（详见 2.1.3 节）。然而，当考虑利用力来解释、预测及控制运动时，根据受力情况，我们必须明确区分惯性参考系和非惯性参考系。这是因为不受外力的惯性参考系极为特殊。只有在这种参考系中，质点的受力及运动间的关系才具有简洁的数学形式，即满足牛顿第二定律。

$$
\begin{aligned}
\boldsymbol{F} &= \frac{\mathrm{d}\boldsymbol{p}}{\mathrm{d}t} \\
&= \frac{\mathrm{d}(m\boldsymbol{v})}{\mathrm{d}t} \\
&= m\frac{\mathrm{d}\boldsymbol{v}}{\mathrm{d}t} \\
&= m\boldsymbol{a}
\end{aligned}
$$

这也意味着，在所有的惯性参考系里，质点的加速度与所受的力之间的关系是相同的。因此，我们无法通过运动形式（受力情况）来判断当前所处的惯性参考系的性质（如位置和速度）。我们可以通过参考系平移的例子来理解这层道理。

如图 2.22 所示，当两个参考系发生平移相对运动时，不失一般性，我们可以假设其中一个参考系（S 系）是静止的。因为它们的参考不同，所以不同观察者观察到的同一个质点的位矢会有所差异。在 S 系中，质点的位矢表示为 $\boldsymbol{r}$，而在 S'系中该位矢表示为 $\boldsymbol{r}'$。这两个位矢之间存在明确的几何关系。

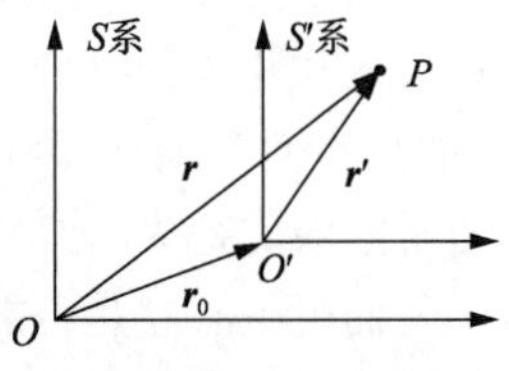

图 2.22　从两个参考系中看同一质点的运动

$$
\boldsymbol{r} = \boldsymbol{r}_0 + \boldsymbol{r}' \tag{2.25}
$$

其中，$\boldsymbol{r}_0 = OO'$，为 S'系相对于 S 系的位移。在 S 系中，有

$$
\begin{aligned}
\boldsymbol{r}' &= \boldsymbol{r} - \boldsymbol{r}_0 \\
\boldsymbol{r} &= x\boldsymbol{i} + y\boldsymbol{j} + z\boldsymbol{k} \\
\boldsymbol{r}_0 &= x_0\boldsymbol{i} + y_0\boldsymbol{j} + z_0\boldsymbol{k}
\end{aligned}
$$

所以

$$
\boldsymbol{r}' = (x - x_0)\boldsymbol{i} + (y - y_0)\boldsymbol{j} + (z - z_0)\boldsymbol{k}
$$

而在 S'系中，有

$$
\boldsymbol{r}' = x'\boldsymbol{i}' + y'\boldsymbol{j}' + z'\boldsymbol{k}'
$$

因此

$$
x'\boldsymbol{i}' + y'\boldsymbol{j}' + z'\boldsymbol{k}' = (x - x_0)\boldsymbol{i} + (y - y_0)\boldsymbol{j} + (z - z_0)\boldsymbol{k}
$$

由于平移导致位矢发生了变化，速度也会受到相应的影响。将位矢的关系式对时间求导，我们可以进一步得到速度的变化关系

$$
\frac{\mathrm{d}\boldsymbol{r}}{\mathrm{d}t} = \frac{\mathrm{d}\boldsymbol{r}_0}{\mathrm{d}t} + \frac{\mathrm{d}\boldsymbol{r}'}{\mathrm{d}t}
$$

其中，有

$$
\frac{\mathrm{d}\boldsymbol{r}}{\mathrm{d}t} = \boldsymbol{v}_{PO}
$$

这代表在静止坐标系中的观察者视角下，质点 P 相对于静止坐标系 S 的参考点 O 的运动速度。我们通常称这种速度为“绝对速度”。

$$\frac{\mathrm{d}\boldsymbol{r}_0}{\mathrm{d}t}=\boldsymbol{v}_{O'O}$$

上式表示在位于静止坐标系的观察者看来，运动坐标系相对于静止坐标系的整体速度。我们通常称其为“牵连速度”。

$$\frac{\mathrm{d}\boldsymbol{r}'}{\mathrm{d}t}=\boldsymbol{v}_{PO'}$$

上式表示在位于运动坐标系的观察者看来，质点 P 相对于运动坐标系 S' 的参考点 O' 的运动速度。我们通常称其为“相对速度”。如此一来，如图 2.23 所示，参考系和运动之间存在一种三方关系。

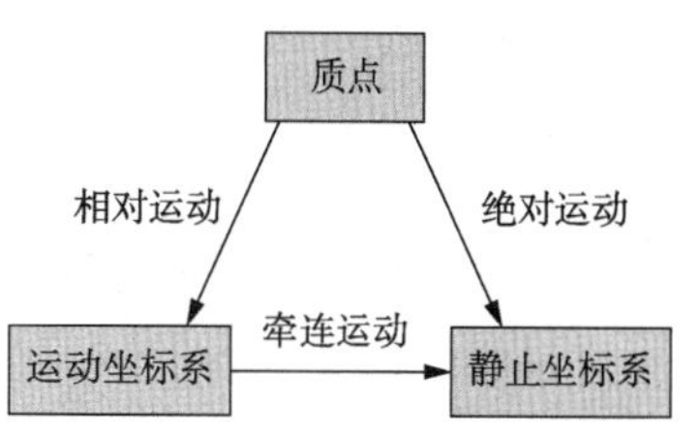

图 2.23　参考系和运动之间的关系

值得注意的是，通过几何关系构建矢量关系虽然可行，但绘图烦琐且容易出错。其实，只要我们严格遵循矢量下标的命名规则，问题将变得简单。例如，可以将位矢 $\boldsymbol{r}_{AB}$ 解读为 B 相对于 A 的位置，将速度 $\boldsymbol{v}_{AB}$ 解读为 B 相对于 A 的速度。则有

$$\boldsymbol{r}_{PO}=\boldsymbol{r}_{PO'}+\boldsymbol{r}_{O'O}$$

求导可得（绝对速度=相对速度+牵连速度）

$$\boldsymbol{v}_{PO}=\boldsymbol{v}_{PO'}+\boldsymbol{v}_{O'O} \tag{2.26}$$

注意观察两个公式的下标，它们可以像链条一样，通过首尾相接来正确表示矢量之间的合成关系。这种方法大大简化了理解和记忆的过程，使我们更容易掌握相应的物理关系。

建立了矢量间的基本关系后，我们可以进一步探究它们之间的坐标关系。若考虑一个质点在两个不同坐标系中的位矢，可以表示为

$$\boldsymbol{r}'=\boldsymbol{r}-\boldsymbol{r}_0$$

$$\boldsymbol{r}'=x'\boldsymbol{i}'+y'\boldsymbol{j}'+z'\boldsymbol{k}'$$

$$\boldsymbol{r}=x\boldsymbol{i}+y\boldsymbol{j}+z\boldsymbol{k}$$

$$\boldsymbol{r}_0=x_0\boldsymbol{i}+y_0\boldsymbol{j}+z_0\boldsymbol{k}$$

其中，未加撇的矢量代表静止坐标系中的量，带撇的矢量则表示在运动坐标系中的量。由于坐标系之间的平移并不会改变基矢的方向，两个坐标系的基矢方向是相同的。于是，我们可以得到

$$x'\boldsymbol{i}+y'\boldsymbol{j}+z'\boldsymbol{k}=(x-x_0)\boldsymbol{i}+(y-y_0)\boldsymbol{j}+(z-z_0)\boldsymbol{k}$$

对此关系式进行求导，并注意到基矢的方向在此过程中保持不变，导致求导仅作用于坐标量，可得

$$\frac{\mathrm{d}x'}{\mathrm{d}t}\boldsymbol{i}+\frac{\mathrm{d}y'}{\mathrm{d}t}\boldsymbol{j}+\frac{\mathrm{d}z'}{\mathrm{d}t}\boldsymbol{k}=\left(\frac{\mathrm{d}x}{\mathrm{d}t}-\frac{\mathrm{d}x_0}{\mathrm{d}t}\right)\boldsymbol{i}+\left(\frac{\mathrm{d}y}{\mathrm{d}t}-\frac{\mathrm{d}y_0}{\mathrm{d}t}\right)\boldsymbol{j}+\left(\frac{\mathrm{d}z}{\mathrm{d}t}-\frac{\mathrm{d}z_0}{\mathrm{d}t}\right)\boldsymbol{k}$$

为了确保上述关系式在任何情况下都成立，对应基矢前的系数必须保持相等。这体现了相对速度、绝对速度和牵连速度之间的坐标关系，如式（2.27）所示。

$$\begin{bmatrix} v'_x \\ v'_y \\ v'_z \end{bmatrix} = \begin{bmatrix} \frac{\mathrm{d}x'}{\mathrm{d}t} \\ \frac{\mathrm{d}y'}{\mathrm{d}t} \\ \frac{\mathrm{d}z'}{\mathrm{d}t} \end{bmatrix} = \begin{bmatrix} \frac{\mathrm{d}x}{\mathrm{d}t} \\ \frac{\mathrm{d}y}{\mathrm{d}t} \\ \frac{\mathrm{d}z}{\mathrm{d}t} \end{bmatrix} - \begin{bmatrix} \frac{\mathrm{d}x_0}{\mathrm{d}t} \\ \frac{\mathrm{d}y_0}{\mathrm{d}t} \\ \frac{\mathrm{d}z_0}{\mathrm{d}t} \end{bmatrix} = \begin{bmatrix} v_x - v_{0x} \\ v_y - v_{0y} \\ v_z - v_{0z} \end{bmatrix} \tag{2.27}$$

在此关系中，不带撇的速度代表在静止坐标系中的绝对速度，带撇的速度则表示在运动坐标系中的相对速度。此外，带有下标 0 的速度是两个坐标系之间的牵连速度或平移速度。

类似速度的求法，对速度的关系式求一次时间导数可以得到相对加速度、绝对加速和牵连加速度之间的关系

$$\boldsymbol{a}_{PO} = \boldsymbol{a}_{PO'} + \boldsymbol{a}_{O'O} \tag{2.28}$$

加速度之间的坐标关系与速度的相似。基于速度的分量关系式进行求导可得

$$\begin{bmatrix} a'_x \\ a'_y \\ a'_z \end{bmatrix} = \begin{bmatrix} \frac{\mathrm{d}^2x'}{\mathrm{d}t^2} \\ \frac{\mathrm{d}^2y'}{\mathrm{d}t^2} \\ \frac{\mathrm{d}^2z'}{\mathrm{d}t^2} \end{bmatrix} = \begin{bmatrix} \frac{\mathrm{d}^2x}{\mathrm{d}t^2} \\ \frac{\mathrm{d}^2y}{\mathrm{d}t^2} \\ \frac{\mathrm{d}^2z}{\mathrm{d}t^2} \end{bmatrix} - \begin{bmatrix} \frac{\mathrm{d}^2x_0}{\mathrm{d}t^2} \\ \frac{\mathrm{d}^2y_0}{\mathrm{d}t^2} \\ \frac{\mathrm{d}^2z_0}{\mathrm{d}t^2} \end{bmatrix} = \begin{bmatrix} a_x - a_{0x} \\ a_y - a_{0y} \\ a_z - a_{0z} \end{bmatrix}$$

考虑到 S 和 S' 是惯性参考系，这意味着它们或者保持静止，或者进行匀速直线运动。由此，两个参考系间的牵连加速度 $\boldsymbol{a}_{O'O}$ 满足

$$\boldsymbol{a}_{O'O} = \frac{\mathrm{d}\boldsymbol{v}_{O'O}}{\mathrm{d}t} = \frac{\mathrm{d}\ 恒定矢量}{\mathrm{d}t} = 0$$

结合式（2.28），可知

$$\boldsymbol{a}_{PO} = \boldsymbol{a}_{PO'}$$

这一结论表明，在不同的惯性参考系中观测同一质点的加速度会得到相同的结果。如果我们在两端同时乘以质点的质量 m，得到①

$$m\boldsymbol{a}_{PO} = m\boldsymbol{a}_{PO'}$$

$$\boldsymbol{F}_O = \boldsymbol{F}_{O'}$$

这意味着，两个在不同惯性参考系中的观察者观测同一点 P 的受力情况会得到相同的结果。因此，在这两个参考系中进行的任何力学实验都会得到相同的测量结果。

（1）伽利略相对性原理

力学过程在惯性参考系中都是等价的。如果 S' 是非惯性参考系，存在牵连加速度 $\boldsymbol{a}_{O'O} \neq 0$，那么在 S' 系中测量质点 P 的加速度，可以根据式（2.28）得到

$$\boldsymbol{a}_{PO'} = \boldsymbol{a}_{PO} - \boldsymbol{a}_{O'O}$$

将上式两边同时乘以质量 m，有

$$m\boldsymbol{a}_{PO'} = m\boldsymbol{a}_{PO} - m\boldsymbol{a}_{O'O}$$

$$\boldsymbol{F}_{O'} = \boldsymbol{F}_O - m\boldsymbol{a}_{O'O}$$

从上式可以看出，在非惯性参考系中，牛顿第二定律不再适用，因为受力部分多了一个修正项

① 这里用到了在不同惯性参考系中测量物体的质量也会得到相同结果的“常识”。

$-m\boldsymbol{a}_{O'O}$。这个修正项没有明确的施力物体，并且没有对应的反作用力，所以它并不是基于物体间相互作用的常规力。但如果我们将这个修正项视为“虚拟”的惯性力 $\boldsymbol{F}_{惯性}=-m\boldsymbol{a}_{O'O}$，牛顿第二定律在形式上就适用了。

$$\boldsymbol{F}_{合力}=\boldsymbol{F}_{O'}+\boldsymbol{F}_{惯性}=m\boldsymbol{a}_{PO'} \tag{2.29}$$

换言之，通过引入惯性力，我们从形式上和计算上都将牛顿第二定律的适用范围扩展到了所有的参考系。

（2）惯性参考系

值得强调的是，伽利略相对性原理在历史上比牛顿力学先出现。从某种意义上说，由于伽利略相对性原理的存在，牛顿定律仅在惯性参考系中成立；也可以说，只有牛顿定律成立的参考系，才能称为惯性参考系。但既然我们已经将所有力学问题归纳为牛顿三大定律，那么后者的说法可能更为合适。实际上，在宇宙中，由于物体之间普遍存在相互作用，完全找不到一个不受任何外力影响的参考物来建立真正的惯性参考系。我们只能选择那些牛顿定律近似成立的参考系作为惯性参考系。例如，我们常常以地面为参考平面来建立一个惯性参考系，但实际上，地面上的物体参与了多种非惯性运动，如地球的自转（向心加速度约为 3.4 cm/s^2）、地球的公转（向心加速度约为 0.6 cm/s^2）等。因此，只有当物体相对于地面的加速度远大于这些背景加速度时，我们才可以近似地将地面看作一个惯性参考系。

2.2.3　非惯性参考系的动力学：加速参考系的惯性力

基于式（2.29），在非惯性参考系中处理力学问题时，我们需要考虑额外的惯性力。不同于自然界中的基本相互作用力，这种力是由于参考系本身相对于惯性参考系做加速运动所引起的。惯性力作用于所有运动的物体。为了确定其值，我们必须根据参考系的相对运动特性进行分析。通常，根据参考系的运动特点，我们将其分类为平动参考系和转动参考系。

（1）平动参考系

如图 2.24 所示，S 系为惯性参考系，S'系相对于 S 系运动。在运动的过程中，两个坐标系的坐标基矢方向保持不变，做平移相对运动。我们称 S'系为平动参考系。直接利用式（2.29）的结果，在平动参考系 S'中使用牛顿定律，可以得出所有质点会受到相同的惯性力

$$\boldsymbol{F}_{惯性}=-m\boldsymbol{a}_{O'O} \tag{2.30}$$

（2）转动参考系

当然，运动参考系 S'的基矢方向可以与惯性参考系 S 的不一致。这时可以认为除了平动，运动参考系还可以同时发生转动。

如图 2.25 所示，在 S 系和 S'系中，观察者测量质点 P 的位矢分别为 $\boldsymbol{r}$ 和 $\boldsymbol{r}'$，有

$$\boldsymbol{r}=\boldsymbol{r}'+\boldsymbol{r}_0$$

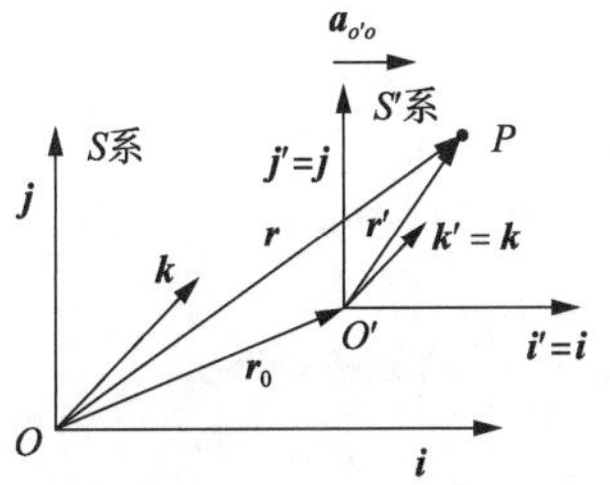

图 2.24　平动参考系

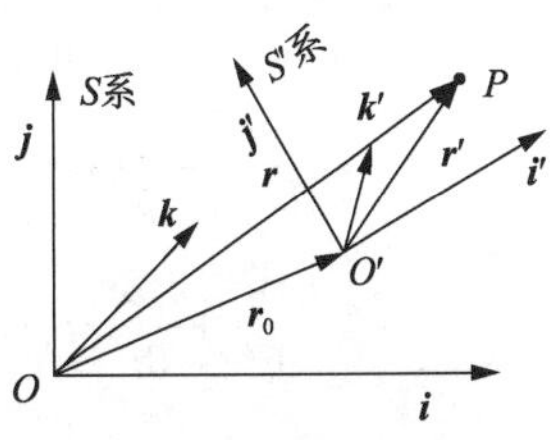

图 2.25　转动参考系

为了找到惯性参考系与非惯性参考系中质点加速度之间的联系，从而确定非惯性参考系中的惯性力，以求解牛顿方程，我们需要对上述方程的两边进行求导。首先，有

$$\begin{aligned}\boldsymbol{v} &= \frac{\mathrm{d}\boldsymbol{r}}{\mathrm{d}t} = \frac{\mathrm{d}\boldsymbol{r}'}{\mathrm{d}t} + \frac{\mathrm{d}\boldsymbol{r}_0}{\mathrm{d}t} = \frac{\mathrm{d}(x'\boldsymbol{i}'+y'\boldsymbol{j}'+z'\boldsymbol{k}')}{\mathrm{d}t} + \boldsymbol{v}_0 \\ &= \frac{\mathrm{d}x'}{\mathrm{d}t}\boldsymbol{i}' + \frac{\mathrm{d}y'}{\mathrm{d}t}\boldsymbol{j}' + \frac{\mathrm{d}z'}{\mathrm{d}t}\boldsymbol{k}' + x'\frac{\mathrm{d}\boldsymbol{i}'}{\mathrm{d}t} + y'\frac{\mathrm{d}\boldsymbol{j}'}{\mathrm{d}t} + z'\frac{\mathrm{d}\boldsymbol{k}'}{\mathrm{d}t} + \boldsymbol{v}_0 \\ &= \frac{\mathrm{d}x'}{\mathrm{d}t}\boldsymbol{i}' + \frac{\mathrm{d}y'}{\mathrm{d}t}\boldsymbol{j} + \frac{\mathrm{d}z'}{\mathrm{d}t}\boldsymbol{k}' + x'\boldsymbol{\omega}\times\boldsymbol{i}' + y'\boldsymbol{\omega}\times\boldsymbol{j}' + z'\boldsymbol{\omega}\times\boldsymbol{k}' + \boldsymbol{v}_0 \\ &= \frac{\mathrm{d}x'}{\mathrm{d}t}\boldsymbol{i}' + \frac{\mathrm{d}y'}{\mathrm{d}t}\boldsymbol{j}' + \frac{\mathrm{d}z'}{\mathrm{d}t}\boldsymbol{k}' + \boldsymbol{\omega}\times\boldsymbol{r}' + \boldsymbol{v}_0\end{aligned}$$

对于在 S' 系中的观察者，因为其与坐标系一同运动，他会觉得 S' 系的基矢方向是恒定的。所以，在 S' 系中测得的质点 P 的速度是

$$\boldsymbol{v}' = \frac{\mathrm{d}x'}{\mathrm{d}t}\boldsymbol{i}' + \frac{\mathrm{d}y'}{\mathrm{d}t}\boldsymbol{j}' + \frac{\mathrm{d}z'}{\mathrm{d}t}\boldsymbol{k}'$$

于是，有

$$\boldsymbol{v} = \frac{\mathrm{d}\boldsymbol{r}}{\mathrm{d}t} = \boldsymbol{v}' + \boldsymbol{\omega}\times\boldsymbol{r}' + \boldsymbol{v}_0 \tag{2.31}$$

根据习惯，有

$$\boldsymbol{v} = \frac{\mathrm{d}\boldsymbol{r}}{\mathrm{d}t}$$

上式表示质点位矢在惯性参考系中的绝对变化率（速度）。又有

$$\boldsymbol{v}' = \frac{\mathrm{d}x'}{\mathrm{d}t}\boldsymbol{i}' + \frac{\mathrm{d}y'}{\mathrm{d}t}\boldsymbol{j}' + \frac{\mathrm{d}z'}{\mathrm{d}t}\boldsymbol{k}'$$

上式表示质点位矢相对于运动参考系的变化率（速度）。为简化表示，我们引入一个新的记号来表示相对变化率的求导，定义为

$$\frac{\mathrm{d}'\boldsymbol{V}'}{\mathrm{d}t} \equiv \frac{\mathrm{d}V'_x}{\mathrm{d}t}\boldsymbol{i}' + \frac{\mathrm{d}V'_y}{\mathrm{d}t}\boldsymbol{j}' + \frac{\mathrm{d}V'_z}{\mathrm{d}t}\boldsymbol{k}'$$

这里，$\boldsymbol{V}'$ 为任意矢量，于是

$$\frac{\mathrm{d}\boldsymbol{V}'}{\mathrm{d}t} = \frac{\mathrm{d}'\boldsymbol{V}'}{\mathrm{d}t} + \boldsymbol{\omega}\times\boldsymbol{V}' \tag{2.32}$$

在式（2.31）中，第二项($\boldsymbol{\omega}\times\boldsymbol{r}'$)描述了由于参考系旋转导致的位矢的改变，我们将其称为“牵连转动速度”。而式（2.31）中的最后一项 $\boldsymbol{v}_0$ 表示由于参考系平动引起的位矢变化，我们称其为“牵连平动速度”。

如果继续对式（2.31）求导，可以进一步得到加速度之间的关系

$$\begin{aligned}\boldsymbol{a} &= \frac{\mathrm{d}\boldsymbol{v}'}{\mathrm{d}t} + \frac{\mathrm{d}\boldsymbol{v}_0}{\mathrm{d}t} = \frac{\mathrm{d}'\boldsymbol{v}'}{\mathrm{d}t} + \boldsymbol{\omega}\times\boldsymbol{v}' + \boldsymbol{a}_0 \\ &= \frac{\mathrm{d}'}{\mathrm{d}t}\left(\frac{\mathrm{d}'\boldsymbol{r}'}{\mathrm{d}t} + \boldsymbol{\omega}\times\boldsymbol{r}'\right) + \boldsymbol{\omega}\times\left(\frac{\mathrm{d}'\boldsymbol{r}'}{\mathrm{d}t} + \boldsymbol{\omega}\times\boldsymbol{r}'\right) + \boldsymbol{a}_0 \\ &= \frac{\mathrm{d}'^2\boldsymbol{r}'}{\mathrm{d}t^2} + \frac{\mathrm{d}'\boldsymbol{\omega}}{\mathrm{d}t}\times\boldsymbol{r}' + \boldsymbol{\omega}\times\frac{\mathrm{d}'\boldsymbol{r}'}{\mathrm{d}t} + \boldsymbol{\omega}\times\frac{\mathrm{d}'\boldsymbol{r}'}{\mathrm{d}t} + \boldsymbol{\omega}\times\boldsymbol{\omega}\times\boldsymbol{r}' + \boldsymbol{a}_0 \\ &= \frac{\mathrm{d}'^2\boldsymbol{r}'}{\mathrm{d}t^2} + \frac{\mathrm{d}'\boldsymbol{\omega}}{\mathrm{d}t}\times\boldsymbol{r}' + \boldsymbol{\omega}\times\boldsymbol{\omega}\times\boldsymbol{r}' + 2\boldsymbol{\omega}\times\frac{\mathrm{d}'\boldsymbol{r}'}{\mathrm{d}t} + \boldsymbol{a}_0\end{aligned}$$

注意

$$\frac{\mathrm{d}\boldsymbol{\omega}}{\mathrm{d}t}=\frac{\mathrm{d}'\boldsymbol{\omega}}{\mathrm{d}t}+\boldsymbol{\omega}\times\boldsymbol{\omega}=\frac{\mathrm{d}'\boldsymbol{\omega}}{\mathrm{d}t}$$

可以得出

$$\boldsymbol{a}=\frac{\mathrm{d}'^2\boldsymbol{r}'}{\mathrm{d}t^2}+\frac{\mathrm{d}\boldsymbol{\omega}}{\mathrm{d}t}\times\boldsymbol{r}'+\boldsymbol{\omega}\times(\boldsymbol{\omega}\times\boldsymbol{r}')+2\boldsymbol{\omega}\times\boldsymbol{v}'+\boldsymbol{a}_0 \tag{2.33}$$

$$\boldsymbol{a}=\boldsymbol{a}'+\boldsymbol{a}_t+\boldsymbol{a}_C+\boldsymbol{a}_0$$

根据相对变化率的定义，相对加速度为

$$\boldsymbol{a}'=\frac{\mathrm{d}'^2\boldsymbol{r}'}{\mathrm{d}t^2}$$

而牵连加速度可以被写成

$$\begin{aligned}\boldsymbol{a}_t&=\frac{\mathrm{d}\boldsymbol{\omega}}{\mathrm{d}t}\times\boldsymbol{r}'+\boldsymbol{\omega}\times(\boldsymbol{\omega}\times\boldsymbol{r}')\\&=\dot{\boldsymbol{\omega}}\times\boldsymbol{r}'+\boldsymbol{\omega}(\boldsymbol{\omega}\cdot\boldsymbol{r}')-\omega^2\boldsymbol{r}'\end{aligned} \tag{2.34}$$

值得注意的是，在式（2.34）中，第一项($\dot{\boldsymbol{\omega}}\times\boldsymbol{r}'$)中的 $\dot{\boldsymbol{\omega}}$ 和 $\boldsymbol{\omega}$ 的方向通常不一致。于是，($\dot{\boldsymbol{\omega}}\times\boldsymbol{r}'$)描述了与质点运动的切线方向不同方向的变化，因此我们称其为“牵连转动加速度”。至于式（2.34）中的第二和第三项之和，如图 2.26 所示，有

$$\begin{aligned}\boldsymbol{\omega}\cdot\boldsymbol{r}'&=\omega r'\cos\theta=\omega\cdot|\boldsymbol{OM}|\\\Rightarrow\boldsymbol{\omega}(\boldsymbol{\omega}\cdot\boldsymbol{r}')-\omega^2\boldsymbol{r}'&=\omega^2\boldsymbol{OM}-\omega^2\boldsymbol{r}'\\&=\omega^2(\boldsymbol{OM}-\boldsymbol{r}')\\&=-\omega^2\boldsymbol{R}\end{aligned}$$

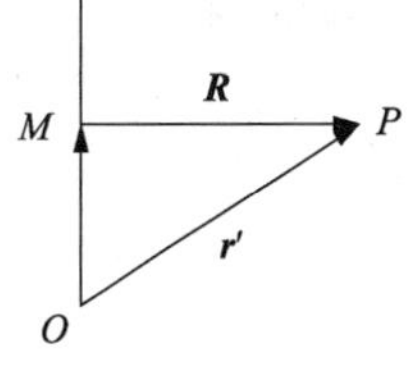

图 2.26 朝向转动轴的方向

此结果表明，其方向指向转动轴，我们因此称其为“牵连向轴加速度”。结合式（2.31）的最后一项（牵连平动加速度），我们可以看到牵连加速度实际上是由 3 部分组成的。

$$\boldsymbol{a}_t=\dot{\boldsymbol{\omega}}\times\boldsymbol{r}'-\omega^2\boldsymbol{R}+\boldsymbol{a}_0$$

式（2.33）的第三项为

$$\boldsymbol{a}_C=2\boldsymbol{\omega}\times\boldsymbol{v}'$$

表示新出现的加速度，我们称其为科里奥利加速度。

（3）惯性力

根据式（2.33），在等式两边同时乘以质量 m，可得

$$m\boldsymbol{a}=m\boldsymbol{a}'+m\boldsymbol{a}_t+m\boldsymbol{a}_C+m\boldsymbol{a}_0$$

其中，绝对加速度 $\boldsymbol{a}$ 是在惯性参考系中测量得到的，所以牛顿定律成立，有

$$m\boldsymbol{a}=\boldsymbol{F}$$

于是，有

$$\boldsymbol{F}=m\boldsymbol{a}'+m\boldsymbol{a}_t+m\boldsymbol{a}_C+m\boldsymbol{a}_0$$

$$\Rightarrow\boldsymbol{F}-(m\boldsymbol{a}_t+m\boldsymbol{a}_C+m\boldsymbol{a}_0)=m\boldsymbol{a}'$$

因此，当我们在非惯性参考系中使用牛顿定律来研究质点的动力学行为时，除了要考虑由相互作用产生的自然力 $\boldsymbol{F}$ 之外，还需要考虑由牵连加速度和科里奥利加速度引起的惯性力。我们把由牵连加速度引起的惯性力称为“牵连惯性力”

$$\boldsymbol{F}_t=-m\dot{\boldsymbol{\omega}}\times\boldsymbol{r}'+m\omega^2\boldsymbol{R}-m\boldsymbol{a}_0 \tag{2.35}$$

其中，$(-m\dot{\boldsymbol{\omega}}\times\boldsymbol{r}')$被称为转动惯性力，$m\omega^2\boldsymbol{R}$被称为惯性离心力。由科里奥利加速度引起的惯性力被称为科里奥利力

$$\boldsymbol{F}_C=-2m\boldsymbol{\omega}\times\boldsymbol{v}' \tag{2.36}$$

2.2.4 力的常见数学形式：典型力学问题的求解

我们通过求解牛顿动力学方程来获得质点的运动信息。

$$\boldsymbol{F}=m\frac{\mathrm{d}^2\boldsymbol{r}}{\mathrm{d}t^2}$$

在这一方程中，力的特定形式将直接影响方程求解的难易程度。自然界中存在许多不同类型的力，通常我们会根据实际情况将它们建模为某些物理量的函数，例如位置依赖的力 $\boldsymbol{F}(\boldsymbol{r})$，或速度依赖的力 $\boldsymbol{F}(\boldsymbol{v})$。在接下来的内容中，我们将通过具体的例子深入了解在常见力作用下的质点运动规律。

（1）恒定力

例题 2.3 一个质量为 m 的小球受恒定作用力（大小为 F）作用，沿着 x 轴运动。初始时刻小球位于 x_0 处，初始速度为 v_0，求其速度 $v(t)$ 和运动方程 $x(t)$。

解 以速度表示的动力学方程为

$$F=m\frac{\mathrm{d}v}{\mathrm{d}t} \tag{1}$$

对式（1）求时间的限定积分，有

$$m\int_{v_0}^{v(t)}\mathrm{d}v=F\int_0^t\mathrm{d}t \tag{2}$$

可以得到 t 时刻质点的速度为

$$v(t)=v_0+\frac{Ft}{m} \tag{3}$$

由于速度和位置之间存在关系

$$v=\frac{\mathrm{d}x}{\mathrm{d}t} \tag{4}$$

在式（3）两边对时间 t 进行积分，有

$$\int_{x_0}^{x(t)}\mathrm{d}x=F\int_0^t\left(v_0+\frac{Ft}{m}\right)\mathrm{d}t \tag{5}$$

因此

$$x(t)=x_0+v_0t+\frac{Ft^2}{2m} \tag{6}$$

值得注意的是，由式（2）可知，当物体受力之后，速度的改变还需要一个时间上的积累过程。

练习 设声音在空气中的传播速度为 $v_a=340\ \mathrm{m/s}$，重力加速度为 $g=9.8\ \mathrm{m/s^2}$。小明向一口深井中无初速度地释放一颗石头，并同时开始计时。10 s 后，小明听到石头落地的声音。请问井有多深？

（2）与位置相关的力

例题 2.4 一个质量为 m 的小球受作用力 $F=-kx^{-3}$ 的作用（k 为正常数），初始时刻被静止地放在 $x_0>0$ 处，求小球第一次返回坐标原点所需要花费的时间。

解 以速度表示的动力学方程为

$$m\frac{\mathrm{d}v}{\mathrm{d}t}=-\frac{k}{x^3} \tag{1}$$

上述方程中涉及 3 个变量，我们无法直接对其进行积分，需要想办法减少变量的数目。一个常用的技巧是将 t 用 v 和 x 替换，如下

$$\frac{\mathrm{d}v}{\mathrm{d}t}=\frac{\mathrm{d}x}{\mathrm{d}t}\frac{\mathrm{d}v}{\mathrm{d}x}=v\frac{\mathrm{d}v}{\mathrm{d}x} \tag{2}$$

于是，式（1）变形为

$$mv\frac{\mathrm{d}v}{\mathrm{d}x}=-\frac{k}{x^3} \tag{3}$$

对式（3）分离变量，然后积分

$$m\int_0^{v(x)}v\mathrm{d}v=-k\int_{x_0}^{x}\frac{1}{x^3}\mathrm{d}x \tag{4}$$

可得

$$\frac{1}{2}mv^2(x)=\frac{1}{2}k\left(\frac{1}{x^2}-\frac{1}{x_0^2}\right) \tag{5}$$

所以

$$v(x)=\frac{\mathrm{d}x}{\mathrm{d}t}=-\sqrt{\frac{k}{mx_0^2}}\frac{\sqrt{x_0^2-x^2}}{x} \tag{6}$$

式（6）中的负号反映小球当前沿 x 轴的负方向移动。进一步对该式进行积分，我们可以得到坐标和时间之间的函数关系

$$\int_{x_0}^{x(t)}\frac{x\mathrm{d}x}{\sqrt{x_0^2-x^2}}=-\sqrt{\frac{k}{mx_0^2}}\int_{x_0}^{x(t)}\mathrm{d}t \tag{7}$$

于是

$$\sqrt{x_0^2-x^2(t)}=\sqrt{\frac{k}{mx_0^2}}t \tag{8}$$

至此，我们得到了小球运动方程

$$x(t)=x_0\sqrt{1-\frac{k}{mx_0^4}t^2} \tag{9}$$

那么其返回原点的时间为以下方程的正实数解。

$$x(t)=x_0\sqrt{1-\frac{k}{mx_0^4}t^2}=0 \tag{10}$$

即

$$t=\sqrt{mx_0^4/k} \tag{11}$$

（3）与速度相关的力

例题 2.5 一个质量为 m 的小球，于离地面高度为 h 处被无初速度地释放。小球在竖直下落的过程中受到与速度成正比的阻力。请求出小球速度和位置随时间的变化。

解 如图 2.27 所示，质点所受的阻力为

$$\boldsymbol{f}=-mk\boldsymbol{v}=-mk\dot{x}\,\boldsymbol{i}$$

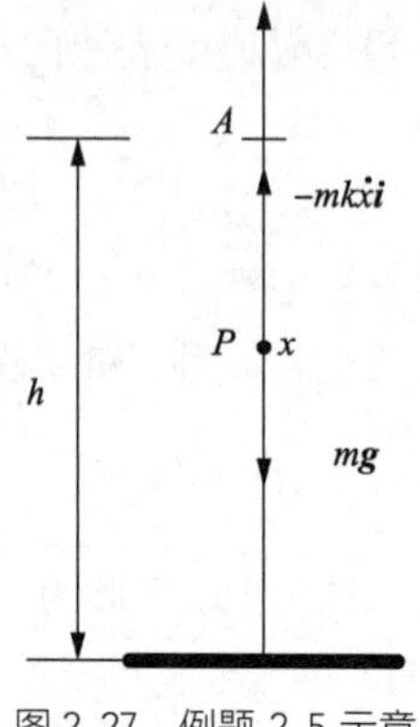

图 2.27 例题 2.5 示意

根据质点的受力情况，可以列出其动力学方程

$$m\ddot{x}=-mk\dot{x}-mg$$

这是一个位置 x 关于时间 t 的二阶微分方程，可以利用其一阶导数 $\dot{x}$ 进行变量替换，从而实现降阶。有

$$\frac{\mathrm{d}\dot{x}}{\mathrm{d}t}=-k\dot{x}-g$$

分离变量可得

$$\frac{\mathrm{d}\dot{x}}{\dot{x}+\dfrac{g}{k}}=-k\mathrm{d}t$$

对上式两边同时积分，有

$$\ln\left(\dot{x}+\frac{g}{k}\right)\Big|_0^{\dot{x}}=-kt\,\big|_0^t$$

$$\Rightarrow \dot{x}=-\frac{g}{k}(1-\mathrm{e}^{kt})$$

对上式再次积分，有

$$x\,\big|_h^x=\left(-\frac{g}{k}t-\frac{g}{k^2}\mathrm{e}^{-kt}\right)\Big|_0^t$$

于是

$$x=h+\frac{g}{k^2}(1-\mathrm{e}^{-kt})-\frac{g}{k}t$$

当 $t\to\infty$ 时，有

$$\dot{x}\to-\frac{g}{k}$$

这表明，随着时间的推移，质点的速度将逐渐稳定，质点进行匀速直线运动。我们将这一稳定的末速度称为“收尾速度”。

练习 一个质量为 m 的小球，于离地面高度为 h 处被无初速度地释放。小球在竖直下落的过程中受到与速度二次方成正比的阻力。请求出小球速度和位置随时间的变化。

（4）惯性力

例题 2.6 在光滑空心直钢管 OA 中，有一个质量为 m 的小球，初始时刻停留在距 O 点 b 米处的 B 点。OA 以恒定的角速度 ω 绕其端点 O 做平面转动。试求小球沿着管道的运动方程和管

道给予小球的作用力。

解　如图 2.28 所示，以 O 为原点，建立随钢管一起运动的运动坐标系。参考系的转动角速度为 $\boldsymbol{\omega}=\omega\boldsymbol{j}$，小球沿着管道运动的速度为 $\boldsymbol{v}=\dot{x}\boldsymbol{i}$。

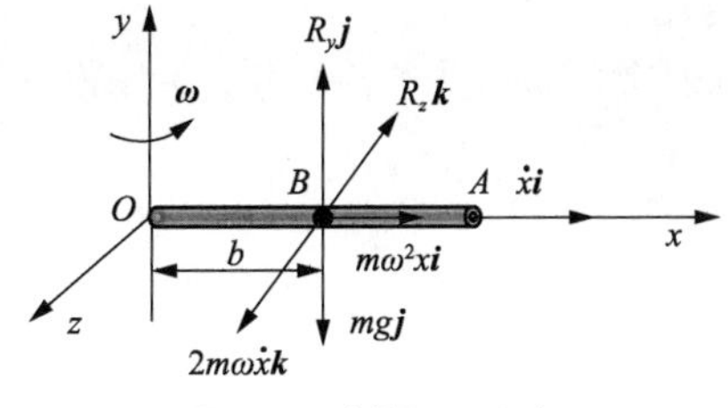

图 2.28　例题 2.6 示意

小球在转动参考系中运动，受到惯性力。其中惯性离心力为

$$m\omega^2x\boldsymbol{i}$$

科里奥利力式为

$$-2m(\omega\boldsymbol{j})\times(\dot{x}\boldsymbol{i})=2m\omega\dot{x}\boldsymbol{k}$$

除此之外，小球还受到重力、管壁给小球的压力。在运动坐标系中，小球在 y 轴和 z 轴方向上没有运动，所以受力平衡。根据牛顿定律，我们可以据此列出小球的运动微分方程

$$m\ddot{x}=m\omega^2x \tag{1}$$

$$m\ddot{y}=0=R_y-mg \tag{2}$$

$$m\ddot{z}=0=2m\omega\dot{x}-R_z \tag{3}$$

式（1）的通解为

$$x=A\mathrm{e}^{\omega t}+B\mathrm{e}^{-\omega t} \tag{4}$$

对其求时间导数有

$$\dot{x}=A\omega\mathrm{e}^{\omega t}-B\omega\mathrm{e}^{-\omega t} \tag{5}$$

由题意可知，当 $t=0$ 时，$x=b$，$\dot{x}=0$，将其代入式（4）和式（5）可求得积分常数为

$$A=B=\frac{b}{2} \tag{6}$$

因此，小球沿着管道的运动方程为

$$x(t)=\frac{b}{2}(\mathrm{e}^{\omega t}+\mathrm{e}^{-\omega t})=b\cosh\omega t \tag{7}$$

管道给予小球的作用力为

$$\begin{aligned}&R_y=mg\\&R_z=2m\dot{\omega}x=2m\omega^2\frac{a}{2}(\mathrm{e}^{\omega t}-\mathrm{e}^{-\omega t})=2ma\omega^2\sinh\omega t\end{aligned} \tag{8}$$

2.2.5　微分方程的积分解：力和力矩的时空积累

根据牛顿的运动定律，描述质点运动的微分方程为

$$\boldsymbol{F}=m\ddot{\boldsymbol{r}}$$

这是一个二阶微分方程。为了简化，我们可以通过积分将其转换为一阶微分方程。由于积分过程可以被看作变化的累积，这也引出了许多重要的物理概念。

（1）力的时间积累：冲量与动量定理

将质点运动微分方程两边同时乘以 dt，并进行积分，可以得到力的时间积累，并实现方程的降阶。

$$\begin{aligned}\int_{t_1}^{t_2}\boldsymbol{F}\mathrm{d}t &= \int_{t_1}^{t_2}m\ddot{\boldsymbol{r}}\mathrm{d}t\\ &= \int_{t_1}^{t_2}m\frac{\mathrm{d}\dot{\boldsymbol{r}}}{\mathrm{d}t}\mathrm{d}t\\ &= m\int_{t_1}^{t_2}\mathrm{d}\dot{\boldsymbol{r}} = m\boldsymbol{v}_{t_2}-m\boldsymbol{v}_{t_1}\\ &= \boldsymbol{p}_{t_2}-\boldsymbol{p}_{t_1}\end{aligned}$$

从上式可以看出，力的时间积累效果等于质点动量的增加值。我们称式（2.37）为力在 t_1 到 t_2 时间段内的冲量。

$$\boldsymbol{I}=\int_{t_1}^{t_2}\boldsymbol{F}\mathrm{d}t \tag{2.37}$$

它与动量改变间的关系为

$$\boldsymbol{I}=\boldsymbol{p}_t-\boldsymbol{p}_0 \tag{2.38}$$

这种关系被称为动量定理。

（2）力的空间积累：做功与动能定理

在质点的运动微分方程两边内积以 d$\boldsymbol{r}$，有

$$\begin{aligned}\boldsymbol{F}\cdot\mathrm{d}\boldsymbol{r} &= m\ddot{\boldsymbol{r}}\cdot\mathrm{d}\boldsymbol{r}\\ &= m\frac{\mathrm{d}\dot{\boldsymbol{r}}}{\mathrm{d}t}\cdot\mathrm{d}\boldsymbol{r}\\ &= m\mathrm{d}\dot{\boldsymbol{r}}\cdot\frac{\mathrm{d}\boldsymbol{r}}{\mathrm{d}t}\\ &= m\dot{\boldsymbol{r}}\cdot\mathrm{d}\dot{\boldsymbol{r}}\end{aligned}$$

将上式两边沿着质点的运动路径 $A\rightarrow B$ 积分，可得

$$\int_A^B\boldsymbol{F}\cdot\mathrm{d}\boldsymbol{r}=\int_A^B m\dot{\boldsymbol{r}}\cdot\mathrm{d}\dot{\boldsymbol{r}} \tag{2.39}$$

其中，$\int_A^B\boldsymbol{F}\cdot\mathrm{d}\boldsymbol{r}=W$ 描述了力在空间上的积累效果，我们称其为功。而做功的基本单元被称为元功。

$$\boldsymbol{F}\cdot\mathrm{d}\boldsymbol{r}=\mathrm{d}W=F\mathrm{d}s\cos\theta$$

在直角坐标系中，有

$$W=\int_A^B\boldsymbol{F}\cdot\mathrm{d}\boldsymbol{r}=\int_{A(x_0,y_0,z_0)}^{B(x,y,z)}(F_x\mathrm{d}x+F_y\mathrm{d}y+F_z\mathrm{d}z)$$

根据力的矢量性质，可得

$$W = \int \boldsymbol{F} \cdot \mathrm{d}\boldsymbol{r} = \int (\boldsymbol{F}_1 + \boldsymbol{F}_2 + \cdots + \boldsymbol{F}_n) \cdot \mathrm{d}\boldsymbol{r}$$
$$= \int \boldsymbol{F}_1 \cdot \mathrm{d}\boldsymbol{r} + \int \boldsymbol{F}_2 \cdot \mathrm{d}\boldsymbol{r} + \cdots + \int \boldsymbol{F}_n \cdot \mathrm{d}\boldsymbol{r}$$

因此，合力所做的功应等于各个分力所做的功的总和。下面，让我们观察式（2.39）的右边。

$$\begin{aligned}
\int_A^B m\dot{\boldsymbol{r}} \cdot \mathrm{d}\dot{\boldsymbol{r}} &= \int_A^B m\boldsymbol{v} \cdot \mathrm{d}\boldsymbol{v} \\
&= \int_A^B m(v_x\boldsymbol{i} + v_y\boldsymbol{j} + v_z\boldsymbol{k}) \cdot \mathrm{d}(v_x\boldsymbol{i} + v_y\boldsymbol{j} + v_z\boldsymbol{k}) \\
&= \int_A^B m(v_x\boldsymbol{i} + v_y\boldsymbol{j} + v_z\boldsymbol{k}) \cdot (\mathrm{d}v_x\boldsymbol{i} + \mathrm{d}v_y\boldsymbol{j} + \mathrm{d}v_z\boldsymbol{k}) \\
&= \int_A^B m(v_x\mathrm{d}v_x + v_y\mathrm{d}v_y + v_z\mathrm{d}v_z) \\
&= \frac{1}{2}mv_x^2\Big|_A^B + \frac{1}{2}mv_y^2\Big|_A^B + \frac{1}{2}mv_z^2\Big|_A^B \\
&= \frac{1}{2}m(\boldsymbol{v} \cdot \boldsymbol{v})\Big|_A^B = \frac{1}{2}mv_B^2 - \frac{1}{2}mv_A^2
\end{aligned}$$

从上式可以看出，力的空间积累效果是一个与初末位置的速度有关的标量。我们把下式称为质点的动能。

$$T = \frac{1}{2}mv^2$$

至此，我们可以得到质点的动能定理

$$\int_A^B \boldsymbol{F} \cdot \mathrm{d}\boldsymbol{r} = \frac{1}{2}mv_B^2 - \frac{1}{2}mv_A^2 \tag{2.40}$$

它表示力对质点做功会引起其动能的改变。

由于功是力沿路径的积分，数学上它会依赖于 $A \to B$ 的路径曲线形状。然而，如果一个力的旋度满足

$$\nabla \times \boldsymbol{F} = 0$$

那么该力可以表示为某标量场 V 的负梯度

$$\boldsymbol{F} = -\nabla V = -\left(\frac{\partial V}{\partial x}\boldsymbol{i} + \frac{\partial V}{\partial y}\boldsymbol{j} + \frac{\partial V}{\partial z}\boldsymbol{k}\right)$$

于是，元功为

$$\begin{aligned}
\mathrm{d}W &= \boldsymbol{F} \cdot \mathrm{d}\boldsymbol{r} \\
&= -\left(\frac{\partial V}{\partial x}\mathrm{d}x + \frac{\partial V}{\partial y}\mathrm{d}y + \frac{\partial V}{\partial z}\mathrm{d}z\right) = -\mathrm{d}V
\end{aligned}$$

可以将其视为功的全微分。于是有

$$\begin{aligned}
W &= \int_A^B \mathrm{d}W \\
&= \int_A^B (-\mathrm{d}V) = -(V_B - V_A)
\end{aligned}$$

这说明，旋度为零的力所做的功仅与初末位置相关，与运动路径无关。这种旋度为零的力被称为保守力。与之相关的标量场 V 被称为势场，而 $V(\boldsymbol{r})$ 表示质点在 $\boldsymbol{r}$ 处的势能。

（3）力矩的时间积累：冲量矩与角动量定理

将质点运动微分方程两边同时外积位矢 $\boldsymbol{r}$，有

$$\boldsymbol{r}\times\boldsymbol{F}=m\ddot{\boldsymbol{r}}\times\boldsymbol{r}$$

因为

$$\frac{\mathrm{d}}{\mathrm{d}t}(\boldsymbol{r}\times m\dot{\boldsymbol{r}})=\dot{\boldsymbol{r}}\times m\dot{\boldsymbol{r}}+\boldsymbol{r}\times m\ddot{\boldsymbol{r}}=\boldsymbol{r}\times m\ddot{\boldsymbol{r}}$$

所以

$$\boldsymbol{r}\times\boldsymbol{F}=\frac{\mathrm{d}(\boldsymbol{r}\times m\dot{\boldsymbol{r}})}{\mathrm{d}t} \tag{2.41}$$

通过对比下式与牛顿第二定律描述的运动微分方程，可以发现它们的结构完全相似。

$$\boldsymbol{F}=\frac{\mathrm{d}(m\dot{\boldsymbol{r}})}{\mathrm{d}t}$$

我们可以把运动微分方程理解为力 $\boldsymbol{F}$ 导致质点动量 $m\dot{\boldsymbol{r}}$ 的改变。同样地，我们也可以将式（2.41）理解为物理量 $\boldsymbol{M}$ 引起了物理量 $\boldsymbol{J}$ 的改变。

$$\boldsymbol{M}=\boldsymbol{r}\times\boldsymbol{F}$$

$$\boldsymbol{J}=\boldsymbol{r}\times m\dot{\boldsymbol{r}}$$

我们把 $\boldsymbol{M}$ 称为力矩，把 $\boldsymbol{J}$ 称为动量矩或角动量①。它们之间有以下定量关系。

$$\boldsymbol{M}=\frac{\mathrm{d}\boldsymbol{J}}{\mathrm{d}t} \tag{2.42}$$

在直角坐标系下，式（2.42）可以被展开为

$$\begin{cases}\dfrac{\mathrm{d}}{\mathrm{d}t}[m(y\dot{z}-z\dot{y})]=yF_z-zF_y\\ \dfrac{\mathrm{d}}{\mathrm{d}t}[m(z\dot{x}-x\dot{z})]=zF_x-xF_z\\ \dfrac{\mathrm{d}}{\mathrm{d}t}[m(x\dot{y}-y\dot{x})]=xF_y-yF_x\end{cases}$$

将上式两边对时间进行积分，我们可以得到力矩随时间的累积效应为

$$\int_{t_1}^{t_2}\boldsymbol{M}\mathrm{d}t=\boldsymbol{J}_{t_2}-\boldsymbol{J}_{t_1} \tag{2.43}$$

由此可见，力矩随时间的积累正是质点动量矩的增量。我们把力矩随时间的积累称为冲量矩，并把关系式称为动量矩定理。

$$\int_{t_1}^{t_2}\boldsymbol{M}\mathrm{d}t$$

（4）力矩的空间积累：无限小转动下的做功

我们还可以进一步探讨力矩的空间积累效应。如图 2.29 所示，如果我们关注一个非常微小的位移区间，那么质点的运动可以被视为一个平面内的无限小定轴转动。

在 2.1.3 节中介绍角速度时，我们了解到微小的转动可以被视为一个矢量。因此，在这短暂的时间段内，力矩的空间累积效应可以被视为力矩与微小转动矢量 $\mathrm{d}\theta\boldsymbol{k}$ 的内积。

① 动量矩之所以又名角动量是因为它与转动相关。

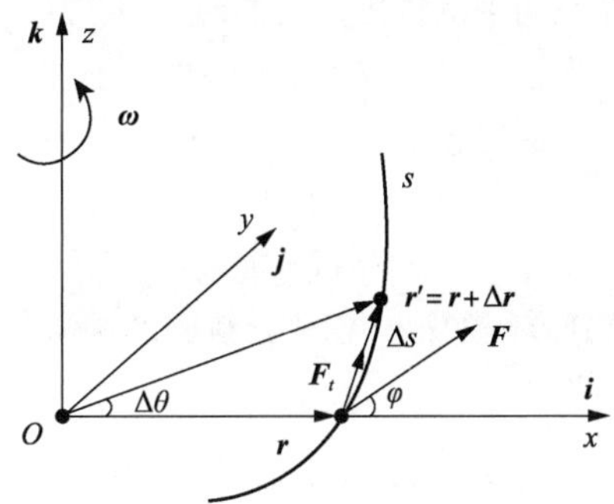

图 2.29　力矩的空间积累

$$\begin{aligned}\boldsymbol{M}\cdot \mathrm{d}\boldsymbol{\theta} &= \boldsymbol{r}\times\boldsymbol{F}\cdot(\mathrm{d}\theta\boldsymbol{k})\\ &=(rF\sin\varphi)\boldsymbol{k}\cdot(\mathrm{d}\theta\boldsymbol{k})\\ &=r\mathrm{d}\theta F\sin\varphi\\ &=F_t\cdot\mathrm{d}s\\ &=\boldsymbol{F}\cdot\mathrm{d}\boldsymbol{r}\\ &=\mathrm{d}W\end{aligned}$$

因此，我们可以得出，力矩的空间累积实际上是力矩对质点做的功。这个功会引起质点动能的变化。

$$\int_{\theta_1}^{\theta_2}\boldsymbol{M}\cdot\mathrm{d}\boldsymbol{\theta}=T_{\theta_2}-T_{\theta_1} \tag{2.44}$$

（5）运动的守恒定律：二阶微分方程的降阶

① 动量守恒定律。

根据动量定理，当质点未受到外力作用时，其所受冲量始终保持为零，导致其动量维持恒定。

$$\boldsymbol{p}=m\boldsymbol{v}=\text{常矢量} \tag{2.45}$$

这就是所谓的动量守恒定律。需要特别指出的是，即使质点受到的力并非为零，但若该力在某特定方向上的分量始终为零，则该方向上的动量分量仍然守恒。

② 动量矩守恒定律。

根据动量矩定理，当质点所受力矩为零时，其所受冲量矩恒为零，导致质点的角动量维持恒定。

$$\boldsymbol{J}=\boldsymbol{r}\times m\boldsymbol{v}=\text{常矢量} \tag{2.46}$$

这就是动量矩守恒定律。值得注意的是，根据外积的定义，当动量矩守恒时，质点会永远在 $\boldsymbol{r}$ 和 $\boldsymbol{v}$ 所确定的平面内运动。

③ 机械能守恒定律。

根据式（2.40），当质点所受力为保守力时，有

$$\begin{aligned}&\frac{1}{2}mv_B^2-\frac{1}{2}mv_A^2=V_A-V_B\\ &\Rightarrow\frac{1}{2}mv_B^2+V_B=V_A+\frac{1}{2}mv_A^2\\ &\Rightarrow T_A+V_A=T_B+V_B\end{aligned}$$

因此，我们获得了一个与质点在空间中的位置无关的恒定量。

$$E=T+V$$

该量被定义为机械能。当质点仅在保守力的作用下运动时，机械能将保持恒定，我们得到以下机械能守恒定律。

$$E=T+V=\text{常数} \tag{2.47}$$

3 个守恒定律都源于运动微分方程的第一积分，得到的结果是关于速度的方程。数学上，这些定律使得二阶微分方程降为一阶。

$$\phi(x,y,z;\dot{x},\dot{y},\dot{z};t)=0$$

对此式进一步积分，我们可以得到质点的运动方程

$$f(x,y,z,t)=0$$

2.2.6 有心力下的动力学：行星运动与粒子散射

（1）动力学方程

在自然界中，许多情况下物体所受力的作用线会交汇于空间的一点。这个交汇点被称为力心，而具有这一性质的力被称为有心力。当以力心为参照建立参考系时，有心力可以从形式上表示为

$$\boldsymbol{F}=F(r)\frac{\boldsymbol{r}}{r}$$

据此可以计算出质点在有心力作用下的力矩

$$\boldsymbol{r}\times\boldsymbol{F}=F(r)\frac{\boldsymbol{r}\times\boldsymbol{r}}{r}=0$$

根据式（2.46），系统的动量矩是守恒的，导致质点在与动量矩垂直的平面内进行运动。

$$\boldsymbol{J}=\boldsymbol{r}\times m\boldsymbol{v}$$

因此，如图 2.30 所示，以力心作为极点，采用平面极坐标系描述质点在有心力作用下的运动是更为合理的选择。

依据极坐标系下的加速度表达式（2.9）和式（2.10），利用牛顿定律可得质点的运动微分方程

$$\begin{cases} m(\ddot{r}-r\dot{\theta}^2)=F_r=F(r) \\ m(r\ddot{\theta}+2\dot{r}\dot{\theta})=F_\theta=0 \end{cases}$$

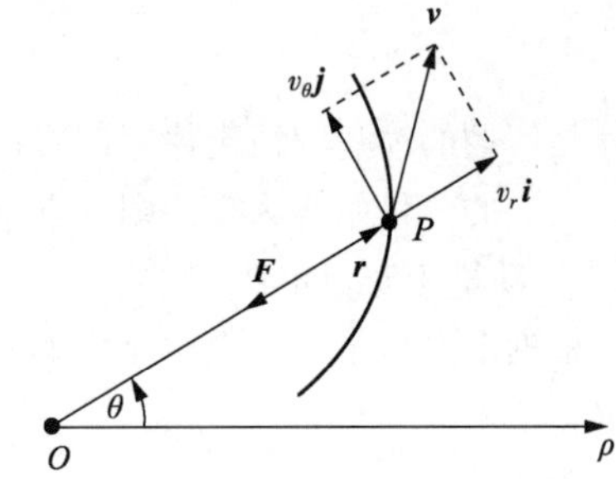

图 2.30　有心力作用下质点运动的极坐标描述

考虑式（2.11），在有心力作用下，式（2.48）表示的为一常量。

$$r^2\dot{\theta}=h \tag{2.48}$$

将其两边同时乘以质量 m，可得

$$mr^2\dot{\theta}=mh$$

因为

$$\boldsymbol{J}=\boldsymbol{r}\times m\boldsymbol{v}=r\boldsymbol{i}\times m(\dot{r}\boldsymbol{i}+r\dot{\theta}\boldsymbol{j})=mr^2\dot{\theta}\boldsymbol{k}$$

所以，可以认为式（2.48）实际上表示了动量矩的守恒定律。借助式（2.12），我们可以得出结论，在有心力的作用下，质点的掠面速度是恒定的。综上所述，我们已经建立了在有心力情况

下，质点在极坐标系中的基本运动微分方程组。

$$\begin{cases} m(\ddot{r}-r\dot{\theta}^2)=F(r) \\ r^2\dot{\theta}=h \end{cases} \tag{2.49}$$

对这一方程组进行求解，我们可以得到质点的运动方程 $r(t)$、$\theta(t)$ 和轨道方程 $f(r,\theta)=0$。

实际上，有心运动不仅满足角动量守恒，还同时满足机械能守恒。根据式（1.59），在柱坐标系下，旋度可以表示为

$$\nabla=\frac{\partial}{\partial r}\boldsymbol{i}+\frac{1}{r}\frac{\partial}{\partial \theta}\boldsymbol{j}+\frac{\partial}{\partial z}\boldsymbol{k}$$

据此我们可以计算有心力的旋度

$$\nabla\times\boldsymbol{F}=\begin{vmatrix} \boldsymbol{i} & \boldsymbol{j} & \boldsymbol{k} \\ \frac{\partial}{\partial r} & \frac{1}{r}\frac{\partial}{\partial \theta} & \frac{\partial}{\partial z} \\ F_r & F_\theta & 0 \end{vmatrix}=\left(\frac{\partial}{\partial r}F_\theta-\frac{1}{r}\frac{\partial}{\partial \theta}F_r\right)\boldsymbol{k}=0$$

这表明有心力是保守力，因此它一定对应着一个势场

$$\boldsymbol{F}=-\nabla V=-\frac{\mathrm{d}V(r)}{\mathrm{d}r}\boldsymbol{i}$$

于是，在有心力作用下，质点的机械能守恒

$$\frac{1}{2r}m(\dot{r}^2+r^2\dot{\theta}^2)+V(r)=E \tag{2.50}$$

利用式（2.50）替代式（2.49）中的二阶微分方程，我们可以将有心力作用下质点的动力学方程重新表述为两个一阶微分方程

$$\begin{cases} \frac{1}{2r}m(\dot{r}^2+r^2\dot{\theta}^2)+V(r)=E \\ r^2\dot{\theta}=h \end{cases} \tag{2.51}$$

（2）轨道微分方程

如图 2.31 所示，仰望星空，群星闪烁，美不胜收。经过伟大的科学家如第谷、开普勒以及牛顿的努力，人类成功揭示了星体运动轨迹的奥秘，最终发现了普遍存在的万有引力。

在此基础上，人类开启了航空航天时代，拓展了我们的生存空间。如图 2.32 所示，中国在航空航天领域成绩斐然。

图 2.31　星体的运动轨迹

图 2.32　中国祝融号火星探测器

然而，正是由于万有引力的吸引作用，我们也担心一旦这些“天外来客”的运动轨迹延伸到了地球的附近，可能会带来巨大的碰撞破坏。所以，理解天体运动轨迹，从而获取天体间的相互作用信息以及利用相互作用控制天体的运动成了人类的重要关切点，如图 2.33 所示。

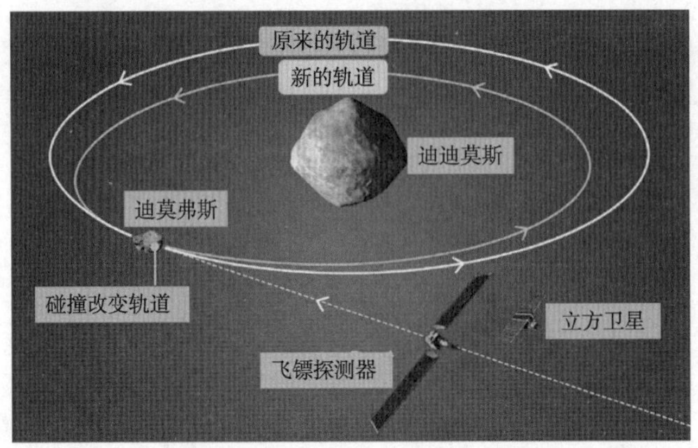

图 2.33　2022 年 9 月美国国家航天局进行双小行星重定向测试

同样的道理也适用于微观粒子的运动研究。通过分析微观粒子的运动轨迹，我们能够深入了解它们之间的相互作用情况，从而推测或验证微观物质的种类、结构以及相互作用规律。一个典型的例子是 α 粒子散射实验（又称卢瑟福 α 粒子散射实验），如图 2.34 所示。实际上，它在物理学中扮演着重要角色，散射技术已经成了研究物质性质的重要工具。

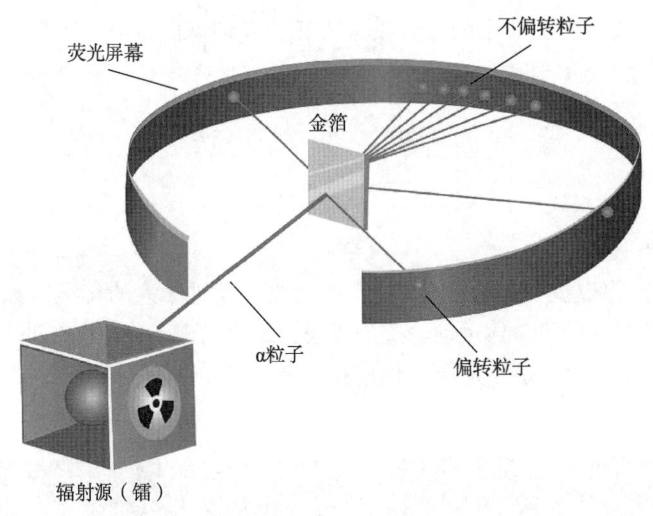

图 2.34　α 粒子散射实验

在研究天体运动和粒子散射时，我们可以将其视为受有心力作用的质点运动问题①。为了深入探索轨道与受力之间的关系，我们需要将式（2.49）中与时间相关的变量 $\ddot{r}$ 及 $\dot{\theta}$ 用轨道变量 r 和 θ 表示。值得注意的是，式（2.49）中 r^2 与 $\dot{\theta}$ 成反比，这使得与之相关的微积分操作变得比较烦琐。因此，我们设

① 本书不考虑相对论效应、量子效应等非牛顿力学内容。

$$u=\frac{1}{r}$$

从而将式（2.48）改写为

$$\dot{\theta}=hu^2$$

进一步，有

$$\dot{r}=\frac{\mathrm{d}r}{\mathrm{d}t}=\frac{\mathrm{d}r}{\mathrm{d}\theta}\frac{\mathrm{d}\theta}{\mathrm{d}t}=\frac{\mathrm{d}}{\mathrm{d}\theta}\left(\frac{1}{u}\right)\frac{\mathrm{d}\theta}{\mathrm{d}t}=-\frac{1}{u^2}\dot{\theta}\frac{\mathrm{d}u}{\mathrm{d}\theta}=-h\frac{\mathrm{d}u}{\mathrm{d}\theta}$$

$$\ddot{r}=\frac{\mathrm{d}\dot{r}}{\mathrm{d}t}=\frac{\mathrm{d}}{\mathrm{d}t}\left(-h\frac{\mathrm{d}u}{\mathrm{d}\theta}\right)=-h\frac{\mathrm{d}}{\mathrm{d}\theta}\left(\frac{\mathrm{d}u}{\mathrm{d}\theta}\right)\cdot\frac{\mathrm{d}\theta}{\mathrm{d}t}=-h^2u^2\frac{\mathrm{d}^2u}{\mathrm{d}\theta^2}$$

这样，我们建立了 $\dot{r}$、$\ddot{r}$、$\dot{\theta}$ 与 $u(r)$ 和 θ 的转换关系式。将其代入式（2.49）中的第一项可以得到

$$h^2u^2\left(\frac{\mathrm{d}^2u}{\mathrm{d}\theta^2}+u\right)=-\frac{F(u)}{m} \tag{2.52}$$

按照惯例，我们通常规定 $F(u)>0$表示排斥力，而 $F(u)<0$表示吸引力。式（2.52）被称为比耐公式。通过观察这一公式，我们可以得出以下结论：若已知质点的运动方程 $u(\theta)$，则能够计算质点所受的力。

$$F(u)=-mh^2u^2\left(\frac{\mathrm{d}^2u}{\mathrm{d}\theta^2}+u\right)$$

反之，如果我们了解质点所受的力 $F(u)$，通过求解式（2.52），就能够确定质点的运动轨道 $u(\theta)$。

（3）行星运动

考虑太阳系中行星如何围绕太阳运动这一问题。为了简化分析，我们将重点放在一个单独的行星围绕太阳的运动上①。根据万有引力的定义，两者之间的作用力可以表示为

$$F=-\frac{Gm_{\mathrm{S}}m}{r^2}=-\frac{k^2m}{r^2}=-mk^2u^2$$

其中，$k^2=Gm_{\mathrm{S}}$ 代表太阳的高斯常数。将这一关系代入比耐公式，得到

$$\frac{\mathrm{d}^2u}{\mathrm{d}\theta^2}+u=\frac{k^2}{h^2} \tag{2.53}$$

引入高斯常数后，比耐公式变得更加简明。式（2.53）是一个二阶常系数微分方程。为了求解它，我们可以考虑首先消除式（2.53）等号右侧的常数，从而获得一个更容易求解的微分方程。

$$\frac{\mathrm{d}^2u}{\mathrm{d}\theta^2}+u=0 \tag{2.54}$$

很容易验证，如果式（2.54）的解为 u^*，那么 $u^*+\frac{k^2}{h^2}$一定是式（2.53）的解。由于指数函数的二阶导数与原函数具有相同的形式，因此我们可以利用指数函数将式（2.54）转化为一个初等代数方程。设 $u=ce^{\lambda\theta}$，代入式（2.54）中，得到

① 这个模型明显被进行了简化，特别是没有考虑太阳与太阳系中其他行星之间的相互作用。但考虑到太阳的质量远大于其他天体，且太阳在太阳系中占据主导地位，将太阳和单一行星视为一个孤立的两体系统，的确是一个合理的简化选择。这种简化有助于我们更容易地理解和分析问题，而不会在复杂的交互作用中失去方向。

$$c\lambda^2 e^{\lambda\theta}+ce^{\lambda\theta}=0$$
$$\Rightarrow\lambda^2+1=0$$
$$\Rightarrow\lambda=\pm\mathrm{i}$$

从而我们可以求得式（2.53）的通解为

$$u=c_1e^{\mathrm{i}\theta}+c_2e^{-\mathrm{i}\theta}+\frac{k^2}{h^2}=A\cos(\theta-\theta_0)+\frac{k^2}{h^2}$$

将 u 与 r 的关系代入上式，得到

$$r=\frac{1}{u}=\frac{h^2/k^2}{1+(Ah^2/k^2)\cos(\theta-\theta_0)}$$

这一表达式的形式还可以继续被优化，我们可以通过令

$$p=\frac{h^2}{k^2}$$
$$e=A\frac{h^2}{k^2}=Ap$$
$$\theta_0=0$$

整理得到

$$r=\frac{p}{1+e\cos\theta} \tag{2.55}$$

值得注意的是，式（2.55）是圆锥曲线方程，这意味着行星的运动轨迹为圆锥曲线。这一发现为我们理解太阳系中行星的运动提供了极大的帮助。

当 $e<1$ 时，式（2.55）所描述的曲线为椭圆曲线。椭圆的典型几何特征如图 2.35 所示。

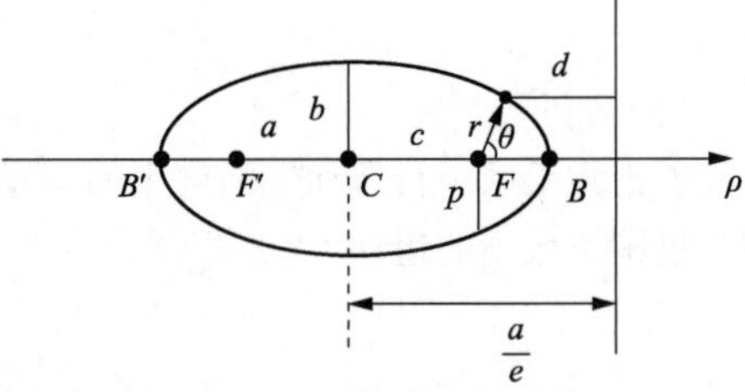

图 2.35　椭圆的典型几何特征

在这种情境下，太阳位于椭圆的一个焦点，被记为 F。此椭圆的焦距被记为 c，半长轴和半短轴分别为 a 和 b，偏心率被记为 e。行星的位矢为 $\boldsymbol{r}$，它与极轴的夹角为 θ，行星到准线的距离为 d。根据椭圆的定义，有

$$e=\frac{c}{a}=\frac{r}{d}$$
$$a^2=b^2+c^2$$

当行星位于近日点时，有

$$r_1=a-c$$
$$\theta=0$$

当行星位于远日点时，有

$$r_2=a+c$$
$$\theta=\pi$$

将以上关系代入轨道方程，有

$$a+c=\left.\frac{p}{1+e\cos\theta}\right|_{\theta=\pi}=\frac{p}{1-e}$$
$$a-c=\left.\frac{p}{1+e\cos\theta}\right|_{\theta=0}=\frac{p}{1+e}$$

需要注意的是，当 $\theta=\frac{\pi}{2}$时，有

$$r=p$$

据此，我们可以推导出正交弦的长度为

$$p=r(1+e\cos\theta)\Big|_{\theta=\frac{\pi}{2}}=a(1-e^2)=\frac{b^2}{a} \tag{2.56}$$

当 $e=1$ 时，式（2.55）所描述的曲线为抛物线。如图 2.36 所示，抛物线的正交弦长度为

$$p=2q$$

而当 $e=\frac{c}{a}=\frac{r_1}{d_1}<1$ 时，式（2.55）所描述的曲线为双曲线。如图 2.37 所示，由于行星之间的引力作用具有吸引性质，因此轨道应选择双曲线的左侧分支。

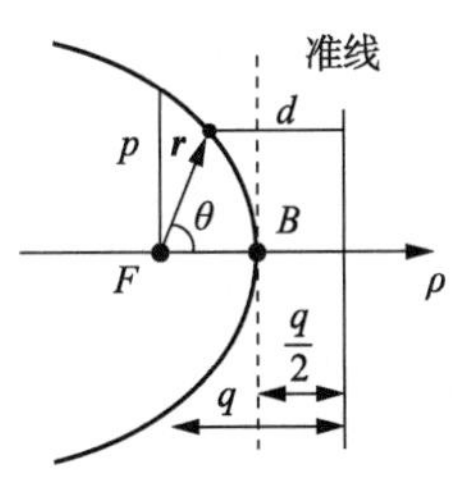

图 2.36　抛物线轨迹

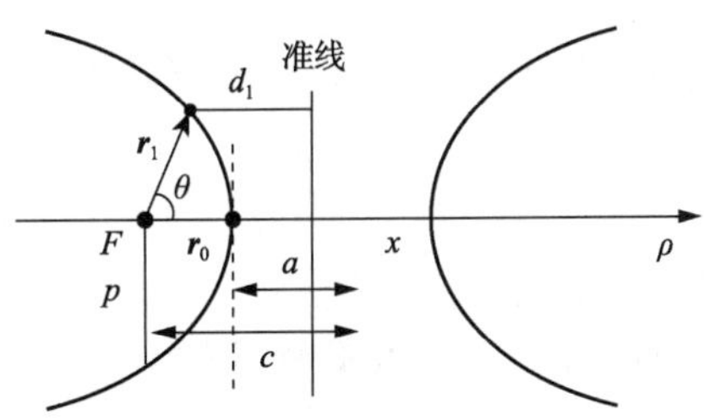

图 2.37　双曲线轨迹

注意

$$a^2=b^2+c^2$$

根据 e 的定义，有

$$e=\sqrt{1+\left(\frac{b}{a}\right)^2}$$

由式（2.55）得，当 $\theta=\frac{\pi}{2}$时

$$r_0=\frac{p}{1+e}$$

$$\Rightarrow p=r_0(1+e)=a(e^2-1)$$

在深入研究了多种可能的轨道之后，我们将探讨行星在何种条件下会沿相应的轨道运动。由于万有引力的存在，行星所具有的势能为

$$V=\int_{\infty}^{r}-\boldsymbol{F}\cdot\mathrm{d}\boldsymbol{r}=\int_{\infty}^{r}\frac{k^2}{r^2}m\cdot\mathrm{d}r=-\frac{k^2m}{r}$$

根据机械能守恒定律，有

$$\frac{1}{2}m(\dot{r}^2+r^2\dot{\theta}^2)-\frac{k^2m}{r}=E \tag{2.57}$$

其中，速度分量为

$$\dot{r}=\frac{\mathrm{d}r}{\mathrm{d}t}=\dot{\theta}\frac{\mathrm{d}r}{\mathrm{d}\theta}=\frac{h}{r^2}\frac{\mathrm{d}r}{\mathrm{d}\theta}$$

求解上式，我们可以得到

$$r=\frac{h^2/k^2}{1+\sqrt{1+2h^2E/(mk^4)}\cos\theta}$$

结合轨道方程，得到

$$e=\sqrt{1+\frac{2E}{m}\left(\frac{h}{k^2}\right)^2}$$

因此，根据总机械能 E 的值，我们可以确定轨道的类型。

$$\begin{cases}E<0\Rightarrow e<1\Rightarrow \text{轨道为椭圆曲线}\\ E=0\Rightarrow e=1\Rightarrow \text{轨道为抛物线}\\ E>0\Rightarrow e>1\Rightarrow \text{轨道为双曲线}\end{cases} \tag{2.58}$$

历史上，人们首先通过观察行星的运动特性来了解天体的行为。正是基于这些观察，开普勒总结出了著名的开普勒三定律。随后，牛顿通过深入的分析和研究，成功地推导出了万有引力定律。凭借有心力的知识，我们可以重现这一历史性的发现过程。

① 开普勒第一定律。

行星绕太阳做椭圆运动，太阳位于椭圆的一个焦点上。

$$r=\frac{1}{u}=\frac{p}{1+e\cos\theta}$$

② 开普勒第二定律。

行星和太阳之间的连线，在相等时间内所扫过的面积相等。

$$u_A=\frac{\mathrm{d}A}{\mathrm{d}t}=\text{常数}$$

③ 开普勒第三定律。

行星公转周期的二次方和轨道半长轴的三次方成正比。

$$\tau^2\propto a^3$$

首先，我们探讨开普勒第二定律。结合图 2.8 和式（2.11），我们可以得出

$$\frac{\mathrm{d}A}{\mathrm{d}t}=\lim_{\Delta t\to 0}\frac{\Delta A}{\Delta t}=\lim_{\Delta t\to 0}\frac{1}{\Delta t}\left[\frac{1}{2}r(r\Delta\theta)\right]=\frac{1}{2}r^2\dot{\theta}=\text{常数}$$

$$\Rightarrow 2\dot{A}=r^2\dot{\theta}$$

$$\Rightarrow mr^2\dot{\theta}=mh=\text{常数}$$

这表明行星的动量矩是守恒的。这意味着行星所受的力是有心力，并且太阳位于该力的力心。

接下来，我们探讨开普勒第一定律。将轨道方程代入比耐公式，得到

$$F=-mh^2u^2\left(\frac{\mathrm{d}^2u}{\mathrm{d}\theta^2}+u\right)=-\frac{mh^2u^2}{p}=-\frac{h^2}{p}\frac{m}{r^2}$$

这说明行星所受的力是引力，且与行星与太阳的距离的二次方成反比。值得注意的是，该公式中的 $\frac{h^2}{p}$ 项与行星本身无关，这是开普勒第三定律所揭示的内容。

开普勒第三定律涉及行星的公转周期。由于轨道上的掠面速度恒定，即

$$v_A=\frac{\mathrm{d}A}{\mathrm{d}t}=\frac{1}{2}r^2\dot{\theta}=\frac{1}{2}h$$

而整个轨道面积为

$$A=\pi ab$$

因此公转周期为

$$\tau=\frac{A}{v_A}=\frac{2\pi ab}{h}$$

将其代入开普勒第三定律，并结合式（2.56）的结论$\frac{b^2}{a}=p$，我们可以得到

$$\frac{\tau^2}{a^3}=\frac{4\pi^2b^2}{h^2a}=\frac{4\pi^2p}{h^2}=\text{常量}$$

$$\Rightarrow\frac{h^2}{p}=\text{常量}=k^2$$

由此，我们可以推导出牛顿在1687年给出的万有引力定律的核心公式

$$F=-k^2\frac{m}{r^2}$$

$$k=\frac{2\pi a^{3/2}}{\tau}$$

（4）宇宙速度

根据式（2.58），行星运动的轨道与其所携带的能量相关。如果人类希望脱离地球，甚至太阳系，进行宇宙探索，必须为此准备充足的能量。考虑将一个卫星发射到绕地球的轨道上，这个卫星至少需要具有绕地球表面做圆周运动的能量。根据机械能守恒定律，有

$$\frac{1}{2}mv_1^2-\frac{k^2m}{r}=-\frac{k^2m}{2a}\bigg|_{a=r}=-\frac{k^2m}{2r}$$

其中，常数k可以通过地球表面的重力加速度来估算。

$$G\frac{m_{\mathrm{E}}m}{r^2}=\frac{k^2m}{r^2}\approx mg$$

$$\Rightarrow k^2=gr^2$$

这样，我们得到了一个卫星要在地球轨道上稳定飞行所需的最低速度，这就是所谓的第一宇宙速度

$$v_1=\sqrt{gr}\approx 7.9\ \mathrm{km/s}$$

而如果我们希望完全脱离地球的束缚，需要克服地球的万有引力做功。利用机械能守恒定律，有

$$\frac{1}{2}mv_2^2-\frac{k^2m}{r}=E=0$$

得到第二宇宙速度

$$v_2^2=\frac{2k^2}{r}=\frac{2Gm_{\mathrm{E}}}{r}=2gr=2v_1^2$$

$$\Rightarrow v_2=\sqrt{2}v_1\approx 11.2\ \mathrm{km/s}$$

进一步设想，要脱离太阳系的束缚，我们可以用类似的方式来计算所需的速度。根据机械能守恒定律，得到

$$\frac{1}{2}mv^2-\frac{mk'^2}{r'}=E=0,\quad k'^2=Gm_{\mathrm{S}}$$

进一步整理，有

$$v^2=\frac{2k'^2}{r'}=\frac{2Gm_{\mathrm{S}}}{r'}$$

从而

$$v=v_2\sqrt{\frac{m_S r}{m_E r'}}=11.2\sqrt{\frac{333000}{23400}}\approx 42\ \mathrm{km/s}$$

其中太阳与地球的质量比 m_S/m_E 约为333000，而地球绕太阳公转的轨道半径与地球半径之比 r'/r 约为23400。当然，由于地球本身在太阳系内具有公转速度，因此卫星相对于地球的实际发射速度可以相应地减少。

$$v_{初}=v-v_{公转}\approx 42-30=12\ \mathrm{km/s}$$

为了真正达到上述速度，我们还必须考虑克服地球的引力。根据能量守恒，有

$$\frac{1}{2}mv_3^2-\frac{k^2m}{r}=\frac{1}{2}mv_{初}^2$$

$$\frac{k^2m}{r}=\frac{1}{2}mv_2^2$$

从上述方程中，我们可以推导出从地球表面发射物体所需的初速度

$$v_3=\sqrt{v_2^2+v_{初}^2}=\sqrt{11.2^2+12^2}\approx 16.4\ \mathrm{km/s}$$

这被称为第三宇宙速度。然而，考虑到太阳系内其他天体的影响，实际所需的第三宇宙速度需要进行微调，约为16.7 km/s。

对第三宇宙速度的详细推导超出了本书的范围，因此我们不再进一步探讨。

(5) 粒子散射

在考虑 α 粒子散射问题时，粒子所受的有心力可以被近似为库仑排斥力。

$$F=\frac{1}{4\pi\varepsilon}\frac{2e\cdot Ze}{r^2}=\frac{k'}{r^2}$$

如图2.37所示，粒子的运动轨迹应为双曲线的右支。考虑到粒子的势能为

$$V-\int F\mathrm{d}r=-\int\frac{k'}{r^2}\mathrm{d}r=\frac{k'}{r}+c$$

选择无穷远处作为势能的零点，势能函数可以被简化为

$$V=\frac{k'}{r}$$

根据机械能守恒，有

$$\frac{1}{2}m(\dot{r}^2+r^2\dot{\theta}^2)+\frac{k'}{r}=E$$

这意味着

$$V>0,\ E_k>0$$

$$\Rightarrow E>0$$

将库仑排斥力代入比耐公式，有

$$-h^2u^2\left(\frac{\mathrm{d}^2u}{\mathrm{d}\theta^2}+u\right)=\frac{F(r)}{m}$$

得到

$$-h^2u^2\left(\frac{\mathrm{d}^2u}{\mathrm{d}\theta^2}+u\right)=\frac{k'u^2}{m}$$

$$\Rightarrow\frac{\mathrm{d}^2v}{\mathrm{d}\theta^2}+u=-\frac{k'}{mh^2}$$

令

$$c=-\frac{k'}{mh^2}$$

$$y=u-c$$

得到

$$\frac{\mathrm{d}^2y}{\mathrm{d}\theta^2}+y=0$$

此方程的通解为

$$y=A\cos\theta+B\sin\theta$$

因此，粒子的轨道方程为

$$\frac{1}{r}=u=A\cos\theta+B\sin\theta+c \tag{2.59}$$

在式（2.59）中，参数 A 和 B 的确定与粒子的初始运动状态有关。我们以 α 粒子散射为例，具体说明其求解过程。

如图 2.38 所示，将 ρ 定义为粒子的瞄准距离，即当粒子从无穷远处入射时，其速度所在直线与靶粒子的垂线距离。φ 是散射角，表示粒子与靶粒子碰撞后的离开方向。通过图 2.38，我们可以观察到

$$\theta\to\pi$$

$$\Rightarrow r\to\infty$$

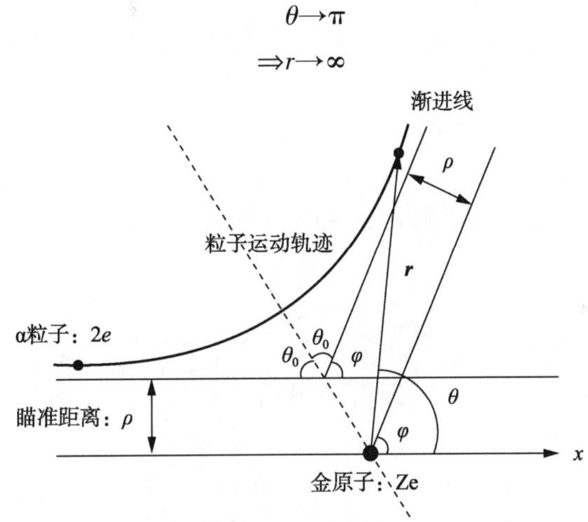

图 2.38　α 粒子散射示意

由此，将其代入式（2.59），得到

$$A=c$$

因此

$$u=c(1+\cos\theta)+B\sin\theta$$

同时，考虑到

$$y=r\sin\theta$$

$$\Rightarrow\frac{1}{y}=\frac{1}{r\sin\theta}=\frac{u}{\sin\theta}$$

$$\Rightarrow u=\frac{\sin\theta}{y}$$

我们可以得到

$$\frac{\sin\theta}{y}=c(1+\cos\theta)+B\sin\theta$$

$$\Rightarrow\frac{1}{y}=\frac{c(1+\cos\theta)}{\sin\theta}+B$$

如图 2. 38 所示，当 $\theta\to\pi$，有 $y\to\rho$。因此，可得到

$$\frac{1}{\rho}=\frac{1}{r\sin\theta}\bigg|_{\theta=\pi}=\left[\frac{c(\cos\theta+1)}{\sin\theta}+B\right]\bigg|_{\theta=\pi}=B \tag{2.60}$$

从上述结果，我们可以得出

$$u=c(\cos\theta+1)+\frac{1}{\rho}\sin\theta$$

由于 $\theta\to\pi$ 时，$r\to\infty$，同时考虑到

$$c=-\frac{k'}{mh^2}=-\frac{k'}{m\rho^2v_\infty^2}$$

将其代入式（2. 60），得到瞄准距离与散射角之间的定量关系

$$\rho=\frac{k'}{mv_\infty^2}\cot\frac{\varphi}{2} \tag{2.61}$$

如图 2. 39 所示，我们可以通过围绕散射材料放置的探测器收集到各个方向的出射粒子数目。显然，出射粒子数目 N 与单位时间入射粒子密度 n、靶原子结构尺寸等因素相关。为了量化这一关系，我们定义微分散射截面为

$$\mathrm{d}\sigma=\frac{\mathrm{d}N}{n}$$

如图 2. 39 所示，单位时间内在瞄准距离 $\mathrm{d}\rho$ 范围内入射粒子数目为

$$\mathrm{d}N=2\pi\rho\mathrm{d}\rho\cdot n$$

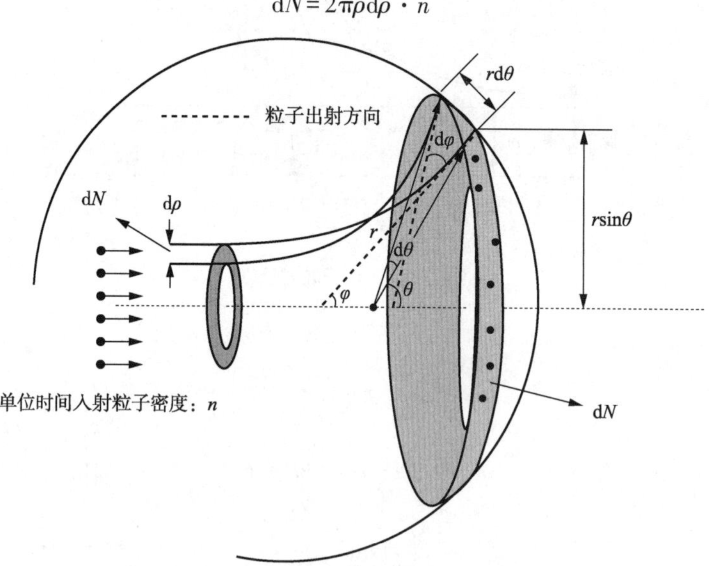

图 2. 39　探测器收集散射后的 α 粒子

所有这些粒子应散射到图 2. 39 所示的 $\mathrm{d}\varphi$ 角度范围内，并由探测器捕获。基于瞄准距离与散射方向之间的关系式，我们可以得到 1911 年由卢瑟福提出的微分散射截面公式，即

$$\mathrm{d}\sigma=\left(\frac{k'}{2mv_\infty^2}\right)^2\cdot\frac{2\pi\sin\varphi}{\sin^4\varphi/2}\cdot\mathrm{d}\varphi$$

历史上，卢瑟福通过实际测量微分散射截面数据，推断原子核的半径小于 10^{-14} m。在现代物理研究中，粒子碰撞散射实验已经成了探索微观粒子行为的关键技术手段。

2.3 增加对象：多质点共同运动的情况

前文，我们关注的主要焦点是单个质点的运动。然而，当多个质点共同运动并相互作用时，它们形成一个运动的集体，我们称之为质点系（统）。每个质点在质点系中的运动可以通过对应的动力学方程得到

$$\boldsymbol{F}_i=m_i\frac{\mathrm{d}\boldsymbol{r}}{\mathrm{d}t} \tag{2.62}$$

$$\boldsymbol{F}_i=\boldsymbol{F}_i^{\text{out}}+\sum_j\boldsymbol{F}_{j\to i}^{\text{in}}$$

其中，$\boldsymbol{F}_i$ 是作用在第 i 个质点上的总力。这个总力可以被视为由两部分组成：质点系外部的力 $\boldsymbol{F}_i^{\text{out}}$ 和质点系内部其他质点施加的力 $\sum_j\boldsymbol{F}_{j\to i}^{\text{in}}$。我们将质点间的相互作用力称为内力，将外部施加的力称为外力。

通过式（2.62）我们可以看出，随着质点数量的增加，确定每个质点的详细运动情况将变得越来越困难。但是，值得注意的是，当多个质点联结形成一个质点系时，它们的集体运动往往表现得相对简单，并且与单个质点的行为相似。这种集体运动可以通过汇总所有质点的运动信息来描述。

（1）质点系的动量

$$\boldsymbol{p}=\sum_{i=1}^n\boldsymbol{p}_i=\sum_{i=1}^n m_i\boldsymbol{v}_i$$

（2）质点系的动量矩

$$\boldsymbol{J}=\sum_{i=1}^n\boldsymbol{J}_i=\sum_{i=1}^n\boldsymbol{r}_i\times\boldsymbol{p}_i$$

（3）质点系的动能

$$T=\sum_{i=1}^n T_i=\sum_{i=1}^n\frac{1}{2}m_iv_i^2$$

这些物理量代表了质点系的运动特性，并受到质点系受力的影响。

由于内力是质点间相互作用的结果，根据牛顿第三定律，有

$$\boldsymbol{F}_{ij}=-\boldsymbol{F}_{ji}$$

因此，质点系中所有内力的矢量和为

$$\boldsymbol{F}^{\text{in}}=\sum_{i=1}^n\sum_{\substack{j=1\\j\neq i}}^n\boldsymbol{f}_{ij}=0 \tag{2.63}$$

类似地，质点系中所有内力对任意一个参考点的力矩的矢量和也等于零，即

$$\boldsymbol{M}=\sum_{i=1}^n\boldsymbol{r}_i\times\boldsymbol{F}_i^{\text{in}}=0 \tag{2.64}$$

如图 2.40 所示，式（2.64）的证明如下。

$$\begin{aligned}\boldsymbol{M}_{1,2}&=\boldsymbol{r}_1\times\boldsymbol{f}_{12}+\boldsymbol{r}_2\times\boldsymbol{f}_{21}\\&=(\boldsymbol{r}_2-\boldsymbol{r}_1)\times\boldsymbol{f}_{21}\\&=\boldsymbol{r}\times\boldsymbol{f}_{21}=-\boldsymbol{r}\times\boldsymbol{f}_{12}=0\end{aligned}$$

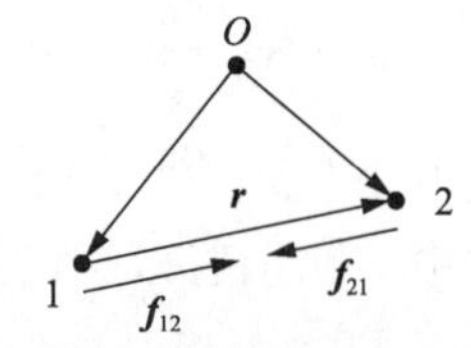

图 2.40　质点系中的相互作用

根据式（2.63）和式（2.64），内力对质点系集体运动的影响可能较为简单，因此我们可以将质点系的运动信息集中到一个假想的质点——质心上。将质心的质量定义为质点系的总质量

$$\sum_{i=1}^{n} m_i = m$$

而将质心的位置定义为所有质点位置关于质量分布的加权平均

$$\boldsymbol{r}_c = \frac{\sum_{i=1}^{n} m_i \boldsymbol{r}_i}{\sum_{i=1}^{n} m_i}$$

进一步，质心的速度为

$$\dot{\boldsymbol{r}}_c = \boldsymbol{v}_c = \frac{1}{m}\sum_{i=1}^{n} m_i \dot{\boldsymbol{r}}_i = \frac{\boldsymbol{p}}{m}$$

从上述定义中可以明显看出，质心的运动描述与单一质点的情况完全一致。这为我们提供了一个深具启示性的模型，允许我们使用单一质点的运动特性来代表整个质点系的集体运动特性。

2.3.1　质心运动：集体运动的抽象代表

（1）动量定理

考虑质点系中的每一个质点，其动力学方程为

$$m_i\ddot{\boldsymbol{r}}_i=\boldsymbol{F}_i^{\text{out}}+\boldsymbol{F}_i^{\text{in}}\quad i=1,2,\cdots,n$$

对所有 i 求和，得到

$$\sum_{i=1}^{n} m_i \ddot{\boldsymbol{r}}_i = \sum_{i=1}^{n} \boldsymbol{F}_i^{\text{out}} + \sum_{i=1}^{n} \boldsymbol{F}_i^{\text{in}} \tag{2.65}$$

由于质点系的内力之和为零，上述方程可被进一步简化为

$$\sum_{i=1}^{n} \frac{\mathrm{d}}{\mathrm{d}t}(m_i \dot{\boldsymbol{r}}_i) = \sum_{i=1}^{n} \boldsymbol{F}_i^{\text{out}}$$

交换求和与求导的顺序，得到

$$\sum_{i=1}^{n} \frac{\mathrm{d}}{\mathrm{d}t}(m_i \dot{\boldsymbol{r}}_i) = \frac{\mathrm{d}}{\mathrm{d}t}\sum_{i=1}^{n}(m_i \dot{\boldsymbol{r}}_i) = \frac{\mathrm{d}}{\mathrm{d}t}\sum_{i=1}^{n}(m_i \boldsymbol{v}_i) = \frac{\mathrm{d}\boldsymbol{p}}{\mathrm{d}t}$$

进一步整理，我们可以将质心的动量表示为

$$\begin{gathered}\frac{\mathrm{d}\boldsymbol{p}}{\mathrm{d}t} = \sum_{i=1}^{n} \boldsymbol{F}_i^{\text{out}}\\ \boldsymbol{p} = \int\Big(\sum_{i=1}^{n} \boldsymbol{F}_i^{\text{out}}\Big)\,\mathrm{d}t\end{gathered} \tag{2.66}$$

这就是质点系（质心）的动量定理。在形式上，它与单个质点的动量定理完全相同。利用此定理，我们可以解决质心的运动问题。重要的是，式（2.66）中并未出现内力项。这说明，尽管内力可以改变单个质点的动量，但它并不会影响整个质点系（即质心）的动量。

（2）动量矩定理

为了研究质点系的整体性质，用 $\boldsymbol{r}_i$ 对微分方程的两侧进行左外积，并对 i 求和，得到

$$\sum_{i=1}^{n} m_i\left(\boldsymbol{r}_i \times \frac{\mathrm{d}^2\boldsymbol{r}_i}{\mathrm{d}t^2}\right) = \sum_{i=1}^{n}(\boldsymbol{r}_i \times \boldsymbol{F}_i^{\text{out}}) + \sum_{i=1}^{n}(\boldsymbol{r}_i \times \boldsymbol{F}_i^{\text{in}})$$

由于质点系内力的力矩总和为零，结合

$$\frac{\mathrm{d}}{\mathrm{d}t}\left(\boldsymbol{r}_i\times\frac{\mathrm{d}\boldsymbol{r}_i}{\mathrm{d}t}\right)=\frac{\mathrm{d}\boldsymbol{r}_i}{\mathrm{d}t}\times\frac{\mathrm{d}\boldsymbol{r}_i}{\mathrm{d}t}+\boldsymbol{r}_i\times\frac{\mathrm{d}^2\boldsymbol{r}_i}{\mathrm{d}t^2}=\boldsymbol{r}_i\times\frac{\mathrm{d}^2\boldsymbol{r}_i}{\mathrm{d}t^2}$$

有

$$\frac{\mathrm{d}}{\mathrm{d}t}\sum_{i=1}^{n}\left(\boldsymbol{r}_i \times m_i\frac{\mathrm{d}\boldsymbol{r}_i}{\mathrm{d}t}\right) = \sum_{i=1}^{n}(\boldsymbol{r}_i \times \boldsymbol{F}_i^{\text{out}})$$

定义质点系的总动量矩和受到的总外力矩为

$$\boldsymbol{J} = \sum_{i=1}^{n}(\boldsymbol{r}_i \times \boldsymbol{p}_i)$$

$$\boldsymbol{M} = \sum_{i=1}^{n}(\boldsymbol{r}_i \times \boldsymbol{F}_i^{\text{out}})$$

得到以下关系

$$\frac{\mathrm{d}\boldsymbol{J}}{\mathrm{d}t}=\boldsymbol{M} \qquad (2.67)$$

$$\boldsymbol{J} = \int\boldsymbol{M}\mathrm{d}t$$

这就是质点系（质心）的动量矩定理。与动量定理类似，尽管内力可以改变单个质点的动量矩，但它并不会改变整个质点系的动量矩。

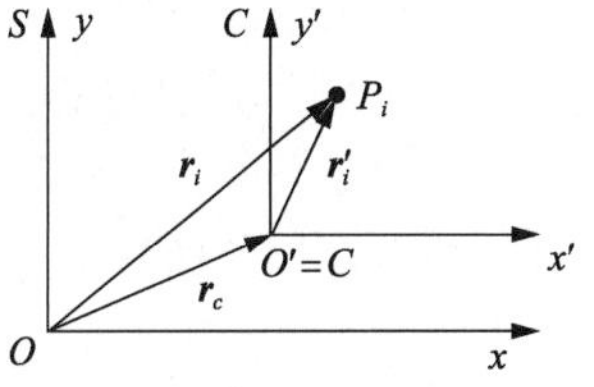

如图 2.41 所示，我们也可以以质心为参考点，建立随着质心相对于静止坐标系 S 做平动的质心参考系，并在其中观察动量矩的变化规律。

图 2.41　质心参考系

在质心参考系中，质点系中任意一个质点的动力学微分方程为

$$m_i\ddot{\boldsymbol{r}}_i'=\boldsymbol{F}_i^{\text{out}}+\boldsymbol{F}_i^{\text{in}}+(-m_i\ddot{\boldsymbol{r}}_c')$$

对于系统的整体性质，用 $\boldsymbol{r}_i'$ 对方程进行左外积，并对 i 求和，得到

$$\begin{aligned}\sum_{i=1}^{n} m_i\left(\boldsymbol{r}_i'\times \frac{\mathrm{d}^2\boldsymbol{r}_i'}{\mathrm{d}t^2}\right) &= \sum_{i=1}^{n}(\boldsymbol{r}_i'\times \boldsymbol{F}_i^{\text{out}}) + \sum_{i=1}^{n}(\boldsymbol{r}_i'\times \boldsymbol{F}_i^{\text{in}}) \\ &+ \sum_{i=1}^{n}[\boldsymbol{r}_i'\times(-m_i\ddot{\boldsymbol{r}}_c)] \\ &= \sum_{i=1}^{n}(\boldsymbol{r}_i'\times \boldsymbol{F}_i^{\text{out}}) + \ddot{\boldsymbol{r}}_c \times \sum_{i=1}^{n} m_i\boldsymbol{r}_i'\end{aligned}$$

在质心参考系中，质心的坐标为零。

$$\sum_{i=1}^{n} m_i\boldsymbol{r}_i' = m\boldsymbol{r}_c' = 0$$

因此，与式（2.67）的推导类似，有

$$\frac{\mathrm{d}}{\mathrm{d}t}\sum_{i=1}^{n}\left(\boldsymbol{r}_i'\times m_i\frac{\mathrm{d}\boldsymbol{r}_i'}{\mathrm{d}t}\right) = \sum_{i=1}^{n}(\boldsymbol{r}_i'\times \boldsymbol{F}_i^{\text{out}})$$

这可以被写为

$$\frac{\mathrm{d}\boldsymbol{J}'}{\mathrm{d}t}=\boldsymbol{M}' \tag{2.68}$$

该结论表明，在质心参考系中，质点系相对于质心的动量矩对时间的微商等于所有外力对质心的力矩之和。

（3）动能定理

质点系中的任意一个质点的动能定理可以表示为

$$\mathrm{d}\left(\frac{1}{2}m_i\dot{\boldsymbol{r}}_i^2\right)=\mathrm{d}T_i=\boldsymbol{F}_i^{\text{out}}\cdot\mathrm{d}\boldsymbol{r}_i+\boldsymbol{F}_i^{\text{in}}\cdot\mathrm{d}\boldsymbol{r}_i$$

若对所有的 i 求和，我们可以得到整个质点系的动能定理式。

$$\mathrm{d}\sum_{i=1}^{n}\left(\frac{1}{2}m_i\dot{\boldsymbol{r}}_i^2\right)=\sum_{i=1}^{n}\boldsymbol{F}_i^{\text{out}}\cdot\mathrm{d}\boldsymbol{r}_i+\sum_{i=1}^{n}\boldsymbol{F}_i^{\text{in}}\cdot\mathrm{d}\boldsymbol{r}_i \tag{2.69}$$

值得注意的是，与动量和动量矩的情况相比，内力对物体所做的功一般并不为零。如图 2.40 所示，我们可以得到以下关系。

$$\begin{aligned}\mathrm{d}W_i&=\boldsymbol{f}_{12}\cdot\mathrm{d}\boldsymbol{r}_1+\boldsymbol{f}_{21}\cdot\mathrm{d}\boldsymbol{r}_2\\&=\boldsymbol{f}_{21}\cdot\mathrm{d}(\boldsymbol{r}_2-\boldsymbol{r}_1)\\&=\boldsymbol{f}_{21}\cdot\mathrm{d}\boldsymbol{r}=-\boldsymbol{f}_{12}\cdot\mathrm{d}\boldsymbol{r}\\&\neq0\end{aligned}$$

（4）柯尼希定理

与角动量情况类似，我们可以选择质心系为参考系来分析质点系的运动。如图 2.41 所示，质点 i 相对于质心的位矢可表示为

$$\boldsymbol{r}_i=\boldsymbol{r}_c+\boldsymbol{r}_i'$$

进而，质点系的总动能 T 可表示为

$$\begin{aligned}T&=\sum_{i=1}^{n}\frac{1}{2}m_i\dot{\boldsymbol{r}}_i^2\\&=\frac{1}{2}\sum_{i=1}^{n}m_i(\dot{\boldsymbol{r}}_c+\dot{\boldsymbol{r}}_i')^2\\&=\frac{1}{2}m\dot{\boldsymbol{r}}_c^2+\sum_{i=1}^{n}\frac{1}{2}m_i\dot{\boldsymbol{r}}_i'^2+\dot{\boldsymbol{r}}_c\cdot\sum_{i=1}^{n}m_i\dot{\boldsymbol{r}}_i'\end{aligned}$$

在质心系中，质点的总动量为零，即

$$\sum_{i=1}^{n}m_i\dot{\boldsymbol{r}}_i'=m\dot{\boldsymbol{r}}_c'=0$$

因此，总动能 T 可被简化为

$$T=\frac{1}{2}m\dot{\boldsymbol{r}}_c^2+\frac{1}{2}\sum_{i=1}^{n}m_i\dot{\boldsymbol{r}}_i'^2 \tag{2.70}$$

式（2.70）表明质点系的动能是由质心的动能与各质点相对于质心的动能之和构成的。这一结论即柯尼希定理。

在质心系中，质点系中任意一个质点 i 的运动微分方程为

$$m_i\ddot{\boldsymbol{r}}_i'=\boldsymbol{F}_i^{\text{out}}+\boldsymbol{F}_i^{\text{in}}+(-m_i\ddot{\boldsymbol{r}}_c')$$

用 $\mathrm{d}\dot{\boldsymbol{r}}_i'$ 在方程两边进行内积，并对所有质点求和，以观察质点系的整体性质，得到

$$
\begin{aligned}
\mathrm{d}\sum_{i=1}^{n}\left(\frac{1}{2}m_i\dot{\boldsymbol{r}}_i'^2\right) &= \sum_{i=1}^{n}\boldsymbol{F}_i^{\mathrm{out}}\cdot\mathrm{d}\boldsymbol{r}_i'+\sum_{i=1}^{n}\boldsymbol{F}_i^{\mathrm{in}}\cdot\mathrm{d}\boldsymbol{r}_i'+\sum_{i=1}^{n}[(-m_i\ddot{\boldsymbol{r}}_c)\cdot\boldsymbol{r}_i'] \\
&= \sum_{i=1}^{n}\boldsymbol{F}_i^{\mathrm{out}}\cdot\mathrm{d}\boldsymbol{r}_i'+\sum_{i=1}^{n}\boldsymbol{F}_i^{\mathrm{in}}\cdot\mathrm{d}\boldsymbol{r}_i'-\ddot{\boldsymbol{r}}_c\cdot\mathrm{d}\left(\sum_{i=1}^{n}m_i\boldsymbol{r}_i'\right) \\
&= \sum_{i=1}^{n}\boldsymbol{F}_i^{\mathrm{out}}\cdot\mathrm{d}\boldsymbol{r}_i'+\sum_{i=1}^{n}\boldsymbol{F}_i^{\mathrm{in}}\cdot\mathrm{d}\boldsymbol{r}_i'
\end{aligned}
$$

这就是质点系相对于质心的动能定理。它揭示了在质心系下，惯性力并不做功。质点系相对于质心的动能变化是由外力和内力共同决定的。

2.3.2　守恒定律：质点之间的零和博弈

（1）动量守恒定律

当质点系不受外力或者外力之和为零时，根据式（2.66），我们可以得出

$$\frac{\mathrm{d}\boldsymbol{p}}{\mathrm{d}t}=\sum_{i=1}^{n}\boldsymbol{F}_i^{\mathrm{out}}=0$$

根据这个结果，我们可以推断出

$$\boldsymbol{p}=\sum_{i=1}^{n}\boldsymbol{p}_i=\sum_{i=1}^{n}m_i\boldsymbol{v}_i=\text{恒量}$$

说明在这种情况下，质点系的动量是守恒的。注意，外力为零并不意味着内力也为零。内力虽然不能改变整个质点系的动量之和，但它们可以改变质点系中各质点的动量，从而在质点之间重新分配总动量。

如果外力的和不为零，有

$$\sum_{i=1}^{n}\boldsymbol{F}_i^{\mathrm{out}}\neq 0$$

但在某一方向上（例如 x 轴方向）的分量为零，即

$$\sum_{i=1}^{n}\boldsymbol{F}_{ix}^{\mathrm{out}}=0$$

那么虽然总动量不守恒，即

$$\boldsymbol{p}\neq\text{恒量}$$

但在该方向上的动量是守恒的。

$$p_x=\sum_{i=1}^{n}(m_iv_{ix})=\text{恒量}$$

这样我们就可以在某一方向上使用动量守恒定律。

（2）动量矩守恒定律

当质点系不受外力或外力矩之和为零时，根据式（2.67），我们可以得出

$$\frac{\mathrm{d}\boldsymbol{J}}{\mathrm{d}t}=0\Rightarrow\boldsymbol{J}=\text{恒量}$$

这表示，在该条件下，质点系的总动量矩是守恒的。当外部力矩 $\boldsymbol{M}\neq 0$，但在某一方向上的分量为零时，例如

$$M_x=\sum_{i=1}^{n}(y_iF_{iz}-z_iF_{iy})=0$$

虽然系统总动量矩不守恒，但在该方向上的动量矩是守恒的。

$$J_x = \sum_{i=1}^{n} m_i(y_i\dot{z}_i - z_i\dot{y}_i) = \text{恒量}$$

（3）机械能守恒定律

根据质点系的动能定理式，当系统所受外力和内力都是保守力，或者只有保守力做功时，系统的机械能是守恒的，即

$$T+V=E=\text{恒量}$$

其中，V 为包含内力和外力的总势能。

2.3.3 两体问题：双质点的有心力运动

前文我们讨论有心力问题时，往往是在考虑两个物体质量相差巨大的前提下进行的。在这种情境下，位于力心的物体受到的相互作用微乎其微，因此，我们将两个自由质点的运动简化为单个质点围绕固定点的运动。在本节中，我们将解除相应限制，对有心力下的两体运动问题进行严格分析。

（1）天体运动

如图 2.42 所示，我们建立一个描述两体问题的坐标系。在此坐标系中，太阳 S 与行星 P 形成一个孤立系统，不受其他物体的影响。

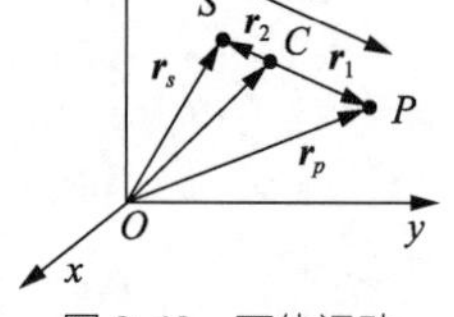

图 2.42 两体运动

太阳的运动微分方程为

$$M\frac{\mathrm{d}^2\boldsymbol{r}_s}{\mathrm{d}t^2}=\frac{GMm}{r^2}\cdot\frac{\boldsymbol{r}}{r} \tag{2.71}$$

而行星的运动微分方程为

$$m\frac{\mathrm{d}^2\boldsymbol{r}_p}{\mathrm{d}t^2}=-\frac{GMm}{r^2}\cdot\frac{\boldsymbol{r}}{r} \tag{2.72}$$

对式（2.71）和式（2.72）求和，可以得到

$$M\frac{\mathrm{d}^2\boldsymbol{r}_s}{\mathrm{d}t^2}+m\frac{d^2\boldsymbol{r}_p}{\mathrm{d}t^2}=0$$

考虑到质心位矢的定义，即

$$\boldsymbol{r}_c=\frac{1}{M+m}(M\boldsymbol{r}_s+m\boldsymbol{r}_p)$$

我们可以进一步得到

$$(M+m)\frac{\mathrm{d}^2\boldsymbol{r}_c}{\mathrm{d}t^2}=0$$

这表明质点系的动量是守恒的，即

$$\boldsymbol{p}=(M+m)\boldsymbol{v}_c=\text{恒量}$$

因此，两物体的质心做惯性运动。转换至质心系中，行星相对于质心的运动微分方程为

$$m\ddot{\boldsymbol{r}}_1=-\frac{k^2m}{(r_1+r_2)^2}\cdot\frac{\boldsymbol{r}_1}{r_1} \tag{2.73}$$

在质心系中，我们还知道

$$m\boldsymbol{r}_1+M\boldsymbol{r}_2=(m+M)\boldsymbol{r}'_c=0$$

利用这一关系，我们可以将式（2.73）中的 r_2 消去得到关于 r_1 的方程

$$m\ddot{\boldsymbol{r}}_1=-\frac{k^2mM^2}{(M+m)^2}\frac{1}{r_1^2}\frac{\boldsymbol{r}_1}{r_1}$$

通过相似的方法，我们可以消去 r_1 得到关于 r_2 的方程

$$m\ddot{\boldsymbol{r}}_2=-\frac{k^2m^2M}{(M+m)^2}\frac{1}{r_2^2}\frac{\boldsymbol{r}_2}{r_2}$$

可见，在质心系中，太阳和行星所受的力都与距离的二次方成反比。这意味着它们的运动微分方程与式（2.53）具有相同的形式。因此，太阳和行星都会围绕系统的质心进行圆锥曲线运动。

从太阳的视角观察行星，我们可以观察到相对位矢的变化。

$$\boldsymbol{r}=\boldsymbol{r}_p-\boldsymbol{r}_s$$

通过对式（2.72）乘以 M，并从中减去式（2.71）乘以 m，得到

$$Mm\left(\frac{\mathrm{d}^2\boldsymbol{r}_p}{\mathrm{d}t^2}-\frac{\mathrm{d}^2\boldsymbol{r}_s}{\mathrm{d}t^2}\right)=-\frac{GMm}{r^2}(M+m)\cdot\frac{\boldsymbol{r}}{r}$$

得到以下方程

$$m\frac{\mathrm{d}^2\boldsymbol{r}}{\mathrm{d}t^2}=-\frac{G(M+m)m}{r^2}\cdot\frac{\boldsymbol{r}}{r}=-\frac{k'^2m}{r^2}\cdot\frac{\boldsymbol{r}}{r}\tag{2.74}$$

其中，$k'^2=G(M+m)$ 是与太阳和行星都有关的量。需要注意的是，它与太阳的高斯常数 $k^2=Gm$ 是不同的。通过比较式（2.74）与单体运动方程

$$m\frac{\mathrm{d}^2\boldsymbol{r}}{\mathrm{d}t^2}=-\frac{GMm}{r^2}\cdot\frac{\boldsymbol{r}}{r}=-\frac{k^2m}{r^2}\cdot\frac{\boldsymbol{r}}{r}$$

我们发现，如果将太阳视为静止的（即站在太阳上观察行星），那么两体问题可以被视为一个等效的单体问题。不过，此时太阳的质量需要从原来的 M 修正（增大）为（$M+m$）。

值得注意的是，式（2.74）还可以被重写为

$$\frac{Mm}{M+m}\frac{\mathrm{d}^2\boldsymbol{r}}{\mathrm{d}t^2}=-\frac{k^2m}{r^2}\cdot\frac{\boldsymbol{r}}{r}$$

这可以被简写为

$$\mu\frac{\mathrm{d}^2\boldsymbol{r}}{\mathrm{d}t^2}=-\frac{k^2m}{r^2}\cdot\frac{\boldsymbol{r}}{r}$$

其中，μ 是所谓的等效质量。与单体运动方程进行比较，可以得出，如果视太阳为静止的，那么两体问题可以通过另一种方法被视为等效的单体问题。在这种情况下，太阳的质量保持不变，行星的引力质量（位于方程右边，决定其引力）保持不变，但行星的惯性质量（位于方程的左边，决定其加速度）从原来的 m 修正（减小）为 μ。

例题 2.7 开普勒第三定律表明行星公转周期与行星自身无关。请说明要考虑两体效应时，公转周期会出现什么变化。太阳系中木星质量大约为太阳质量的 1/1047。

解 对行星 P_1，有

$$\frac{4\pi^2a_1^3}{\tau_1^2}=k_1'^2=G(M+m_1)$$

而对行星 P_2，有

$$\frac{4\pi^2a_2^3}{\tau_2^2}=k_2'^2=G(M+m_2)$$

因此

$$\frac{a_1^3/\tau_1^2}{a_2^3/\tau_2^2}=\frac{M+m_1}{M+m_2}=\frac{1+m_1/M}{1+m_2/M}\neq 1<\frac{1048}{1047}$$

这一结果揭示了一个重要的事实：由于太阳的质量在整个系统中占据了绝对的主导地位，即使行星的质量存在差异，它们对运动周期的影响并不显著。

（2）散射问题

如图 2.43 所示，在研究散射问题时，我们通常通过测量质点在散射前后的速度方向之间的夹角（称为散射角）来获取关于碰撞过程的信息。尽管在实验室中使用静止坐标系进行测量较为方便，但在理论计算中，使用质心坐标系往往更为简捷。接下来，我们将探讨如何在这两种坐标系之间进行散射角的数据换算。

如图 2.43 所示，一个质量为 m_1、速度为 $\boldsymbol{v}_1$ 的质点被一个质量为 m_2 的静止质点所散射。

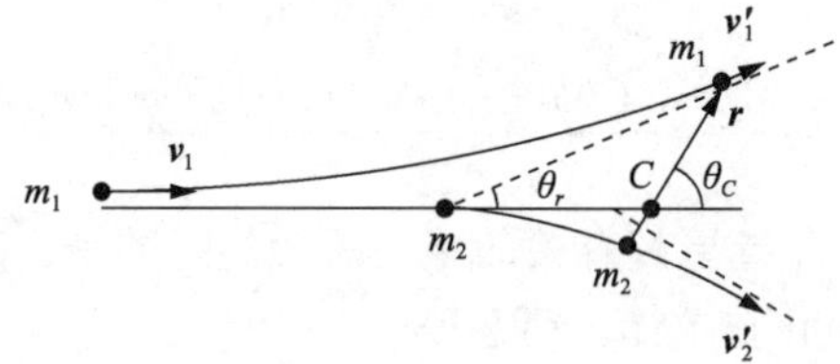

图 2.43　静止坐标系和质心系中的散射角

对于孤立系统，系统不受外力，其动量守恒，即

$$(m_1+m_2)\boldsymbol{V}=m_1\boldsymbol{v}_1$$

质心在散射前后均沿着 $\boldsymbol{v}_1$ 的方向，以速度 $\boldsymbol{V}$ 运动，其大小为

$$V=|\boldsymbol{V}|=\frac{m_1v_1}{m_1+m_2}$$

这表明该质心系是一个惯性参考系。在质心系中，两质点相对于质心的速度分别为

$$V_1=v_1-V=\frac{m_2v_1}{m_1+m_2}$$

$$V_2=-V=-\frac{m_1v_1}{m_1+m_2}$$

由此，我们可以得到

$$m_1V_1+m_2V_2=0$$

$$m_1V_1'+m_2V_2'=m_1V_1+m_2V_2=0$$

这些关系表明，在质心系中，由于动量守恒，两质点在散射前和散射后必然沿完全相反的方向移动。为了更直观地描述这一点，如图 2.44 所示，根据相对运动的关系，有

$$\boldsymbol{v}_1'=\boldsymbol{V}_1'+\boldsymbol{V}$$

$$\begin{cases}v_1'\cos\theta_r=V_1'\cos\theta_C+V\\ v_1'\sin\theta_r=V_1'\sin\theta_C\end{cases}$$

从中，我们可以得到

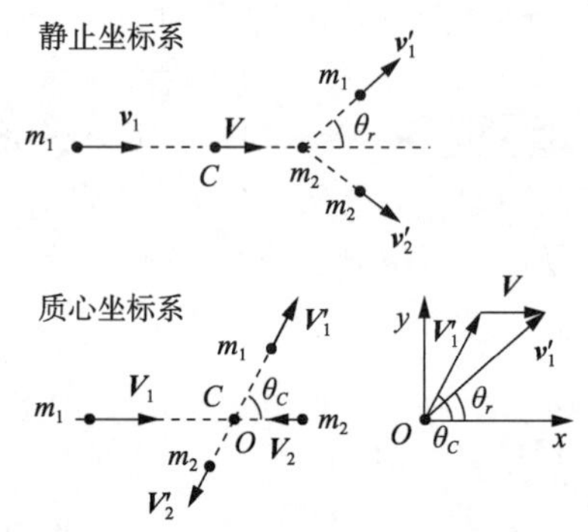

图 2.44　静止坐标系和质心坐标系中的散射速度

$$\tan\theta_r=\frac{V_1'\sin\theta_C}{V_1'\cos\theta_C+V} \tag{2.75}$$

考虑等效质量 $M=\frac{m_1m_2}{m_1+m_2}$，式（2.75）中质心的速度为

$$V=\frac{m_1v_1}{m_1+m_2}=\frac{\mu}{m_2}v_1 \tag{2.76}$$

如图 2.45 所示，在质心系中，有以下关系。

$$m_1\boldsymbol{r}_1'+m_2\boldsymbol{r}_2'=0$$

$$\boldsymbol{r}=\boldsymbol{r}_1'-\boldsymbol{r}_2'$$

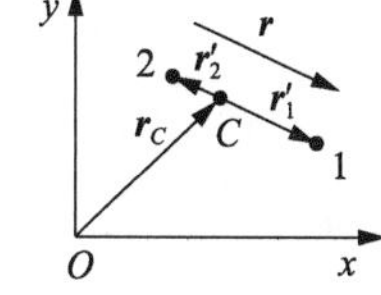

图 2.45　两体运动中的位矢关系

利用上述两个方程，可以得到

$$\boldsymbol{r}_1'=\frac{m_2}{m_1+m_2}\boldsymbol{r}=\frac{\mu}{m_1}\boldsymbol{r}$$

对此进行求导，得到所需的 V_1'，即

$$\boldsymbol{V}_1'=\frac{\mu}{m_1}\dot{\boldsymbol{r}}$$

在这里考虑的两体系统中，由于动量和机械能均守恒，可以得知散射前后两质点相对速度的大小是恒定的，即

$$V_1'=\frac{\mu}{m_1}\dot{r}=\frac{\mu}{m_1}v_1 \tag{2.77}$$

将式（2.76）和式（2.77）代入式（2.75），得到

$$\tan\theta_r=\frac{\sin\theta_C}{\cos\theta_C+m_1/m_2} \tag{2.78}$$

此式即散射角在静止坐标系与质心坐标系之间的转换关系。

练习 请证明两个质点弹性碰撞前后相对速度的大小不变。

2.3.4　动态增减：质量变化体系的运动

在对质点系进行总体性质的分析时，我们通常会将众多质点的质量集中在一个质心上以简化计算。然而，这种方法可能会导致一个问题：当有质点加入或退出质点系时，质点系的总质量会发生变化。由于牛顿的运动定律是为质量恒定的质点构建的，因此针对质量可变的系统，我们需要构建一个新的运动微分方程。

如图 2.46 所示，在 t 时刻，主体系统的质量为 m，速度为 $\boldsymbol{v}$。

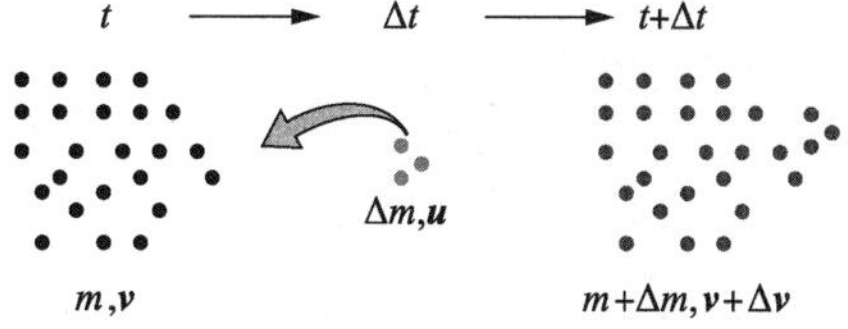

图 2.46　质量变化体系的运动

当一个质量为 Δm、速度为 $\boldsymbol{u}$ 的系统在 Δt 时间内合并到主体系统中时，假定在这段时间内，m 和 Δm 受到的合外力为 $\boldsymbol{F}$，且 $\Delta m \ll m$。根据动量定理，有

$$(m+\Delta m)(\boldsymbol{v}+\Delta\boldsymbol{v})-(m\boldsymbol{v}+\Delta m\boldsymbol{u})=\boldsymbol{F}\Delta t$$

展开上式并忽略高阶小量，得到

$$\Delta(m\boldsymbol{v})-\Delta m\boldsymbol{u}=\boldsymbol{F}\Delta t$$

将上式两边同时除以 Δt，可得

$$\lim_{\Delta t\to 0}\left(\frac{\Delta(m\boldsymbol{v})}{\Delta t}-\frac{\Delta m}{\Delta t}\boldsymbol{u}\right)=\boldsymbol{F}$$

进一步地，当我们取 Δt 趋近于 0 的极限，可得到质量变化体系的运动微分方程

$$\frac{\mathrm{d}(m\boldsymbol{v})}{\mathrm{d}t}-\frac{\mathrm{d}m}{\mathrm{d}t}=\boldsymbol{F} \tag{2.79}$$

需要特别指出的是，如图 2.46 所示，我们描述的是主体质量增加的情境，此时，式（2.79）中的$\frac{\mathrm{d}m}{\mathrm{d}t}>0$。例如，当雨滴下落时，它会不断地从空气中捕获水分子。然而，也存在主体质量逐渐减少的情况，在这种情境下，$\frac{\mathrm{d}m}{\mathrm{d}t}<0$。例如，火箭在升空时会持续燃烧燃料，质量会减小。

2.3.5 位力定理：集体运动的长期行为

为了了解质点系的长期行为特性，我们首先考虑一个由 N 个粒子组成的系统。对于系统中的每一个质点 i，我们可以列出其动力学方程，即

$$\frac{\mathrm{d}\boldsymbol{p}_i}{\mathrm{d}t}=\boldsymbol{F}_i$$

接下来，我们定义物理量，即

$$G=\sum_{i=1}^{N}\boldsymbol{p}_i\cdot\boldsymbol{r}_i$$

并考虑其瞬时变化率，得

$$\frac{\mathrm{d}G}{\mathrm{d}t}=\sum_{i=1}^{N}\frac{\mathrm{d}\boldsymbol{p}_i}{\mathrm{d}t}\cdot\boldsymbol{r}_i+\sum_{i=1}^{N}\boldsymbol{p}_i\cdot\frac{\mathrm{d}\boldsymbol{r}_i}{\mathrm{d}t}$$

上式右侧的第一项具有能量的量纲，可以表示为

$$\sum_{i=1}^{N}\frac{\mathrm{d}\boldsymbol{p}_i}{\mathrm{d}t}\cdot\boldsymbol{r}_i=\sum_{i=1}^{N}\boldsymbol{F}_i\cdot\boldsymbol{r}_i$$

而第二项与质点系的动能 T 相关，可以表示为

$$\sum_{i=1}^{N}\boldsymbol{p}_i\cdot\frac{\mathrm{d}\boldsymbol{r}_i}{\mathrm{d}t}=m\boldsymbol{v}\cdot\boldsymbol{v}=2T$$

结合上述两式，我们可以得到

$$\frac{\mathrm{d}G}{\mathrm{d}t}=\sum_{i=1}^{N}\boldsymbol{F}_i\cdot\boldsymbol{r}_i+2T$$

为了观察 G 的长期行为，我们计算其在时间段 τ 内的平均值，即

$$\frac{1}{\tau}\int_0^{\tau}\frac{\mathrm{d}G}{\mathrm{d}t}\mathrm{d}t=\frac{1}{\tau}\int_0^{\tau}\sum_{i=1}^{N}\boldsymbol{F}_i\cdot\boldsymbol{r}_i\mathrm{d}t+\frac{1}{\tau}\int_0^{\tau}2T\mathrm{d}t$$

习惯上，我们使用符号〈·〉表示对目标变量求平均值，因此上式可以被简化为

$$\frac{1}{\tau}[G(\tau)-G(0)]=\left\langle\sum_{i=1}^{N}\boldsymbol{F}_i\cdot\boldsymbol{r}_i\right\rangle+2\langle T\rangle$$

重要的是，如果系统进行周期性运动，并且 τ 为运动周期，则上式左侧为零。如果系统不进行周

期性运动，但系统的动量和位置受限，那么$[G(\tau)-G(0)]$是有界的。当τ足够长时，上式的左侧也将趋近于零。因此，系统动能的平均值为

$$\overline{T}=-\frac{1}{2}\langle\sum_{i=1}^{N}\boldsymbol{F}_i\cdot\boldsymbol{r}_i\rangle \tag{2.80}$$

这里，$\boldsymbol{F}_i\cdot\boldsymbol{r}_i$是位矢与力的乘积。我们将$-\frac{1}{2}\langle\sum_{i=1}^{N}\boldsymbol{F}_i\cdot\boldsymbol{r}_i\rangle$称为均位力积，简称为位力。因此式(2.80)被称为位力定理式，它适合用于计算系统的长期行为。

2.4 限定结果：当质点的运动受到约束

对于一个质点，除非我们已经求解了其动力学微分方程，否则我们无法知晓其坐标随时间的变化信息。因此，关于它可以到达哪些空间区域，或者它不能到达哪些区域的问题，我们无法给出确切答案。一个自然的假设是，质点应当是自由的，其潜在的运动不应受到任何限制。然而，由于物体间广泛存在相互作用，因此在实际情况下并不存在真正意义上的自由质点。它们的运动总是受到各种约束的影响。

2.4.1 约束条件：质点运动的前提

迄今为止，我们从原因出发来研究运动。我们首先明确物体的初始状态和受力情况，然后通过求解微分方程来了解和预测运动的结果。然而，在许多情况下，受力的细节难以确定，以至于我们可能无法写出相应的方程组。相反，通过观察和测量目标系统的自然演化，我们可能会先获得关于运动结果的部分信息。例如，考虑一辆行驶在铁轨上的火车。其运动原则上是由地球的重力、铁轨的支持力和摩擦力等多种因素共同决定的。但是，由于铁轨给火车的支持力与火车的运动状态密切相关，这两者之间的相互作用形成了一个复杂的反馈系统，使得火车在每一时刻的受力情况变得难以确定。然而，铁轨对火车的运动产生了一个明确的影响，即它将火车的运动路径限制在了轨道上。我们把这种对物体运动产生限制的额外条件称为“约束条件”。约束为质点的运动提供了一个基本的前提。

(1) 完整约束：能够降低自由度的约束

在位形空间①中，对于一个自由质点，我们需要3个坐标(x,y,z)，即3个变量来描述其位置。这3个变量代表了质点在该空间中的自由度（与空间的维度相同）。自由度的概念可以被轻易地扩展到更复杂的系统。例如，对于由两个质点组成的系统，我们需要6个坐标$(x_1,y_1,z_1,x_2,y_2,z_2)$来描述它们的位置。因此，该系统有6个自由度。按照习惯，我们有时也会说这个系统是六维的。

练习 对于n个质点组成的系统，描述它的位置需要多少个标量类型的变量？这个系统的自由度是多少？

在某些情况下，如果我们已经通过约束条件了解系统的某些运动结果，那么对系统的描述可以有所不同。例如，考虑一个情景：当质点仅限于平面内移动时，对于所有的质点，其在z轴上的坐标都可以被确定为

① 注意其与力学系统的状态空间（位置和速度）的区别，详见1.4节。

$$z_i = 0 \quad i = 1, 2, \cdots, n$$

在这种情况下，描述系统所需独立变量的数量从原先的 $3n$ 个减少到 $2n$ 个，这是因为

$$2n = 3n - n$$

在这里，n 代表了因约束条件而减少的独立变量的数量。

① 完整稳定约束。

通常，能够降低系统自由度的约束与质点的位置相关，它可以表示为如下的方程组。

$$\begin{aligned} &f_1(\boldsymbol{r}_1, \boldsymbol{r}_2, \cdots, \boldsymbol{r}_n, t) = 0 \\ &f_2(\boldsymbol{r}_1, \boldsymbol{r}_2, \cdots, \boldsymbol{r}_n, t) = 0 \\ &\cdots \end{aligned} \tag{2.81}$$

此类约束被称为完整约束。若约束方程与时间无关，则有

$$\frac{\partial f_i}{\partial t} = 0 \Rightarrow f_i(\boldsymbol{r}_1, \boldsymbol{r}_2, \cdots, \boldsymbol{r}_n) = 0$$

此时，我们称其为完整稳定约束。如图 2.47 所示，若有一个由两个质点构成的哑铃，其约束方程为

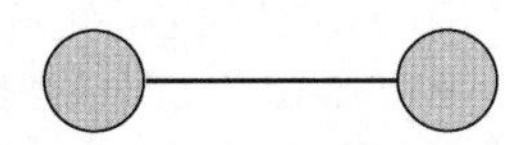

图 2.47　两个质点组成的哑铃

$$\sqrt{(x_1 - x_2) + (y_1 - y_2) + (z_1 - z_2)} = l$$

这个约束方程使得我们能够解出一个未知变量，从而将系统的自由度从 6 降至 5。然而，当系统中存在多个约束条件时，不同约束之间可能不是独立的，因此在确定系统总体的自由度时需进行细致分析。例如，我们将哑铃模型推广，考虑质点系统中，所有质点在运动过程中都保持彼此的距离不变，其约束方程为

$$\sqrt{(x_i - x_j) + (y_i - y_j) + (z_i - z_j)} = l_{ij} \quad i < j$$

对于此类约束，其约束方程数量为

$$C_n^2 = \frac{n(n-1)}{2}$$

因为每个方程都可以解出一个未知数，所以描述该系统的位置变量应该减少 $\frac{n(n-1)}{2}$ 个。因此，系统的总自由度为

$$3n - \frac{n(n-1)}{2} = \frac{7n - n^2}{2} \tag{2.82}$$

根据式（2.82），当只有一个质点时，系统自由度为 3；有两个质点时，系统自由度为 5；有 3 个质点时，系统自由度为 6。为了更直观地观察质点数目与系统自由度的关系，我们对式（2.82）代表的关系进行可视化。如图 2.48 所示，当系统中有 4 个或更多的质点时，其自由度反而在下降，这显然是不合逻辑的。

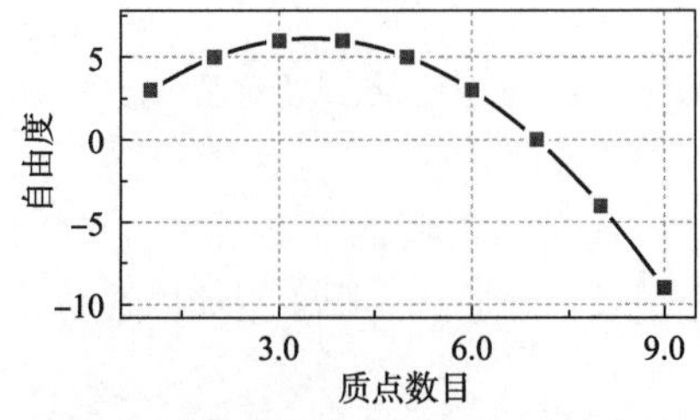

图 2.48　自由度随着质点数目增长的变化

因此，式（2.82）仅在 $n=1,2,3$ 时成立，并不具有普适性，那么问题的根源在哪里？

例题 2.8 求出质点距离保持不变的质点系的自由度。

解 假设系统中有 n 个质点，我们用 (x_i,y_i,z_i) 标定第 i 个质点的位置。由题意有

$$\sqrt{(x_i-x_j)+(y_i-y_j)+(z_i-z_j)}=l_{ij} \quad i<j$$

当 $n=1$ 时，因为此时系统中仅有 1 个质点，自由度为 3。当 $n=2$ 时，系统中有 2 个质点，对应哑铃模型的情况，两质点相互靠近的运动维度被冻结，系统剩下 5 个自由度。当 $n=3$ 时，系统中有 3 个质点，我们可以把质点系的运动看作质心的运动（需要 3 个变量来确定）加上绕质心的转动（确定转轴需 2 个自由度，确定自转需 1 个自由度），因此有 6 个自由度。而当 $n>3$ 时，情况变得更为复杂。在这组方程中，与第 i 个质点相关的距离方程共有 $(n-1)$ 个。然而，为了确定第 i 个质点的三维坐标，我们实际上只需要 3 个独立的方程。这意味着在这 $(n-1)$ 个方程中，有 $(n-4)$ 个方程是冗余的。其实，我们可以先在质点系中任意选取 3 个质点作为参考，确定这 3 个质点的位置需要 6 个独立的变量。系统中其余质点的位置可以通过其与 3 个基准质点的距离来唯一确定。换言之，通过 3 个距离方程，我们可以解出每个质点的 3 个坐标，因此不需要额外的独立变量。综上所述，一旦质点的数量超过 3，无论质点的总数如何，系统的自由度始终为 6。

---

② 完整不稳定约束。

在某些物理系统中，约束条件可能与时间有直接关系。例如，考虑式（2.81），若约束条件满足

$$\frac{\partial f_i}{\partial t}\neq 0$$

则表示该约束直接随时间变化。为了更具体地说明，如图 2.49 所示，我们把哑铃中的刚性杆替换为弹簧，并且在外力的作用下，该弹簧的长度会随时间按照特定规律进行变化。

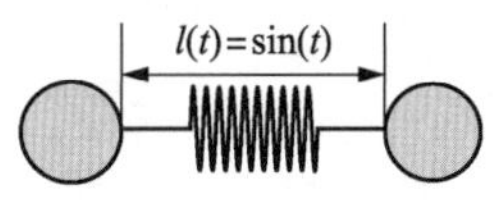

图 2.49 弹簧质点系统

此时，其约束方程可以表示为

$$\sqrt{(x_1-x_2)+(y_1-y_2)+(z_1-z_2)}=\sin(t)$$

这样的约束仍然可以降低系统的自由度，显然它是与时间相关的。

（2）不完整约束：难以降低自由度的约束

除完整约束外，某些约束条件不能直接用于降低系统的自由度。例如，可以表示为不等式的约束

$$f_i(\boldsymbol{r}_1,\boldsymbol{r}_2,\cdots,\boldsymbol{r}_n,t)>0$$

一个典型的实例是我们所居住的地球表面。在以地心为原点的坐标系中，任意地面上运动的质点的位矢 $\boldsymbol{r}$ 需要满足

$$\sqrt{x^2+y^2+z^2}>r_0$$

其中，r_0 为地球的半径。

此外，另一类约束与质点的运动速度有关，称为微分约束，可以表示为

$$f_i(\boldsymbol{r}_1,\boldsymbol{r}_2,\cdots,\boldsymbol{r}_n,\dot{\boldsymbol{r}}_1,\dot{\boldsymbol{r}}_2,\cdots,\dot{\boldsymbol{r}}_n,t)=0$$

若上述方程可以直接积分，得到

$$\boldsymbol{r}_i=\boldsymbol{r}_i(\boldsymbol{r}_j,t) \quad j=1,\cdots,n$$

则微分约束能被转化为完整约束。然而，若数学上无法完成此积分，就不能得到坐标变量间的关系，则此微分约束被视为不完整约束。

(3) 约束力：维持约束的动力机制

尽管约束可以被理解为对物体运动设置的前提条件，但其实现必须符合牛顿的运动定律。以火车在铁轨上行驶为例：火车行驶时，其车轮与铁轨之间形成了一种约束，使车轮只能沿铁轨方向移动。火车的驱动力是主动力，由此，轮轴通过车轮对铁轨施加力。根据牛顿第三定律，铁轨同样会对轮轴施加一个大小相等但方向相反的力，这被称为约束反力。若没有铁轨的这一约束反力，火车会因其驱动力而沿直线方向移动。然而，由于铁轨的存在，约束反力作用于火车，导致其沿铁轨方向行驶。这一约束反力精确地抵消了火车驱动力与铁轨方向上切向分量之间的差值，从而确保火车严格沿铁轨行驶。由于约束存在而施加于物体的各种约束反力之和构成了约束力。与主动力相对，它被称为被动力。

例题 2.9 一质量为 m 的小环被套在一条光滑的固定钢丝上。钢丝的曲线方程为 $x^2=4ay$。初始时刻，小环位于 $x=2a$ 处。求当静止释放小环后，它滑落至抛物线顶点时的速度，以及小环此刻所受到的约束力。

解 如图 2.50 所示，以抛物线顶点 O 为原点，建立坐标系，得到

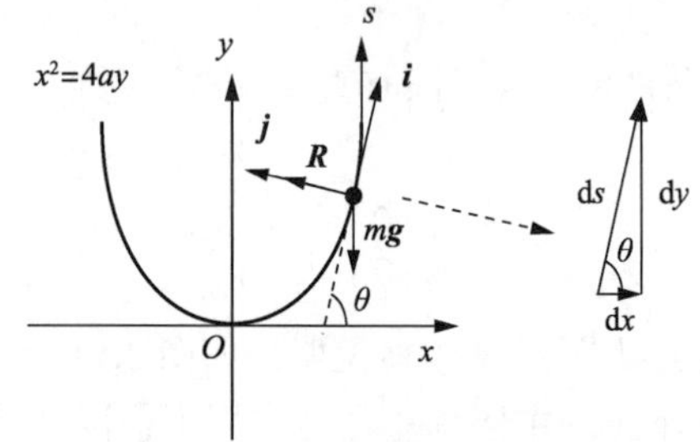

图 2.50 例 2.9 示意

$$m\frac{dv}{dt}=-mg\sin\theta \tag{1}$$

$$m\frac{v^2}{\rho}=R-mg\cos\theta \tag{2}$$

因为

$$\frac{dv}{dt}=\frac{dv}{ds}\frac{ds}{dt}=v\frac{dv}{ds}$$

而且

$$\sin\theta=\frac{dy}{ds}$$

将上述两式代入式 (1)，有

$$v\frac{dv}{ds}=-g\frac{dy}{ds}$$

化简可得

$$v dv=-g dy$$

对两边积分，有

$$\frac{1}{2}v^2\Big|_0^v=-gy\Big|_a^0$$

可得

$$v=-\sqrt{2ag}$$

将其代入式（2），有

$$\begin{aligned}R&=m\frac{v^2}{\rho}+mg\cos\theta\\&=m\frac{2ag}{\rho}+mg\cos\theta\end{aligned}\tag{3}$$

因为 $x^2=4ay$，所以

$$y'=\frac{\mathrm{d}y}{\mathrm{d}x}=\frac{x}{2a}$$

$$y''=\frac{\mathrm{d}^2y}{\mathrm{d}x^2}=\frac{1}{2a}$$

于是

$$\begin{aligned}\rho&=\left|\frac{(1+y'^2)^{3/2}}{y''}\right|\\&=2a\end{aligned}$$

当小环位于顶点时，可知 $\theta=0$，将其代入式（3）可得约束力，即

$$\begin{aligned}R&=m\frac{2ag}{2a}+mg\cos0\\&=2mg\end{aligned}$$

通过上面的例子可以看出，约束力与质点的运动状态以及外部约束条件紧密相关，并且通常是随情况动态变化的，因此直接确定其大小和方向是具有挑战性的。

2.4.2 广义坐标：在约束下描述运动

根据牛顿定律，自由质点的力学状态可以通过其坐标 $\boldsymbol{x}$ 和对应的动量 $\boldsymbol{p}$ 来确定。然而，当质点的运动受到完整约束时，其自由度会相应减小。这表明，描述系统力学状态所需的变量数量可以减少。例如，在自然坐标系中，一旦质点的轨迹确定，我们可以仅用路程变量 s 来标定质点的位置，并用 $p=mv=\frac{\mathrm{d}s}{\mathrm{d}t}$ 来标定质点的动量。为了更一般化地描述受约束的系统，我们可以引入一组新的变量来代替原始坐标。这些新变量分为两类：第一类是广义坐标 $\{q\}$，它们用于描述位置，为

$$\{q\}=q_1(x_1,x_2,\cdots,x_s),q_2(x_1,x_2,\cdots,x_s),\cdots,q_s(x_1,x_2,\cdots,x_s)$$

其时间导数被称为广义速度，即

$$\{\dot{q}\}=\dot{q}_1,\dot{q}_2,\cdots,\dot{q}_s$$

第二类是与广义坐标变化相对应的广义动量，为

$$\{p\}=p_1,p_2,\cdots,p_s$$

值得注意的是，由于坐标的变换，广义动量的形式可能与简单的质量和广义速度的乘积不同。对

于这些概念，第 3 章“分析力学”部分将进行更深入的探讨。

虽然约束在求解牛顿运动方程时可能引入数学上的复杂性（更多的约束导致需要求解更多的方程），但从另一个角度看，约束为我们提供了关于运动结果的重要信息，并降低了系统的自由度（更多的约束意味着描述系统的变量数量更少）。从约束条件到降低维度，问题的视角切换将导致新的力学理论体系产生。

2.5 本章小结

本章以质点作为研究对象，深入探讨了单一质点的运动描述、牛顿定律下的运动机制、多质点系的共同运动以及受到约束的质点的运动问题等。通过对本章内容的系统学习，读者能够熟练掌握以质点为基本元素的运动描述方法和牛顿运动定律。此外，本章的内容为第 3 章中关于分析力学的深入探讨奠定了坚实的基础。

2.6 习　　题

1. 质点做匀速圆周运动，速度的大小为 $v=50$ cm/s，速度的方向在 2 s 内改变了 60°。

（1）计算 2 s 时间间隔内速度的变化 $|\Delta\boldsymbol{v}|$。

（2）匀速圆周运动的向心加速度的大小是多少？

2. 质量为 m 的粒子受到振荡力 $F=F_0\cos(\omega t+\phi)$ 的作用，其中，F_0、ω 和 ϕ 为常数。粒子的初始速度为 v_0，初始位置为 x_0。请计算其速度 $v(t)$ 和轨迹 $x(t)$。

3. 在地球的引力场中，将两块石头以相同的初速度 v_0 垂直向上抛出，但时间间隔为 t_0。

（1）求这两块石头的运动方程。

（2）它们什么时候相遇？

（3）它们相遇时的速度是多少？

4. 如果 F 是常数（独立于 x、t 和 v），请用 F、m、v_0 和 x_0 表示速度 $v(t)$ 和轨迹 $x(t)$。

5. 求在恒定力 $\boldsymbol{F}=m\boldsymbol{a}=ma\boldsymbol{i}$ 的作用下，粒子沿某惯性参考系 i 轴方向做直线运动的表达式 $x(t)$。

6. 一个质点的运动方程如下。

$$x(t)=r\cos\theta(t)$$
$$y(t)=r\sin\theta(t)$$

其中，r 为常数，$\dot{\theta}(t)>0$（逆时针运动）。请计算质点的速度 $\boldsymbol{v}$、速度大小 v、轨迹的切线方向分量 $\boldsymbol{\tau}$、法线方向分量 $\boldsymbol{n}$、曲率 ρ、加速度 $\boldsymbol{a}$、切向加速度的大小 a_τ 和法向加速度的大小 a_n。

7. 设 Σ 和 Σ' 为两个坐标轴发生平行相对移动的笛卡儿坐标系。粒子在任意时间 t 的位置，在 Σ 中表示为

$$\boldsymbol{r}(t)=(6\alpha_1t^2-4\alpha_2t)\boldsymbol{e}_1-3\alpha_3t^3\boldsymbol{e}_2+3\alpha_4\boldsymbol{e}_3$$

在 Σ' 中表示为

$$\boldsymbol{r}'(t)=(6\alpha_1t^2+3\alpha_2t)\boldsymbol{e}_1-(3\alpha_3t^3-11\alpha_5)\boldsymbol{e}_2+4\alpha_6t\boldsymbol{e}_3$$

（1）Σ' 相对于 Σ 的速度是多少？

（2）粒子在 Σ 和 Σ' 中的加速度分别为多少？

(3) 如果 Σ 是一个惯性参考系，那么 Σ' 也是一个惯性参考系吗？

8. 判断以下力场是否保守。

$$\boldsymbol{F}(\boldsymbol{r})=(\alpha_1 y^2 z^3-6\alpha_2 xz^2)\boldsymbol{e}_x+2\alpha_1 xyz^3\boldsymbol{e}_y+(3\alpha_1 xy^2 z^2-6\alpha_2 x^2 z)\boldsymbol{e}_z$$

9. 给定势能 $V(\boldsymbol{r})=2x+yz$，点 A 和点 B 的直角坐标分别为

$$\boldsymbol{r}_A=(1,1,0)$$
$$\boldsymbol{r}_B=(3,2,1)$$

计算功 $W_{AB}=V(\boldsymbol{r}_A)-V(\boldsymbol{r}_B)$；计算相应的力 $\boldsymbol{F}=-\nabla\cdot V$；验证路径 L_{AB} 上的功等于 L_{AC} 上的功与 L_{CB} 上的功的和和 $L_{AB}=L_{AC}+L_{CB}$ 给出，其中 $L_{AC}\equiv\overline{AC}$、$L_{CB}\equiv\overline{CB}$、$\boldsymbol{r}_C=(0,0,0)$，该功等于之前计算的 W_{AB}。

10. 一个质量为 m、动量为 $\boldsymbol{p}$ 的粒子撞击了一个静止于实验室中的质量相同的粒子，如图 2.51 所示。若该碰撞为弹性碰撞，推导出 α 和 β 与 $|\boldsymbol{p}|$ 之间的关系。

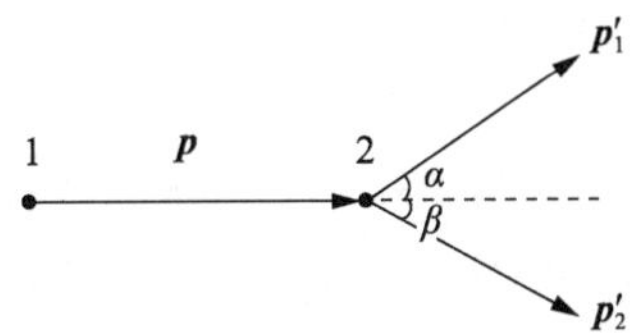

图 2.51 第 10 题图

第3章

分析力学

先前的讨论强调了理论模型仅仅是人类为了理解自然现象而建立的简化模型。因此，对于同一自然现象，可能会有多种不同的理论模型。这些理论模型的适用性和准确度会因应用目的的不同而有所差异，在某些情境下它们之间还可能是等价的。以质点运动为例，除了牛顿力学体系，还有一种基于路径及其选择原理的理论——分析力学。从视角上看，牛顿力学关注的是微观局部，强调从小处着手以理解整体的运动；而分析力学从宏观角度出发，直接研究整体运动的各种可能性并建立相应的选择法则来解释实际发生的运动。从数学上看，牛顿力学主要研究作用力（矢量）与运动之间的关系，而分析力学研究作用量（标量）与运动之间的关系。

本章学习目标：

（1）了解分析力学的历史背景和发展脉络；

（2）熟悉拉格朗日力学的核心概念和数学技巧；

（3）掌握哈密顿力学的基础理论及其应用方法。

3.1 最速降线：路径选择登上历史舞台

在 1630 年，伽利略首次提出了最速降线问题。如图 3.1 所示，小球可以沿着不同的路径从空间中的一个点（起点）运动到另一个点（终点）。小球从空间中的一个起点运动至终点，可能有多种轨迹。伽利略试图确定，在无摩擦、仅受重力作用的条件下，哪一条轨迹能使小球的运动时间最短。然而，他给出的答案（圆弧形轨迹）并不正确。

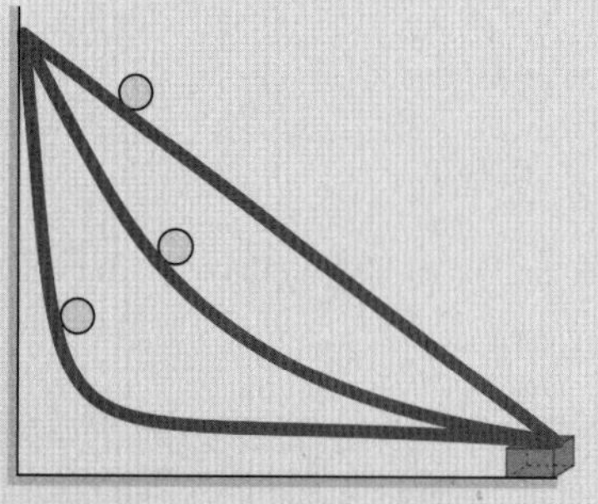

图 3.1　最速降线问题

直到 1696 年，约翰·伯努利发现了小球的运动与光线传播之间的相似性。他将空间分成多层薄介质，并利用折射定律来确定小球的最佳路径。除伯努利外，牛顿和欧拉也为此问题提供了正确的答案。尤其是欧拉的方法，为数学的新分支——变分法奠定了基础。欧拉的方法从整体出发，考虑所有可能的轨迹。如图 3.2 所示，从点 A 到点 B，小球有无数种可能的运动轨迹，时间最短的轨迹就隐藏在其中。

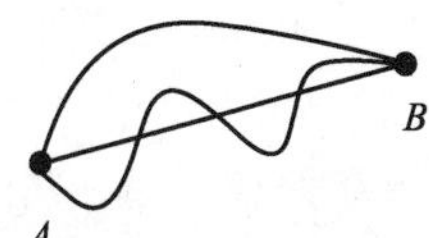

图 3.2 运动轨迹的潜在可能性

求解这类问题的核心是寻找一个目标函数（运动时间）的最优值（最短时间），与寻找多变量函数 $f(x_1,\cdots,x_n)$ 的极限值类似。对于这类问题，存在通用的微积分方法，即

$$\mathrm{d}f(x_1,\cdots,x_n)=0 \tag{3.1}$$

但在最速降线问题中，小球的运动时间依赖的自变量数量大幅增加，甚至不再是有限的。如图 3.3 所示，运动路径可以被视为连续的空间点，每个点的位置都会影响小球的运动时间。因此，耗时函数可以表示为

$$\begin{cases} f(x_1,y_1,x_2,y_2,\cdots,x_i,y_i,\cdots) \\ x_i=x_{i-1}+\mathrm{d}x \end{cases} \tag{3.2}$$

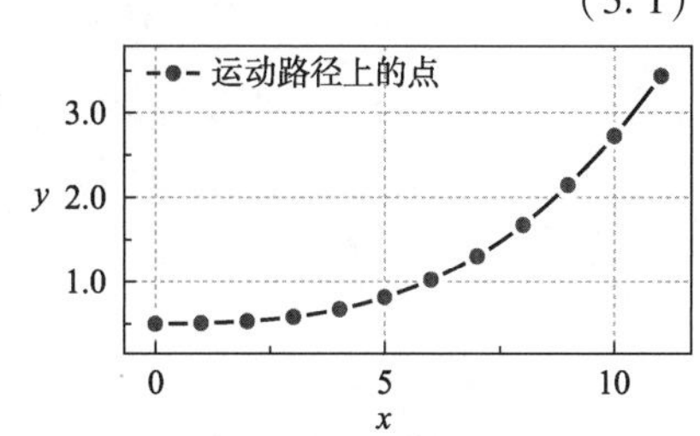

图 3.3 利用连续空间点表示运动路径

这个函数具有无穷多个自变量。为了简化表示，我们设小球的运动路径方程为 $y=g(x)$。对于每条特定的轨迹 $g(x)$，小球有一个唯一的运动时间，即

$$t=T(g(x))$$

我们的目标是调整 $g(x)$，使 $T(g(x))$ 最小。根据式（3.1），在普通函数的极值点附近，自变量的微小变化给函数值造成的变化为 0。我们寻找的最速降线 $g^*(x)$ 具有与普通函数极值点类似的性质。在嵌套函数 $T(g(x))$ 的极值路径 $g^*(x)$ 附近，当 $g^*(x)$ 发生微小变化时，整体函数值 $T(g(x))$ 的变化也为 0，所以求解过程可以表示为

$$\delta T(g(x))=0 \tag{3.3}$$

其中，δ 是变分算子，与微分算子 d 类似，其作用是得到目标函数的自变量（$g(x)$）发生一个微小的变化时，目标函数整体值的变化量。在现代数学中，严格的变分法涉及一系列复杂的定义和数学技巧，但在分析力学中，由于变分对象的特性，我们可以仅用微积分技巧得到变分方程的解。这部分内容将在拉格朗日力学部分被进一步探讨。

3.2 运动解释：选择作用量最小的路径

变分法不仅解决了最速降线问题，还为我们提供了一个优化视角来重新认识质点的机械运动。为了简化分析，我们设一个单独的质点，在仅受保守力作用的条件下进行一维运动。在牛顿力学框架中，有以下方程。

$$\begin{cases} F(x)=ma=m\dfrac{\mathrm{d}v}{\mathrm{d}t} \\ v=\dfrac{\mathrm{d}x}{\mathrm{d}t} \end{cases}$$

这里，$F(x)$ 表明保守力仅与质点所处的位置相关。根据上述方程，质点下一时刻的位移是由其

速度决定的（$\mathrm{d}x=v\mathrm{d}t$），而速度变化由加速度决定（$\mathrm{d}v=a\mathrm{d}t$），最终加速度由质点所受的力决定。从牛顿力学的角度，质点的运动是连续的，每一步的状态仅与前一步有关。从这个逻辑出发，质点的未来状态基本上由其初始状态决定。

如图 3.2 所示，我们可以从不同的视角看待质点的运动问题。质点从点 A 运动到点 B 可能有多条路径，但在实际观察中，我们只看到一条。这引发了一个问题：面对许多条可能的路径，自然界是如何做出选择的？考虑到力学实验的可重复性，我们可以合理地假设自然界在选择路径时具有理性偏好。这个选择过程可以分为以下几步。

（1）评价路径上的每一点。质点在某一空间点上的运动信息与其力学状态（位置 x、速度 $\dot{x}$），以及经过此点的时间 t 有关。因此，路径上每个点的得分应是 x、$\dot{x}$ 和 t 的函数。我们将此函数记为 $L(x,\dot{x},t)$，称为拉格朗日量或拉格朗日函数。

（2）累计路径上所有点的得分以得到总评分。利用微积分知识，这可以表示为路径的积分。因此，作用量（路径的总得分）可表示为

$$S=\int_{t_1}^{t_2}L(x,\dot{x},t)\,\mathrm{d}t \tag{3.4}$$

（3）根据路径得分选择实际路径。考虑到质点实际的运动轨迹是唯一的，最自然的策略是选择得分最高或最低的路径。这对应于使作用量的变分为零，即

$$\delta S=0 \tag{3.5}$$

从这个角度看，牛顿力学描述的微观运动现象被转化为宏观的作用量优化问题。这种观点通常被称为最小作用量原理，但这一称呼并不完全准确，因为极值可能是最大值或平稳点，而不仅是最小值。

3.3 动力学方程：基于拉格朗日函数的力学

为了证明最小作用量原理的正确性，我们需要找到证据。鉴于牛顿定律和最小作用量原理描述的是相同的物理现象，且牛顿定律已被广泛验证，我们可以推断：如果最小作用量原理是正确的，那么通过式（3.4）可以推导出牛顿定律。为了简化讨论，考虑质点不受与时间直接相关的力的作用。此时，我们不需要考虑时间对力学系统的直接影响，所以拉格朗日函数中的时间项可以省略，得到

$$S=\int_{t_1}^{t_2}L(x,\dot{x})\,\mathrm{d}t \tag{3.6}$$

该表达式是关于时间的复杂积分。借鉴牛顿的方法，我们可以使用微元法来处理这一积分。如图 3.4 所示，我们将连续的时间分为离散的时间段，每段时长为 Δt，将整个运动时间分为 n 段。

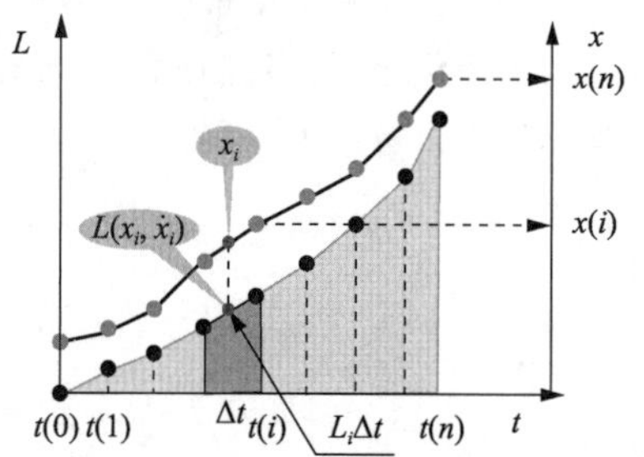

图 3.4　通过求和计算作用量积分

按照时间的先后顺序，这些时间段构成了一个有序数列，我们使用整数 i 来标记每一个时间段，并规定：

（1）x_i 表示第 i 段时间内物体所处的平均位置；

（2）$\dot{x}_i$ 表示第 i 段时间内物体的平均速度；

（3）L_i 表示第 i 段时间内的拉格朗日平均量；

（4）$t(i)$表示第 i 段时间的结束时刻；

（5）$x(i)$表示 $t(i)$时刻物体的位置。

离散化时间后，作用量表达式中的关键元素可以被离散地计算。因此，L 对时间的积分可以用求和近似表示为

$$\int_{t(0)}^{t(n)} L\mathrm{d}t \approx \sum_{i=1}^{n} L_i \Delta t$$

当时间间隔足够短，离散的时间段序列近似于连续的时间。因此，积分可以被视为求和的极限，从而被严格地计算出来。

$$\begin{aligned}\int_{t(0)}^{t(n)} L\mathrm{d}t &= \lim_{\Delta t \to 0} \sum_{i=1}^{n} L_i \Delta t \\ &= \sum_{i} L_i(x, \dot{x}) \Delta t \Big|_{\Delta t \to 0}\end{aligned} \tag{3.7}$$

当 Δt 很小时，第 i 段时间内的平均速度$\dot{x}_i$可以被视为瞬时速度。

$$\begin{aligned}\dot{x} &= \lim_{\Delta t \to 0} \frac{x(i)-x(i-1)}{\Delta t} \\ &= \frac{x(i)-x(i-1)}{\Delta t}\Bigg|_{\Delta t \to 0}\end{aligned} \tag{3.8}$$

相应地，物体的瞬时位置等于其平均位置 x_i，而平均位置可以用位置的中点表示。

$$\begin{aligned}x &= \lim_{\Delta t \to 0}\left(\frac{x(i)+x(i-1)}{2}\right) \\ &= \frac{x(i)+x(i-1)}{2}\Bigg|_{\Delta t \to 0}\end{aligned} \tag{3.9}$$

将式（3.8）和式（3.9）的结果代入作用量表达式，得到作用量的离散化表示。

$$S = \sum_{n} L\left(\frac{x(i) + x(i-1)}{2}, \frac{x(i) - x(i-1)}{\Delta t}\right) \Delta t \tag{3.10}$$

我们的目标是利用最小作用量原理求出物体位置和速度随时间的变化关系。为了实现这一目标，我们需要找到一个运动轨迹，使作用量 S 取极值。根据式（3.10），作用量与轨迹之间的嵌套函数关系已被离散化为作用量与一系列位置点之间的多元函数关系。因此，优化轨迹转化为调整这些位置点（记作 x_i）。例如，我们可以调整路径上的第 8 个位置点。该点对作用量的贡献只有两项，即

$$S_8 = L\left(\frac{x(8)+x(7)}{2}, \frac{x(8)-x(7)}{\Delta t}\right)\Delta t + L\left(\frac{x(9)+x(8)}{2}, \frac{x(9)-x(8)}{\Delta t}\right)\Delta t$$

为了通过调整 $x(8)$使作用量 S 极小化，我们需要计算 S 对 $x(8)$的偏导数。考虑到轨迹是任意选择的，$x(8)$可以独立于其他位置点（如 $x(1)$）变化。因此，对于作用量的所有贡献项，除了包含 $x(8)$的项，其他项的偏导数都为零，推而广之有

$$\frac{\partial x(i)}{\partial x(j)} = 0 \Bigg|_{i \neq j}$$

注意，S 是复合函数，其对 $x(8)$的依赖通过速度 $\dot{x}$ 和位置 x 来实现。应用链式法则，有

$$\begin{aligned}\frac{\partial S}{\partial x(8)}=&\frac{\partial L}{\partial x}\frac{\partial\left(\frac{x(8)+x(7)}{2}\right)}{\partial x(8)}+\frac{\partial L}{\partial \dot{x}}\frac{\partial\left(\frac{x(8)-x(7)}{\Delta t}\right)}{\partial x(8)}\\&+\frac{\partial L}{\partial x}\frac{\partial\left(\frac{x(9)+x(8)}{\Delta t}\right)}{\partial x(9)}+\frac{\partial L}{\partial \dot{x}}\frac{\partial\left(\frac{x(9)-x(8)}{2}\right)}{\partial x(9)}\\=&\frac{1}{\Delta t}\left(-\frac{\partial L}{\partial \dot{x}}\bigg|_{i=8}+\frac{\partial L}{\partial \dot{x}}\bigg|_{i=9}\right)+\frac{1}{2}\left(\frac{\partial L}{\partial x}\bigg|_{i=8}+\frac{\partial L}{\partial x}\bigg|_{i=9}\right)\end{aligned} \tag{3.11}$$

其中，$\left.\frac{\partial L}{\partial x}\right|_{i=8}$ 表示在第 8 个时间段计算函数$\frac{\partial L}{\partial x}$的值，$\left.\frac{\partial L}{\partial x}\right|_{i=9}$ 表示在第 9 个时间段计算函数$\frac{\partial L}{\partial x}$的值，而 $\left(\left.\frac{\partial L}{\partial \dot{x}}\right|_{i=9}-\left.\frac{\partial L}{\partial \dot{x}}\right|_{i=8}\right)$ 表示相邻两个时间段函数$\frac{\partial L}{\partial \dot{x}}$值的变化。当时间间隔 $\Delta t\to 0$，任何连续函数在时间段 Δt 内的取值变化也趋向于 0。在这种情况下，我们可以认为时间段 i 是连续的时间点。因此，$\left.\frac{\partial L}{\partial \dot{x}}\right|_{i}$ 可以被视为第 i 个时间段中点时刻的函数值。观察式（3.11）中的第一项，我们可以将其重写为

$$\begin{aligned}\left.\frac{1}{\Delta t}\left(-\frac{\partial L}{\partial \dot{x}}\bigg|_{i=8}+\frac{\partial L}{\partial \dot{x}}\bigg|_{i=9}\right)\right|_{\Delta t\to 0}&=\lim_{\Delta t\to 0}\left(\frac{\left.\frac{\partial L}{\partial \dot{x}}\right|_{i=9}-\left.\frac{\partial L}{\partial \dot{x}}\right|_{i=8}}{\Delta t}\right)\\&=\lim_{\Delta t\to 0}\left(\frac{\left.\frac{\partial L}{\partial \dot{x}}\right|_{t+\frac{\Delta t}{2}}-\left.\frac{\partial L}{\partial \dot{x}}\right|_{t-\frac{\Delta t}{2}}}{\Delta t}\right)\\&=\frac{\mathrm{d}}{\mathrm{d}t}\frac{\partial L}{\partial \dot{x}}\end{aligned}$$

观察式（3.11）中的第二项，即

$$\frac{1}{2}\left(\frac{\partial L}{\partial x}\bigg|_{i=8}+\frac{\partial L}{\partial x}\bigg|_{i=9}\right)$$

与第一项的分析类似，上述表达式代表了两个相邻时段，即函数$\frac{\partial L}{\partial x}$的算术平均值。当 $\Delta t\to 0$ 时，此算术平均值的极限即$\frac{\partial L}{\partial x}$本身，如下所示。

$$\left.\frac{1}{2}\left(\frac{\partial L}{\partial x}\bigg|_{i=8}+\frac{\partial L}{\partial x}\bigg|_{i=9}\right)\right|_{\Delta t\to 0}=\lim_{\Delta t\to 0}\frac{1}{2}\left(\frac{\partial L}{\partial x}\bigg|_{t-\frac{\Delta t}{2}}+\frac{\partial L}{\partial x}\bigg|_{t+\frac{\Delta t}{2}}\right)=\frac{\partial L}{\partial x}$$

将两项结合，我们可以得到作用量 S 关于 $x(8)$ 的偏导数为 0 的结果。

$$\frac{\mathrm{d}}{\mathrm{d}t}\frac{\partial L}{\partial \dot{x}}-\frac{\partial L}{\partial x}=0 \tag{3.12}$$

此式被称为欧拉-拉格朗日方程。由于 L 是位置和速度的函数，欧拉-拉格朗日方程实际上描述了位置和速度如何随时间变化，从这个角度看，它与牛顿定律是等价的。为了具体计算，我们赋予拉格朗日函数 L 以下形式。

$$
\begin{aligned}
L &= T - V \\
&= \frac{1}{2}m\dot{x}^2 - V(x)
\end{aligned}
$$

其中，T 是质点的动能，V 是势能。请注意，拉格朗日函数表示的是动能与势能的差值，而非质点的总能量 $E=T+V$。将 L 的具体形式代入欧拉-拉格朗日方程，注意到位置 x 和速度 $\dot{x}$ 相互独立，互相求导时值为 0，得到

$$
\begin{aligned}
\frac{\mathrm{d}}{\mathrm{d}t}\frac{\partial L}{\partial \dot{x}} - \frac{\partial L}{\partial x} &= \frac{\mathrm{d}}{\mathrm{d}t}(m\dot{x}) + \frac{\mathrm{d}V(x)}{\mathrm{d}x} \\
&= m\ddot{x} + \frac{\mathrm{d}V(x)}{\mathrm{d}x} \\
&= 0
\end{aligned}
$$

注意，势能 V 对位置 x 的导数的相反数即保守力，因此得到

$$
m\ddot{x} = -\frac{\mathrm{d}V(x)}{\mathrm{d}x}
$$

这与牛顿第二定律是一致的。

$$
F = ma = m\ddot{x}
$$

这表明，通过欧拉-拉格朗日方程，我们也可以得到牛顿第二定律。因此，欧拉-拉格朗日方程也可以被视为质点的动力学方程。这也解释了为什么我们选择拉格朗日函数的形式为 $L=T-V$，因为只有这样，最小作用量原理才能产生与实际物理现象一致的结果。

在推导欧拉-拉格朗日方程时，我们初步考虑了一个质点在一维空间中的运动情境。其实，当涉及多个质点在多维空间中的运动时，情况并不会有太大的不同。每个质点在各个维度上的运动可以被视为是相对独立的。基于这一点，我们可以将一维情况的推导方法逐一应用于每一个自由度（由广义坐标 q 标定）。从而，对于每一个自由度，我们可以得到与式（3.12）在形式上完全相同的欧拉-拉格朗日方程，即

$$
\frac{\mathrm{d}}{\mathrm{d}t}\frac{\partial L}{\partial \dot{q}_i} - \frac{\partial L}{\partial q_i} = 0 \tag{3.13}
$$

对于多质点系统，其拉格朗日函数 L 也可以写成总动能 T 减去总势能 V①的形式。

$$
L(q_1, q_2, \cdots; \dot{q}_1, \dot{q}_2, \cdots) = T(q_1, q_2, \cdots; \dot{q}_1, \dot{q}_2, \cdots) - V(q_1, q_2, \cdots)
$$

为简化表示，我们可以将其缩写为

$$
L(\{q\}, (\dot{q})) = T(\{q\}, \{\dot{q}\}) - V(\{q\})
$$

借助最小作用量原理对粒子整体运动路径的选择，我们从全新的角度重新诠释了牛顿定律。这意味着，无论是从牛顿定律的角度还是从路径选择的角度，都可以解决相同的物理问题。这一发现实现了从微观运动规则出发的牛顿力学与从宏观路径选择出发的分析力学之间的统一。然而，当前的理论仍存在局限性，例如我们尚未将非保守力（如洛伦兹力）纳入拉格朗日函数的考虑范围。关于这一点，我们将在 3. 8 节中进一步讨论。

例题 3.1 一个质量为 m 的小环被套在一根光滑的直杆上，将杆水平地放在光滑地面上，

① 这里只考虑保守系。

杆以恒定角速度 ω 绕着固定点 O 旋转。初始时刻，小环静止地位于 r_0 处，求小环的运动方程。

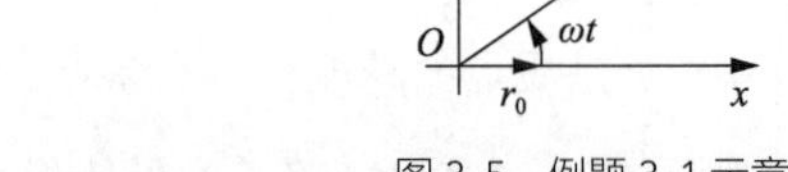

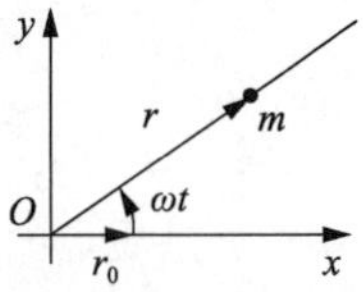

图 3.5　例题 3.1 示意

解　如图 3.5 所示，小环的坐标为

$$y=x\tan(\omega t)$$

广义坐标为

$$q=r$$

可得坐标变换，即

$$x=q\cos(\omega t)$$

$$y=q\sin(\omega t)$$

于是，小环的动能为

$$T=\frac{m}{2}(\dot{x}^2+\dot{y}^2)$$

$$=\frac{m}{2}(\dot{q}^2+q^2\omega^2)$$

由于在水平面上，小环的势能为零，拉格朗日函数为

$$L=T-V=\frac{m}{2}(\dot{q}^2+q^2\omega^2)$$

将其代入欧拉-拉格朗日方程，有

$$\frac{\mathrm{d}}{\mathrm{d}t}\frac{\partial L}{\partial \dot{q}}=m\ddot{q}$$

$$=\frac{\partial L}{\partial q}=mq\omega^2$$

可得关于广义坐标的方程，即

$$\ddot{q}=\omega^2 q$$

其通解为

$$q(t)=A\mathrm{e}^{\omega t}+B\mathrm{e}^{-\omega t}$$

代入以下初始边界条件，即

$$q(t=0)=r_0$$

$$\dot{q}(t=0)=0$$

可得小环的运动方程为

$$q(t)=\frac{1}{2}r_0(\mathrm{e}^{\omega t}+\mathrm{e}^{-\omega t})$$

3.4　对称操作：如何寻找系统的守恒量

虽然牛顿定律与欧拉-拉格朗日方程在描述质点动力学行为上具有等效性，但欧拉-拉格朗日

方程为我们揭示物理系统的整体性质提供了更加直观的途径。例如，对称性是自然界的一个普遍特性。如图 3.6 所示，对圆形进行对折或旋转操作后，所得的图形与最初的圆形无法区分开来。

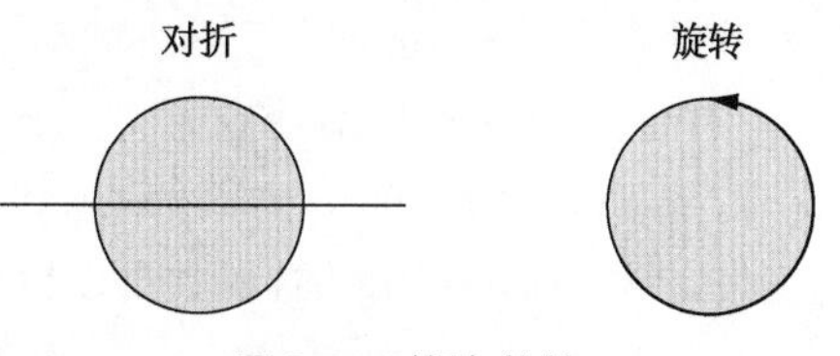

图 3.6 对折与旋转

这意味着，对称性代表着某种守恒性。对于自由空间中孤立存在的质点，其时间和空间都表现出对称性，因此其拉格朗日函数不应依赖于特定的坐标和时间。这导致拉格朗日函数仅为速度的函数，即

$$L = L(\dot{x}^2)$$

从中我们可以得到

$$\frac{\partial L}{\partial x} = 0$$

将上式代入欧拉-拉格朗日方程，可得

$$\frac{\mathrm{d}}{\mathrm{d}t}\frac{\partial L}{\partial \dot{x}} = 0$$

若某量的时间导数为 0，则该量不随时间改变，即该量守恒。对上述方程进行积分，得到

$$\int \mathrm{d}\left(\frac{\partial L}{\partial \dot{x}}\right) = \int 0$$

$$\Rightarrow \frac{\partial L}{\partial \dot{x}} = 常数$$

在拉格朗日函数中，不显式出现的坐标称为循环坐标。每一个循环坐标对应一个守恒的循环积分，即

$$\int \mathrm{d}\left(\frac{\partial L}{\partial \dot{q}_i}\right)$$

对于自由质点，代入具体的拉格朗日函数形式，得到

$$\frac{\partial L}{\partial \dot{x}} = \frac{\partial\left(\frac{1}{2}m\dot{x}^2\right)}{\partial \dot{x}}$$

$$= m\dot{x}$$

这里的 $m\dot{x}$ 即动量。通过欧拉-拉格朗日方程及系统的对称性，我们推导出了动量守恒定律。对于多自由度系统，若系统相对于广义坐标 q 具有对称性，由式（3.13）可得

$$\frac{\partial L}{\partial \dot{q}} = 常数$$

我们把 $m\dot{x}$ 称为动量，把式（3.14）中的 p 称为广义动量。

$$p = \frac{\partial L}{\partial \dot{q}} \tag{3.14}$$

注意，广义动量是通过 $\frac{\partial L}{\partial \dot{q}}$ 的计算形式定义的。根据 L 与 $\dot{q}$ 的具体关系，在最终表达式上，

广义动量可能和 $m\dot{x}$ 这种大家熟悉的动量大相径庭。由于广义动量与广义坐标之间存在特殊的对应关系，我们经常称广义动量为广义坐标的共轭动量。

对于非孤立的质点，考虑由地球和太阳组成的双质点系统，其势能仅与它们之间的相对位置有关。该系统的拉格朗日函数可以被写为

$$L=\frac{1}{2}(\dot{x}_1^2+\dot{x}_2^2)-V(x_1-x_2)$$

若我们对系统进行整体平移，即

$$x_1'=x_1+c$$
$$x_2'=x_2+c$$

得到

$$\dot{x}_1'=\dot{x}_1+\dot{c}=\dot{x}_1$$
$$\dot{x}_2'=\dot{x}_2+\dot{c}=\dot{x}_2$$
$$x_1'-x_2'=x_1-x_2$$

这表明平移操作不改变系统的势能和拉格朗日函数，即拉格朗日函数具有平移对称性。将上式代入欧拉-拉格朗日方程，我们可以得到

$$\dot{x}_1=-V'(x_1-x_2)$$
$$\dot{x}_2=+V'(x_1-x_2)$$

其中，V'表示 V 的导数。将上述两式相加，得到

$$\dot{x}_1+\dot{x}_2=-V'(x_1-x_2)+V'(x_1-x_2)$$
$$=\frac{\mathrm{d}(x_1+x_2)}{\mathrm{d}t}=0$$

(x_1+x_2)为一个守恒量，从而我们得到了系统的质心运动规律。

通过以上分析，我们认识到当对系统的坐标进行某种操作（如平移或求和）不改变拉格朗日函数时，利用欧拉-拉格朗日方程，可以获得相应的守恒量。如果该操作不改变拉格朗日函数的值，通过欧拉-拉格朗日方程，我们将得到与操作对应的守恒量。这种不改变拉格朗日函数的坐标变换被称为对称操作。不过，寻找合适的对称操作并不总是直观的，利用对称性寻找守恒定律仍是现代物理学中的重要研究内容。

3.5 哈密顿量：时间平移对称性与能量守恒

前文，我们已经深入探讨了守恒量与对称性之间的紧密联系。简单地说，对于任意给定的物理系统，如果存在某种对称操作不改变其拉格朗日函数，则通过欧拉-拉格朗日方程，我们可以从中推导出相应的守恒量。例如，系统的空间平移对称性与动量守恒相对应。考虑到许多物理系统都具有时间平移对称性，本节将重点探讨当系统具有时间平移对称性时，会得到何种守恒量。

首先，我们需要理解时间对称性的确切含义。这种对称性意味着系统的拉格朗日函数不能直接受时间影响。形式上，这可以被理解为拉格朗日函数不显式地依赖时间。例如，对于自由运动的粒子，其拉格朗日函数是坐标和速度的函数。在笛卡儿坐标系下，此拉格朗日函数可以表

示为

$$L(x,\dot{x})$$

尽管拉格朗日函数不显式地依赖时间，但当粒子的坐标和速度随时间变化时，拉格朗日函数也会相应地变化。这意味着 L 可以被视为时间的嵌套函数，即

$$L(x,\dot{x}) = L(x(t),\dot{x}(t))$$

以一个由小球和弹簧构成的简谐振子为例，其拉格朗日函数为

$$L = \frac{1}{2}(m\dot{x}^2 - kx^2)$$

如果简谐振子的运动是由 $x=\sin(t)$ 描述的，则 L 与时间的关系为

$$L(\cos(t),\sin(t))$$

这一公式清楚地展示了时间是如何间接地通过改变坐标 x 和速度 $\dot{x}$ 来影响拉格朗日函数 L 的。当然，系统的拉格朗日函数可以显含时间影响。在某些情况下，例如现实世界中的弹簧可能会受到反复拉伸，导致其自然长度变长，或因与空气接触而生锈，从而导致弹簧的弹性系数 k 随时间衰减。因此，真实的弹簧系统的拉格朗日函数为

$$L = \frac{1}{2}[m\dot{x}^2 - k(t)x^2]$$

这说明，即使系统的坐标和速度保持不变，随着时间的流逝，系统的拉格朗日函数也会发生变化。因此，拉格朗日函数可以显式地表示为

$$L = L(x,\dot{x},t)$$

为了定量地研究拉格朗日函数随自变量的变化，我们需要对其进行全微分。对应的表达式为

$$\mathrm{d}L = \sum_i \left(\frac{\partial L}{\partial x_i}\mathrm{d}x_i + \frac{\partial L}{\partial \dot{x}_i}\mathrm{d}\dot{x}_i\right) + \frac{\partial L}{\partial t}\mathrm{d}t \tag{3.15}$$

拉格朗日函数有 3 个自变量：坐标、速度和时间。它们均能引起 L 的变化。坐标 x_i 的微小变化 $\mathrm{d}x_i$ 导致 L 的变化为

$$\frac{\partial L}{\partial x_i}\mathrm{d}x_i$$

速度 $\dot{x}_i$ 的微小变化 $\mathrm{d}\dot{x}_i$ 对 L 的影响为

$$\frac{\partial L}{\partial \dot{x}_i}\mathrm{d}\dot{x}_i$$

最后，时间 t 的微小变化 $\mathrm{d}t$ 引起 L 的变化为

$$\frac{\partial L}{\partial t}\mathrm{d}t$$

将上述 3 种变化累加，得到总的拉格朗日函数变化，即 L 的全微分式。考虑单位时间内 L 的变化率，有

$$\frac{\mathrm{d}L}{\mathrm{d}t} = \sum_i \left(\frac{\partial L}{\partial x_i}\dot{x}_i + \frac{\partial L}{\partial \dot{x}_i}\ddot{x}_i\right) + \frac{\partial L}{\partial t} \tag{3.16}$$

式（3.16）中出现了 L 对坐标 x 的偏导和 L 对速度 $\dot{x}$ 的偏导，欧拉-拉格朗日方程描述了两者之间的关系，即

$$\frac{\mathrm{d}}{\mathrm{d}t}\frac{\partial L}{\partial \dot{x}_i} - \frac{\partial L}{\partial x_i} = 0 \tag{3.17}$$

联立式（3.16）和式（3.17），得到

$$\frac{\mathrm{d}L}{\mathrm{d}t}=\sum_i\left(\frac{\mathrm{d}}{\mathrm{d}t}\left(\frac{\partial L}{\partial\dot{x}}\right)\dot{x}_i+\frac{\partial L}{\partial\dot{x}_i}\frac{\mathrm{d}}{\mathrm{d}t}(\dot{x}_i)\right)+\frac{\partial L}{\partial t}$$

进一步，$\left(\frac{\mathrm{d}}{\mathrm{d}t}\left(\frac{\partial L}{\partial\dot{x}}\right)\dot{x}_i+\frac{\partial L}{\partial\dot{x}_i}\frac{\mathrm{d}}{\mathrm{d}t}(\dot{x}_i)\right)$ 可以被凑成一个全导数，有

$$\frac{\mathrm{d}L}{\mathrm{d}t}=\sum_i\left(\frac{\mathrm{d}}{\mathrm{d}t}\left(\frac{\partial L}{\partial\dot{x}}\dot{x}_i\right)\right)+\frac{\partial L}{\partial t}$$

这个结果在任何坐标系下都是适用的，不仅限于直角坐标系。我们可以使用广义坐标 $\{q_i\}=q_1,q_2,\cdots,q_s$ 来表述上述关系。考虑到广义坐标 q_i 与广义动量 p_i 的关系式，我们可以将 x_i 替换为 q_i，将 $\frac{\partial L}{\partial\dot{x}_i}$ 替换为 p_i，得到

$$\frac{\mathrm{d}L}{\mathrm{d}t}=\sum_i\left(\frac{\mathrm{d}}{\mathrm{d}t}(p_i\dot{q}_i)\right)+\frac{\partial L}{\partial t}$$

注意，有限的求和可以与求导操作交换顺序，将上式重写为

$$\frac{\mathrm{d}L}{\mathrm{d}t}=\frac{\mathrm{d}}{\mathrm{d}t}\left(\sum_i(p_i\dot{q}_i)\right)+\frac{\partial L}{\partial t}$$

通过进一步的整合，我们可以得到

$$\frac{\mathrm{d}\left(\sum_i(p_i\dot{q}_i)-L\right)}{\mathrm{d}t}=-\frac{\partial L}{\partial t}$$

在系统满足时间平移对称性的情况下，拉格朗日函数 L 不直接依赖于时间 t，这意味着

$$\frac{\partial L}{\partial t}=0$$

从而得出

$$\frac{\mathrm{d}\left(\sum_i(p_i\dot{q}_i)-L\right)}{\mathrm{d}t}=0$$

这引出了一个重要的量，其时间导数为 0，我们称之为哈密顿量 H。

$$H=\sum_i(p_i\dot{q}_i)-L \tag{3.18}$$

为了深入探讨哈密顿量的物理意义，我们首先将坐标系转换为更为熟悉的直角坐标系。考虑一维单粒子系统，其哈密顿量 H 表示为

$$\begin{aligned}H&=m\dot{x}\cdot\dot{x}-L\\&=m\dot{x}^2-\frac{1}{2}m\dot{x}^2+V(x)\\&=T+V\end{aligned}$$

其中，T 为动能，V 为势能。由此可见，哈密顿量实际上等同于系统的势能和动能之和，即系统的总机械能。此外，还有

$$\frac{\mathrm{d}H}{\mathrm{d}t}=-\frac{\partial L}{\partial t}=0$$

这意味着，当系统具有时间平移对称性，其拉格朗日函数 L 不显含 t，系统的哈密顿量保持不变，从而体现了系统总能量的守恒性。相反，当 L 随时间显式变化时，系统的能量将不再守恒。以实际的一维弹簧谐振子为例，假设随着时间推移，由于空气的氧化作用，弹簧的弹性系数逐渐减小。此时，其拉格朗日函数可以表示为

$$L=\frac{1}{2}[m\dot{x}^2-k(t)x^2]$$

基于上述方程，我们可以计算出哈密顿量随时间的变化率为

$$\frac{\mathrm{d}H}{\mathrm{d}t}=-\frac{\partial L}{\partial t}=\frac{1}{2}\frac{\mathrm{d}k}{\mathrm{d}t}x^2$$

这表明，由于弹簧弹性系数的减小，谐振子系统的总能量会发生变化。具体地说，由于弹性系数在减小，即 $\frac{\mathrm{d}k}{\mathrm{d}t}<0$，系统的总能量将逐渐降低。这一现象可以从势能的角度来解释：由于弹簧的势能与其弹性系数正相关，弹性系数的减小会导致系统的势能下降，进而使总能量减少。一个引人关注的问题是，这部分减少的能量去向何处了？实际上，由于外部空气中的化学作用，弹簧发生化学反应，导致其内部的弹性势能被释放到外部环境中。简言之，系统能量不守恒的原因在于与时间相关的外部影响。然而，如果我们将弹簧和空气视为一个完整的系统，空气的氧化作用可以被视为一个与时间无直接关系的内部过程，从而系统的能量又恢复了守恒性。因此，从更广泛的视角看，能量始终是守恒的，关键在于我们是否能识别出这个“更大”的系统。

3.6 动力学方程：基于哈密顿量的力学体系

3.6.1 相空间：提高表示维度、降低粒子数目

考虑一个由 n 个自由运动粒子组成的系统。其欧拉-拉格朗日方程实际上由 $3n$ 个以下形式的微分方程组成。

$$\frac{\mathrm{d}}{\mathrm{d}t}\frac{\partial L}{\partial \dot{x}_i}-\frac{\partial L}{\partial x_i}=0$$

由于 $\dot{x}$ 是坐标关于时间的一阶导数，每个方程在这个方程组中都是坐标关于时间的二阶微分方程。按照微分方程理论，求解 $3n$ 个二阶微分方程并得到粒子的运动方程 $x_i(t)$，我们需要 $3n\times2=6n$ 个初始条件。引入广义坐标 q 及其共轭动量 p，我们可以将 $3n$ 个二阶微分方程降为 $6n$ 个以下形式的一阶微分方程。

$$\begin{aligned}p_i&=\frac{\partial L}{\partial \dot{q}_i}\\ \dot{p}_i&=\frac{\partial L}{\partial q_i}\end{aligned}\tag{3.19}$$

观察式（3.19），我们注意到两个方程的结构相似，只有用于标记时间导数的点号（·）的位置不同。这暗示了分属于不同粒子的广义坐标 q_i 和共轭动量 p_i 可以被视为等同的变量。实际上，

看似属于空间性质的坐标和属于运动性质的动量并无本质上的差异，甚至不同粒子的坐标和动量也没有本质上的不同。它们都是描述系统状态的抽象变量。因此，一个由多个粒子组成的机械系统的运动信息可以由其所有粒子的坐标和动量组合来描述，即

$$(q_1, q_2, \cdots; p_1, p_2, \cdots)$$

也就是说，系统可以被看作在相空间（参见 1.4 节）中运动。

在三维空间中，描述 n 个粒子的运动状态需要 n 个点。追踪它们的 n 条运动轨迹可能极为复杂。但在 $6n$ 维的相空间中，描述 n 个粒子的状态只需一个点，其运动只有一条轨迹。这相当于把三维空间中的 n 个实体质点等效为了相空间中的一个虚拟粒子。需要注意的是，这 n 个质点并不一定都是完全自由的。如果它们的自由度被限制为 m，则相应相空间的维度将是 $2m$ 维。

相空间提供了一个新的视角，使得物理系统的运动描述可以得到简化。下面，我们以一维弹簧谐振子为例进行说明。谐振子的拉格朗日函数被定义为

$$L = T - V = \frac{1}{2}m\dot{x}^2 - \frac{1}{2}kx^2$$

考虑到弹簧的弹性系数 k 等于角频率 ω 的二次方乘以质量 m，我们引入一个广义坐标 q，并将其定义为

$$q = (\omega m)^{\frac{1}{2}} x$$

这样，拉格朗日函数 L 可以被重新表示为 q 和 $\dot{q}$ 的函数，即

$$\begin{aligned} L &= T - V \\ &= \frac{1}{2}m\dot{x}^2 - \frac{1}{2}\omega^2 m x^2 \\ &= \frac{1}{2\omega}\dot{q}^2 - \frac{\omega}{2}q^2 \end{aligned}$$

基于哈密顿量和拉格朗日函数的关系，以及 p、q 与 L 的关系式，我们可以写出新坐标系下的弹簧谐振子哈密顿量，即

$$H = \sum_i (p_i \dot{q}_i) - L = \frac{\omega}{2}(p^2 + q^2)$$

这个哈密顿量形式上呈现了明显的对称性，它对于坐标和动量的依赖是完全对等的。而哈密顿量实际上代表了系统的总能量。因此，当弹簧的能量守恒时，系统的哈密顿量 $H(p, q)$ 将是一个常数。

$$\begin{aligned} H(p, q) &= E \\ (p^2 + q^2) &= \frac{2E}{\omega} \end{aligned} \tag{3.20}$$

这表明，在相空间中，弹簧谐振子的运动轨迹为一个圆形。换句话说，虽然在一维空间中谐振子的运动可能呈现为复杂的往复运动，但在二维相空间中，这种运动实际上可以被解释为简单的圆周运动。

3.6.2 哈密顿方程：在相空间建立动力学方程

在相空间中对运动进行描述之后，为了确定系统的广义坐标和动量如何随时间演化，我们还需要一个动力学方程。考虑哈密顿量与拉格朗日函数的关系式，有

$$H(\{q\},\{\dot{q}\})=\sum_i(p_i,\dot{q}_i)-L(\{q\},\{\dot{q}\}) \tag{3.21}$$

对式（3.21）等式两边同时求全微分，观察哈密顿量与坐标和动量的变化依赖，我们可以将式（3.21）左边的微分项展开为

$$\mathrm{d}H(\{q\},\{p\})=\sum_i\left(\frac{\partial H}{\partial p_i}\mathrm{d}p_i+\frac{\partial H}{\partial q_i}\mathrm{d}q_i\right) \tag{3.22}$$

将右边的微分项展开为

$$\begin{aligned}\mathrm{d}H&=\sum_i(p_i\mathrm{d}\dot{q}_i+\dot{q}_i\mathrm{d}p_i)-\mathrm{d}L\\&=\sum_i\left(p_i\mathrm{d}\dot{q}_i+\dot{q}_i\mathrm{d}p_i-\frac{\partial L}{\partial q_i}\mathrm{d}q_i-\frac{\partial L}{\partial \dot{q}_i}\mathrm{d}\dot{q}_i\right)\end{aligned}$$

考虑到广义动量的定义，即

$$\frac{\partial L}{\partial \dot{q}_i}=p$$

有

$$\mathrm{d}H=\sum_i\left(\dot{q}_i\mathrm{d}p_i-\frac{\partial L}{\partial q_i}\mathrm{d}q_i\right)$$

又因为

$$\frac{\partial L}{\partial q_i}=\dot{p}$$

我们可以得到

$$\mathrm{d}H=\sum_i(\dot{q}_i\mathrm{d}p_i-\dot{p}_i\mathrm{d}q_i)$$

将上式与式（3.22）对比，我们可以得到相空间中粒子的广义坐标和其共轭动量随时间的演化关系，称为哈密顿正则方程，简称哈密顿方程，即

$$\begin{aligned}\dot{q}_i&=\frac{\mathrm{d}q_i}{\mathrm{d}t}=\frac{\partial H}{\partial p_i}\\\dot{p}_i&=\frac{\mathrm{d}p_i}{\mathrm{d}t}=-\frac{\partial H}{\partial q_i}\end{aligned} \tag{3.23}$$

除了一个负号的差异，这一对方程在形式上具有对称性。与欧拉-拉格朗日方程相比，哈密顿方程在相空间中为动力学问题提供了一个更为简洁且容易记忆的描述方法。

与欧拉-拉格朗日方程相似，在哈密顿方程中，当哈密顿量 H 不显式地依赖某些坐标时，这些坐标被称为循环坐标。例如，考虑哈密顿量 H 仅为 q 的函数且不依赖 p 时，有

$$\dot{q}=\frac{\partial H(q)}{\partial p}=0$$

这意味着

$$q(t)=常数$$

这表明，循环坐标的出现可以大大简化运动方程的求解过程，为我们提供了一个强大的分析工具。

3.6.3　勒让德变换：为动力学方程选择自变量

哈密顿量不仅在能量方面具有物理意义，在数学上，它与拉格朗日函数之间也可以被视为

一种函数变换关系

$$L(\{q_i\},\{\dot{q}_i\},t)\rightarrow H(\{q_i\},\{p_i\},t)$$

其中

$$p_i=\frac{\partial L}{\partial \dot{q}_i}$$

这种变换的优势在于，它将 s 个广义坐标的二阶欧拉-拉格朗日方程转化为 $2s$ 个关于广义坐标和广义动量的正则方程，同时保持了良好的对称性。实际上，在求解微分方程时，选择合适的自变量以使方程降价，同时保留原方程的所有信息，从而简化方程的求解，是一个普遍存在的数学挑战。勒让德变换就是针对这一问题的经典解决方法。

考虑一个一维函数 $f=f(x)$，其全微分为

$$\mathrm{d}f=\frac{\mathrm{d}f}{\mathrm{d}x}\mathrm{d}x$$

如图 3.7 所示，一般情况下，x 和其对应的导数 $u=\dfrac{\mathrm{d}f}{\mathrm{d}x}$是两个独立的变量。

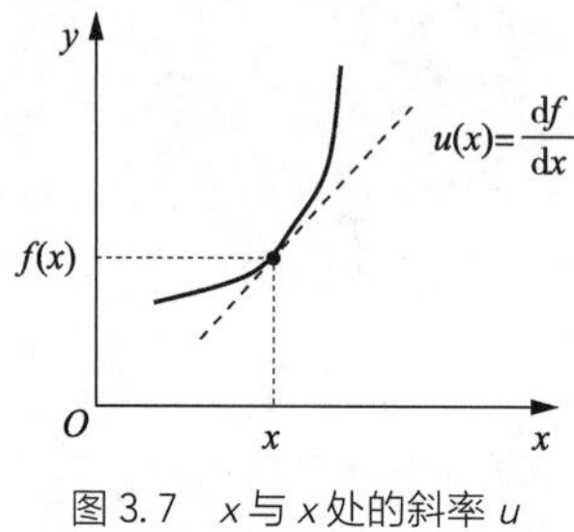

图 3.7　x 与 x 处的斜率 u

若引入 x 的导数 u 作为新的独立变量，则函数的二阶导数可以实现降阶，即

$$\frac{\mathrm{d}^2f}{\mathrm{d}x^2}=\frac{\mathrm{d}u}{\mathrm{d}x}$$

但遗憾的是，若直接使用新变量定义，即

$$\frac{\mathrm{d}f}{\mathrm{d}x}=u(x)$$

并通过反解该关系得到 $x(u)$，进而将其代入 $f(x)$，得到的函数变换 $g(u)=f(x(u))$ 并不具有唯一性。例如

$$f_1(x)=\frac{1}{2}x^2\qquad\Rightarrow u_1=\frac{\mathrm{d}f_1}{\mathrm{d}x}=x\qquad\Rightarrow x=u_1\qquad\Rightarrow g(u_1)=\frac{1}{2}u_1^2$$

$$f_2(x)=\frac{1}{2}(x+c)^2\quad\Rightarrow u_2=\frac{\mathrm{d}f_2}{\mathrm{d}x}=x+c\quad\Rightarrow x=u_2-c\quad\Rightarrow g(u_2)=\frac{1}{2}u_2^2$$

这意味着通过此变换，当我们试图返回原坐标时，会因为无法得到唯一的结果，而无法确定原方程的确切形式。换言之，这种变换可能会丢失原方程的部分信息，从而使函数变换的效果受到削弱。

为确保在进行坐标变换时原方程的信息得以保留，必须对主函数进行适当的调整。考虑

$$\mathrm{d}f=u\mathrm{d}x=\mathrm{d}(ux)-x\mathrm{d}u$$

推导出

$$d(f-ux)=-x\mathrm{d}u$$

从而得到

$$\frac{\mathrm{d}(ux-f)}{\mathrm{d}u}=x$$

我们定义函数$f(x)$的勒让德变换为

$$g(u)=ux-f(x)=\frac{\mathrm{d}f}{\mathrm{d}x}x-f(x) \tag{3.24}$$

此勒让德变换具有一一对应关系，因其逆变换与正变换具有相同的结构，即

$$f(x)=ux-g(u)=u\frac{\mathrm{d}g}{\mathrm{d}u}-g(u)$$

观察勒让德变换式，它有着易于记忆的结构：新函数是需要被替换的自变量（如x）与原函数对该变量的导数（如$\frac{\mathrm{d}f}{\mathrm{d}x}=u$）的乘积减去原函数。此结果也适用于多元函数。以二元函数为例，考虑

$$f=f(x,y)$$

其全微分为

$$\begin{aligned}\mathrm{d}f&=\frac{\partial f}{\partial x}\mathrm{d}x+\frac{\partial f}{\partial y}\mathrm{d}y\\&=u(x,y)\mathrm{d}x+v(x,y)\mathrm{d}y\end{aligned}$$

进行坐标变换，将第二个变量y替换为关于它的一阶导数，即

$$(x,y)\to(x,v)$$

与一维情况类似，得到

$$\begin{aligned}\mathrm{d}f&=u\mathrm{d}x+v\mathrm{d}y\\&=u\mathrm{d}x+\mathrm{d}(vy)-y\mathrm{d}v\end{aligned}$$

这导致

$$\mathrm{d}(vy-f)=y\mathrm{d}v-u\mathrm{d}x$$

于是，有

$$\frac{\partial(vy)-f}{\partial x}=-u$$

$$\frac{\partial(vy)-f}{\partial v}=y$$

因此，二元函数的勒让德变换为

$$\begin{aligned}g(x,v)&=vy-f(x,y)\\&=y\frac{\partial f}{\partial y}-f(x,y)\end{aligned}$$

其结构与一元函数的勒让德变换的结构完全相同。

使用勒让德变换，我们可以重构拉格朗日函数，将与速度相关的广义坐标替换为共轭动量。

$$L(\{q\},\{\dot{q}\})\to G\left(\{q\},\left\{p=\frac{\partial L}{\partial\dot{q}}\right\}\right)$$

得到的函数 G 等于被替换的坐标 $\dot{q}_i$ 与原函数 L 关于 $\dot{q}_i$ 的一阶导数 $\frac{\partial L}{\partial \dot{q}_i}=p_i$ 的乘积（现在共有 s 项）减去原函数。

$$G=\sum_{i=1}^{s}\dot{q}_i p_i-L$$

与式（3.18）对比，我们发现哈密顿量是拉格朗日函数的勒让德变换。

$$G=\sum_{i=1}^{s}\dot{q}_i p_i-L=H$$

3.6.4　刘维尔定理：系统初态对运动的影响

哈密顿方程描述了相空间中的动力学演化。给定系统的初始状态$(q(t_0),p(t_0))$，根据该方程我们可以推断出下一时刻的系统状态，即

$$q(t_0+\Delta t)=q(t_0)+\frac{\partial H}{\partial p}\Delta t$$

$$p(t_0+\Delta t)=p(t_0)-\frac{\partial H}{\partial q}\Delta t$$

通过此方式，我们可以追踪系统在相空间中的演化轨迹。这意味着系统的初始状态与其后续的动力学行为是一一对应的，与牛顿力学的决定论观点相契合。但是该决定论还有一个不确定的因素，那就是系统的初始状态存在众多可能性。

一个引人关注的问题是，在初始状态不确定的背景下，系统存在哪些固有的行为特征？为了探索此问题，考虑将所有可能的初始状态映射到相空间，如图 3.8 所示。这些状态点构成一个“粒子群”。

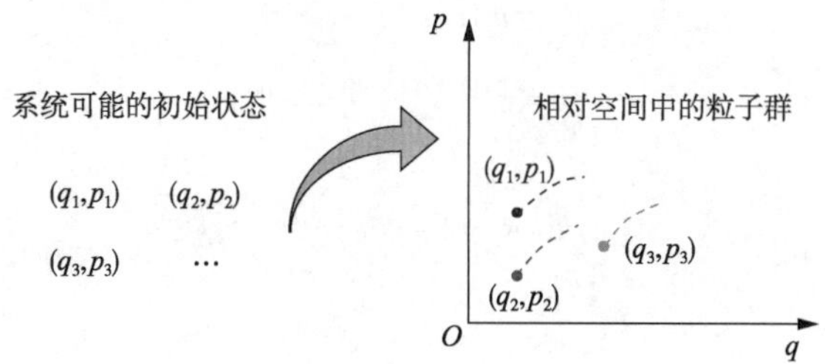

图 3.8　与系统可能的初始状态对应的相空间粒子群

随时间演进，这些“粒子”根据哈密顿方程移动，形成相空间中的流体动态。由于这种流动起源于所有可能的初始条件，它涵盖系统所有可能的动力学行为。因此，研究这种流体动态等同于研究系统所有可能的演化。流体的动力学行为可能较复杂，如涡旋的形成。某些宏观属性，如流向，可能较为明显。

在描述流体动态时，关键是确定一个有效的描述方法。采用系统论的角度（元素、关系和功能）进行分析能为我们提供思路。以流水为例，首先考虑其元素。物质由分子这种微观颗粒组成，因此流水的基本元素是水分子。接下来，我们考虑这些元素间的关系。水分子间存在吸引和排斥两种相互作用：远距离吸引使得水分子聚集成液态，而近距离排斥保证了液态水的不可压缩性。这些相互作用使液态水既具有流动性，又维持一定的体积。最后，考虑其功能，流水有多种功能，例如饮用。但从运动的角度看，流水的主要功能是其流动性。如图 3.9 所示，流动是

一个集体概念，类似于鸟群或鱼群的整体移动。

鸟群的整体移动

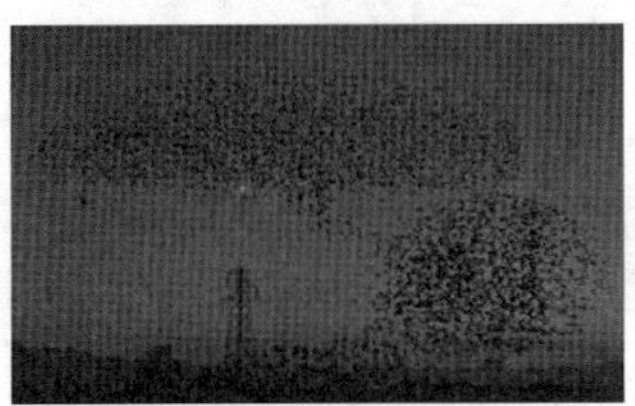

鱼群的整体移动

图 3.9 鸟群和鱼群的整体移动

在流体中，单个分子的具体运动轨迹并不是重点，重点是这些分子如何作为一个整体进入或离开特定区域以导致其形状变化和位置移动。因此，对于流体，我们需要知道其在空间中每一点的速度。由于速度是矢量，我们可以定义一个速度矢量场来描述流体的动态。此速度矢量场 $\boldsymbol{v}=\boldsymbol{v}(\{q_i\},\{p_i\})$ 可为我们提供流体在相空间中每一点的速度信息，从而为流体的整体动态提供描述。我们对矢量场其实并不陌生。例如，电场就是矢量场，如图 1.35 所示，我们为空间中的每一点分配一个电场矢量 $\boldsymbol{E}=\boldsymbol{E}(x,y,z)$，并通过这些矢量的时空变化 $\boldsymbol{E}=\boldsymbol{E}(x,y,z,t)$ 来描述场的动态。

一旦将流体运动描述为速度场，我们就可以应用在 1.3.4 节中学到的分析矢量空间分布的方法来研究流体的运动。首先，我们观察相空间中虚拟粒子的聚散特性，这需要用到速度场的散度，即

$$\nabla\cdot\boldsymbol{v}=\sum\frac{\partial v_{p_i}}{\partial p_i}+\sum\frac{\partial v_{q_i}}{\partial q_i}$$

根据定义，速度场描述了相空间中某点的流体速度，即该点的虚拟粒子速度。因此，速度场在第 i 个相空间方向上的分量表示该处的虚拟粒子沿 q_i 或 p_i 方向的移动速度，即它们关于时间的导数，关系为

$$v_{p_i}=\dot{p}_i$$

$$v_{q_i}=\dot{q}_i$$

使用哈密顿方程，有

$$v_{q_i}=\frac{\partial H}{\partial p_i}$$

$$v_{p_i}=-\frac{\partial H}{\partial q_i}$$

我们可以得出速度场的散度为

$$\nabla\cdot\boldsymbol{v}=\sum_i\left(\frac{\partial}{\partial q_i}\frac{\partial H}{\partial p_i}-\frac{\partial}{\partial p_i}\frac{\partial H}{\partial q_i}\right)$$

由于偏导数的顺序可以互换，即

$$\frac{\partial}{\partial q_i}\frac{\partial H}{\partial p_i}=\frac{\partial}{\partial p_i}\frac{\partial H}{\partial q_i}$$

有

$$\nabla\cdot\boldsymbol{v}=\sum_i\left(\frac{\partial}{\partial q_i}\frac{\partial H}{\partial p_i}-\frac{\partial}{\partial p_i}\frac{\partial H}{\partial q_i}\right)=0$$

在相空间中，速度场的散度为零，这意味着相空间中的流体是不可压缩的。无论流体在初始时刻的形状如何，其总体积或密度在随后的运动中都将保持不变。这一物理现象被称为刘维尔定理。刘维尔定理不仅揭示了相空间中流体动态的内在性质，还提供了一个深刻的观点：对于不可压缩流体，空间中的任意区域，无论流入多少粒子，都将有等量的粒子流出。值得注意的是，这里提到的“空间区域”可以被理解为系统状态的一个子集。进一步地，当这个空间区域缩小到仅包括一个点时（即代表特定的系统状态），则一个粒子（系统状态）进入该点必定有且仅有一个粒子（系统状态）离开该点。参照 1.1.3 节对可逆系统的描述，这种特性意味着系统在相空间中沿着时间线前进或回溯的演化是确定的，进一步证实了由哈密顿方程描述的经典力学系统具有可逆性。

3.7 泊松括号：统一处理物理量的变化

至本节，本书已经介绍了 3 种不同的力学框架以解析质点的运动。

① 牛顿方程。

$$\frac{\mathrm{d}(m\dot{x}_i)}{\mathrm{d}t} = -\frac{\partial V}{\partial x_i} \tag{3.25}$$

② 欧拉-拉格朗日方程。

$$\frac{\mathrm{d}}{\mathrm{d}t}\frac{\partial L}{\partial \dot{q}_i} - \frac{\partial L}{\partial q_i} = 0 \tag{3.26}$$

③ 哈密顿方程。

$$\begin{aligned} \dot{q}_i &= \frac{\mathrm{d}q_i}{\mathrm{d}t} = \frac{\partial H}{\partial p_i} \\ \dot{p}_i &= \frac{\mathrm{d}p_i}{\mathrm{d}t} = -\frac{\partial H}{\partial q_i} \end{aligned} \tag{3.27}$$

这些方程分别在三维空间、位形空间以及相空间中描述物体的运动。尽管表现形式不同，但这 3 种力学理论的核心关注点均是系统坐标和动量如何随时间变化。具体来说，这些理论都旨在解析以下物体的运动路径

$$(q(t), \dot{q}(t))$$

除坐标和动量之外，物理系统中还存在众多其他需要关注的物理量，例如系统的能量、动量矩等。尽管这些物理量可能十分复杂，但它们均由系统的力学状态（坐标和共轭动量）决定。例如，质点的平动动能取决于其动量$\{p_i\}$，其重力势能则依赖于其位置$\{q_i\}$。这意味着，任何物理量 Q 都可以被视为坐标$\{q_i\}$和动量$\{p_i\}$的函数，当然坐标和动量本身也不例外。实质上，对物体运动的研究，其核心在于理解对应物理量的变化方式。因为物理世界的基础变量是时间和空间，物理量的变化可以分为以下两大类。

（1）时间影响

关注系统在时间流逝中如何变化。为此，我们需要求物理量 Q 相对于时间的全导数。

（2）空间影响

关注系统在其空间位置发生变化时物理量的变化情况。与时间的单向、均匀流逝不同，空间

位置的变化更为复杂。为了简化问题，我们通常将位置变化与特定的操作关联起来。例如，通过一个微小的平移操作，系统可能沿直线产生微小位移，使得其空间坐标，如 x，变为 $(x+\delta x)$。同样，通过微小的旋转操作，系统可能转动一个微小的角度，使得其空间坐标，如 θ，变为 $(x-\delta\theta\cdot y)$。在物理学中，宏观操作往往可以被视为微观操作的累积效应。因此，研究空间位置对物理量的影响的核心就在于研究物理量在相应微观操作下的变化。这种变化通常用变分 δQ 来描述，并且与物体所受的具体操作有直接关系。在物理学术语中，“操作”（也称为算符）常用大写字母 O 来表示。一般而言，每一种操作都对应一个有明确物理意义的量。例如，空间平移操作对应动量，这是由于物体因具有动量 $p=mv$ 而发生位置平移。同样地，旋转操作对应动量矩，这是由于物体因具有动量矩 $l=mvr$ 而发生旋转。值得注意的是，操作 O 还可以是平移、旋转等操作的组合，其形式可以更加复杂。

总而言之，在分析系统的运动变化时，我们主要关注两类因素：一类涉及时间，需要求 $\dot{Q}$；另一类涉及空间，需要求 δQ。首先，我们来探讨时间因素的影响。由于 Q 是坐标和动量的函数，其时间导数 $\dot{Q}$ 可以通过坐标和动量的偏导数展开，为

$$\frac{\mathrm{d}Q}{\mathrm{d}t}=\sum\frac{\partial Q}{\partial q_i}\dot{q}_i+\sum\frac{\partial Q}{\partial p_i}\dot{p}_i$$

利用哈密顿方程可得

$$\dot{q}_i=\frac{\partial H}{\partial p_i}$$

$$\dot{p}_i=-\frac{\partial H}{\partial q_i}$$

我们可以将坐标和动量的时间全导数替换为哈密顿量对坐标和动量的偏导数。这样，我们得到了物理量 Q 的时间变化率，即

$$\dot{Q}=\frac{\mathrm{d}Q}{\mathrm{d}t}=\sum\frac{\partial Q}{\partial q_i}\frac{\partial H}{\partial p_i}-\sum\frac{\partial Q}{\partial p_i}\frac{\partial H}{\partial q_i}$$

这一方程揭示了在单位时间内，物理量 Q 的变化与坐标和动量的关系。观察上述方程，我们发现一旦系统的哈密顿量被确定，任何物理量的变化都遵循相同的计算规则。为了简化这一运算，法国科学家泊松引入了一种简洁的表示方法，即泊松括号。

$$\{A,B\}=\sum_i\left(\frac{\partial A}{\partial q_i}\frac{\partial B}{\partial p_i}-\frac{\partial A}{\partial p_i}\frac{\partial B}{\partial q_i}\right)\tag{3.28}$$

其中，A 和 B 是 $\{q_i\}$ 和 $\{p_i\}$ 的函数。泊松括号 $\{\ ,\ \}$ 定义了一种针对 A 和 B 的运算操作。利用泊松括号，物理量 Q 的时间变化率可以被简洁地表示为

$$\dot{Q}=\{Q,H\}$$

这样，我们就通过引入泊松括号，成功地统一了描述物理量随时间变化的方法。

虽然我们无法准确知道泊松当年的具体动机，但泊松括号的引入绝不仅是为了简化复杂的计算。其真正的价值在于，这一数学结构为物理量变化问题提供了一种高度简捷和合理的处理方式。泊松括号可被视为经典物理学成就的高度概括。根据哈密顿方程式（3.23），除了系统的初始状态外，系统的时间演化行为主要由其哈密顿量（或者说能量结构）决定。简言之，哈密顿量是因，物理量的变化则是果。泊松括号非常精妙地捕捉了这一因果逻辑。在泊松括号的表达式中，括号的左侧代表我们关注的研究对象（例如，感兴趣的物理量 Q），括号的右侧则代表该

对象变化的原因，即系统的哈密顿量 H。泊松括号通过一套既定的数学流程，精确地描述了两者之间的因果关系，并最终给出对象的时间变化率。这可以用以下公式简洁地表示

$$\text{对象的时间变化率}=\{\text{对象},\text{对象变化的原因}\} \tag{3.29}$$

这种因果关系的明确表示，让泊松括号成为连接哈密顿力学与物理量变化的强有力工具，它不仅简化了计算，也提供了深刻的物理见解。

为了进一步揭示泊松括号的优势，我们以计算系统坐标 q_i 和动量 p_i 的时间变化率为例。哈密顿方程中已经直接给出了坐标和动量随时间的变化，即

$$\dot{q}_i=\frac{\partial H}{\partial p_i}$$

$$\dot{p}_i=-\frac{\partial H}{\partial q_i}$$

在这里，q 和 p 的地位近乎对等，唯一破坏对称性的是 $\dot{p}_i$ 表达式中的负号。现在我们使用泊松括号来计算 q_i 的时间变化率 $\dot{q}_i$。根据泊松括号的逻辑，我们首先确定研究对象（坐标 q_i）和引起该对象变化的原因（哈密顿量 H）。然后，利用泊松括号表示这一因果关系，得到

$$\begin{aligned}\dot{q}_i&=\{q_i,H\}\\&=\sum_j\left(\frac{\partial q_i}{\partial q_j}\frac{\partial H}{\partial p_j}-\frac{\partial q_i}{\partial p_j}\frac{\partial H}{\partial q_j}\right)\\&=\frac{\partial H}{\partial p_i}\end{aligned}$$

同样地，我们使用泊松括号来计算 p_i 的时间变化率 $\dot{p}_i$，表达式为

$$\dot{p}_i=\{p_i,H\}$$

在泊松括号的框架下，坐标和动量的动力学方程得到了完全对称的处理。这不仅简化了计算，还在理论上确立了广义坐标和其共轭动量之间的平等地位，进一步突显了泊松括号在经典力学中不可或缺的作用。

在接下来的讨论中，我们将关注空间操作如何影响物理量 δQ。特别地，我们希望在处理时间变化问题时所采用的数学结构能够适用于空间变换的情境，即得到类似式（3.29）所示的形式。

考虑一个在一维空间中运动的粒子，其具有动量 p。该粒子在 x 轴方向上发生平移，导致系统的势能 $V(x)$ 变化。我们关注的问题是势能 $V(x)$ 的空间变化率，即

$$\frac{\mathrm{d}V(x)}{\mathrm{d}x}$$

该表达式描述了粒子每移动 1 m，系统势能的增长量。在这个特定情况下，我们关注的物理量是势能 $V(x)$，造成对象变化的原因是动量 p。根据泊松括号的定义式，势能的空间变化率可以表示为

$$\frac{\mathrm{d}V(x)}{\mathrm{d}x}=\{V(x),p\} \tag{3.30}$$

练习 请利用泊松括号的定义式，验证式（3.30）。

这个结果展示了泊松括号如何统一处理物理量在时间和空间上的变化。然而，与时间变化不同，空间操作可能涉及多个维度的变化。例如，旋转操作可能同时影响多个坐标。在这些情况下，使用变化率来描述物理量的变化可能不够灵活。因此，我们更倾向于使用变分 δ 来表示复杂

空间操作的效果。例如，考虑将一维粒子从 x 坐标处平移无穷小距离 ε，这将导致系统势能 $V(x)$ 发生相应的无穷小变化 δV。它等于势能的空间变化率乘以平移的距离 ε，即

$$\delta V(x)=\varepsilon\frac{\mathrm{d}V(x)}{\mathrm{d}x}$$

结合式（3.30），我们可以得到利用泊松括号计算 δV 的表达式，即

$$\delta V(x)=\varepsilon\{V(x),p\}$$

事实上，时间的推移也可以被视为是通过主动的时间平移操作来实现的。根据 3.5 节的讨论，与时间操作对应的是系统的哈密顿量 H。因此，物理量 Q 的时间变分 δQ 可以表示为

$$\delta Q(t)=\mathrm{d}t\{Q(t),H\}$$

由于时间仅有一个维度，δQ 实际上等价于 $\mathrm{d}Q$，根据上式有

$$\mathrm{d}Q(t)=\mathrm{d}t\{Q(t),H\}$$

从而得到

$$\frac{\mathrm{d}Q(t)}{\mathrm{d}t}=\dot{Q}=\{Q,H\}$$

这进一步证实了泊松括号在处理时间和空间变化问题上的普适性和统一性。

在物理量的分析中，当我们从关注变化率转向关注净变化 δ 后，泊松括号前面通常会多出现一个常数因子。有趣的是，这个常数因子可以被重新分配到泊松括号内的任意一个部分。

$$c\{A,B\}=\{cA,B\}=\{A,cB\}$$

例如，在观察势能 $V(x)$ 的变化时，我们可以将与平移相关的无穷小常数 ε 移至动量 p 内，如

$$\delta V(x)=\varepsilon\{V(x),p\}=\{V(x),\varepsilon p\}$$

这里，ε 可以被理解为系统平移程度的无穷小量度。于是，物理量的变分可以被普遍地表示为

$$对象的改变=\{对象,操作\}$$

如此一来，对于任意一个无限小操作 O 引起的坐标变化可以用泊松括号来表示，忽略前面的系数 ε，即

$$\delta q_i=\{q_i,O\}$$

$$\delta p_i=\{p_i,Q\}$$

进一步地，我们可以用这一形式来观察无限小操作 O 对系统能量 H 的影响，如

$$\delta H=\{H,O\}$$

若在操作 O 的影响下系统哈密顿量 H 保持不变，则系统能量守恒。

$$\delta H=\{H,O\}=0$$

可以证明，交换泊松括号中元素的位置，泊松括号的值取相反数，即

$$\{H,O\}=-\{O,H\}$$

由此可知，若 $\{H,O\}=0$，则 $\{O,H\}=0$。这意味着

$$\delta O=\{O,H\}=0$$

即操作 O 也是一个守恒量。

尽管泊松括号的数学结构表面上看起来简单，但其在物理学中起到了至关重要的作用。利用泊松括号，我们不仅可以用一种一致的方式来描述物理量在时空中的变化，还可以更为简捷地确定哪些物理量是守恒的。

泊松括号还有一个显著的特点是，其计算能够独立于其原始定义［式（3.28）］，从而建立起一个公理化的体系。这与几何学中公理与命题之间的关系颇为相似。通过仅依赖几条简明的

公理，我们可以计算任何复杂函数间的泊松括号，而无须回溯到式（3.28），这避免了计算偏导数的烦琐。泊松括号的基本运算规则可以总结为

$$\begin{aligned} &\{A,B\}=-\{B,A\} \\ &c\{A,B\}=\{cA,B\}=\{A,cB\} \\ &\{A+B,C\}=\{A,C\}+\{B,C\} \\ &\{AB,C\}=B\{A,C\}+A\{B,C\} \end{aligned} \tag{3.31}$$

这些公式为我们提供了处理泊松括号中函数的加减乘除的方法。利用这些规则，复合函数间的泊松括号可以被分解为一系列基本计算单元的组合。这里的"基本计算单元"指的是坐标和动量之间的泊松括号，具体为

$$\begin{aligned} &\{q_i,q_j\}=0 \\ &\{p_i,p_j\}=0 \\ &\{q_i,p_j\}=\delta_{ij} \end{aligned} \tag{3.32}$$

配合这些基本的计算单元及其组合规则，我们便可独立于泊松括号的原始定义，对任何复杂函数间的泊松括号进行计算。

3.8 洛伦兹力：拉格朗日函数中的矢量势

除了可以通过牛顿方程（式（3.25））、欧拉-拉格朗日方程（式（3.26））、哈密顿方程（式（3.28））解决质点的运动问题，还可以使用泊松括号来解决。

$$\begin{aligned} \dot{q}_i &= \{q_i,H\} \\ \dot{p}_i &= \{p_i,H\} \end{aligned} \tag{3.33}$$

通过使用泊松括号和哈密顿量，原则上我们可以计算出任何物理量的时间演化。

$$\dot{Q}=\{Q,H\}$$

在牛顿力学中，引起物体运动状态改变的原因是作用在其上的力。对于保守系，每个力都有一个对应的能量项，这些能量项在拉格朗日函数 $L=T-V$ 或者哈密顿量 $H=T+V$ 中作为作用量的一部分出现。这意味着，这 4 种力学处理方法均适用于保守系。然而，在自然界中，我们所知的基本力并非全部都是保守力。例如，带电物体在磁场中受到的洛伦兹力

$$\boldsymbol{F}=q\boldsymbol{v}\times\boldsymbol{B}$$

由于洛伦兹力的方向始终与物体的运动方向垂直，不做功，因此它与能量无直接关系。为了确保基于哈密顿量或拉格朗日函数的分析力学与牛顿力学一样普遍适用，我们必须能够处理此类非保守力。

该问题的解决受到了构造保守力作用量的启发。考虑保守场 $\boldsymbol{F}$ 与势能 V 的关系，即

$$\boldsymbol{F}=-\nabla V$$

例如，电场 $\boldsymbol{E}$ 与电势能 $U(\boldsymbol{r})$ 之间的关系为

$$\boldsymbol{F}=-\nabla U(\boldsymbol{r})$$

该方程满足保守场旋度为 0 的条件，即

$$\nabla\times(\nabla U)=0$$

换句话说，我们可以用梯度算符与另一个场的运算关系来定义保守场。受此启发，我们可以利用

梯度算符与另一矢量场 $\boldsymbol{A}$ 之间的运算来定义磁场①，即

$$\boldsymbol{B}=\nabla\times\boldsymbol{A}$$

这满足磁场散度为 0 的条件，即

$$\nabla\cdot\boldsymbol{B}=0$$

我们称与磁场对应的矢量场 $\boldsymbol{A}$ 为磁势。注意，与电场对应的电势不是唯一的。

$$\boldsymbol{E}=-\nabla(U+U_0)$$

其中，U_0 为常数。因此电势不是传统意义上可测量的物理量，电势的绝对值只在给定规范后才有明确的物理意义（如规定地球的电势为 0）。对于磁势，情况也是类似的。我们可以为磁势加上一个任意标量场的梯度，而磁场的计算结果不会改变。

$$\boldsymbol{B}=\nabla\times(\boldsymbol{A}+\nabla U)$$

在构建磁场对应的磁势 $\boldsymbol{A}$ 时，选择何种 ∇U 是任意的。我们把实际的 ∇U 选择称为规范。由此得到的矢量场称为规范场。不论选择何种规范，最终的物理结果（即磁场）都保持不变。我们称物理量或运动规律在不同规范下保持不变的性质为规范不变性。

为了将洛伦兹力纳入哈密顿框架中表示，我们首先需要回顾哈密顿量 H 的定义，即

$$H=\sum_i(p_i\dot{q}_i)-L$$

令人遗憾的是，此公式中的拉格朗日函数 L 形式上只是动能 T 减去势能 V。问题似乎又回到了求系统的能量上。为了彻底摆脱能量，我们需要返回到拉格朗日函数 L 的原始定义。最初，我们只知道 L 是关于坐标、速度和时间的函数，并且它满足欧拉-拉格朗日方程，即

$$\frac{\mathrm{d}}{\mathrm{d}t}\frac{\partial L}{\partial\dot{x}}-\frac{\partial L}{\partial x}=0$$

当 L 被假定为$(T-V)$的形式，并将其代入欧拉-拉格朗日方程，我们得到了在保守力作用下的牛顿运动方程。这确立了拉格朗日函数与动能和势能之间的关系。同样的道理，为了找到洛伦兹力的拉格朗日函数，我们需要猜测 L 可能的函数形式，然后将其代入欧拉-拉格朗日方程。如果我们最终能得到洛伦兹力下的牛顿运动方程，那么这种猜测就是正确的。当然，此过程并不是盲目猜测，我们可以从已有的信息中寻找线索。考虑洛伦兹力与磁场及速度之间的关系，其数学表达式为

$$\boldsymbol{F}=q\boldsymbol{v}\times\boldsymbol{B}$$

此式意味着与洛伦兹力相关的拉格朗日函数可能涉及速度 $\boldsymbol{v}$ 和磁场 $\boldsymbol{B}$。在拉格朗日函数形式中，与电场有关的部分由电势表示。因此，与磁场相关的势可以类比为磁势 $\boldsymbol{A}$。由于拉格朗日函数是一个标量，而速度和磁势都是矢量，因此，为了通过两个矢量得到一个标量，形式上可以采用矢量间的内积。基于上述分析，我们可以将与洛伦兹力相对应的拉格朗日函数表示为

$$L_{\mathrm{L}}=\boldsymbol{v}\cdot\boldsymbol{A}=\sum_i[\dot{x}_i\cdot A_i(x)]$$

这里需要注意的是，对于拉格朗日函数，乘以一个常数系数无关紧要。但是考虑到洛伦兹力的定义，这个系数必须包含电荷电量 q，因此最终的拉格朗日函数可以表示为

$$L_{\mathrm{L}}=q\boldsymbol{v}\cdot\boldsymbol{A}=q\sum_i[\dot{x}_i\cdot A_i(x)]$$

磁势 $\boldsymbol{A}$ 具有所谓的规范不变性，这意味着我们可以给它加上任意标量场的梯度 ∇U。因此，拉格朗日函数 L_{L} 将具有以下的额外项

① 其实，根据亥姆霍兹定理，空间中的矢量场可以由其散度、旋度和边界条件唯一确定。

$$L_{\mathrm{L}}=q\boldsymbol{v}\cdot(\boldsymbol{A}+\nabla U)=q\sum_i[\dot{x}_iA_i(x)]+\sum_i\left[\frac{\mathrm{d}x_i}{\mathrm{d}t}\frac{\partial U}{\partial x_i}\right]$$

由此可见，当 U 的选择不同时，L_{L} 也会随之改变。这意味着，对于磁势 $\boldsymbol{A}$，拉格朗日函数 L 不具有规范不变性。鉴于磁场对 $\boldsymbol{A}$ 来说是规范不变的，这可能引发疑问，即我们是否正确推测了 L 的形式。然而，此刻并不是重新开始的时候。我们的目标是通过欧拉-拉格朗日方程来获得在洛伦兹力作用下的牛顿运动方程。在推导欧拉-拉格朗日方程时，最小作用量原理实际上是选择作用量 S 而非 L。因此，我们真正需要关注的是磁势中的梯度项对作用量 S 是否有影响。根据定义，梯度项的作用量表示为

$$q\int_{t_1}^{t_2}\sum_i\left(\frac{\partial U}{\partial x_i}\frac{\mathrm{d}x_i}{\mathrm{d}t}\right)\mathrm{d}t=q\int_{t_1}^{t_2}\mathrm{d}U=U(x_{t_2})-U(x_{t_1})$$

显然，此项仅与路径的起始和结束位置有关。在推导欧拉-拉格朗日方程时，质点的初末位置是固定的。因此，不同 U 的形式只会为路径积分的作用量增加一个常数，这并不会改变各路径对应作用量的相对大小。这意味着磁势的规范选择并不会影响最小作用量原理对路径的判断。因此，由路径选择得到的欧拉-拉格朗日方程也不会受到磁势规范选择的影响。实际上，欧拉-拉格朗日方程及其衍生结果都具有规范不变性。现在，我们可以写出考虑洛伦兹力的拉格朗日函数，即

$$L=\frac{m}{2}(\dot{x}^2+\dot{y}^2+\dot{z}^2)+q(\dot{x}A_x+\dot{y}A_y+\dot{z}A_z)$$

根据上述方程，我们可以得到系统的动量 p_x，即

$$p_x=\frac{\partial L}{\partial\dot{x}}=m\dot{x}+qA_x$$

以及动量的变化率 $\dot{p}_x$，即

$$\dot{p}_x=\frac{\partial L}{\partial x}=q\dot{x}\frac{\partial A_x}{\partial x}+q\dot{y}\frac{\partial A_y}{\partial x}+q\dot{z}\frac{\partial Az}{\partial x}$$

另外，我们也可以直接对动量求导，得到

$$\begin{aligned}\dot{p}_x&=ma_x+q\frac{\mathrm{d}}{\mathrm{d}t}A_x\\&=ma_x+q\left(\frac{\partial A_x}{\partial x}\dot{x}+\frac{\partial A_x}{\partial y}\dot{y}+\frac{\partial A_x}{\partial z}\dot{z}\right)\end{aligned}$$

结合上述两式，得到力、速度以及磁势之间的关系，即

$$ma_x=q\left(\frac{\partial A_y}{\partial x}-\frac{\partial A_x}{\partial y}\right)\dot{y}+q\left(\frac{\partial A_z}{\partial x}-\frac{\partial A_x}{\partial z}\right)\dot{z}$$

利用磁场和磁势间的外积关系，上式可以被重写为

$$ma_x=q(B_z\dot{y}-B_y\dot{z})$$

这恰好是洛伦兹力在 x 轴方向上的分量，即

$$\boldsymbol{F}_x=(q\boldsymbol{v}\times\boldsymbol{B})_x$$

这证明了我们最初对拉格朗日函数的假设是正确的。有了拉格朗日函数，哈密顿量可以直接得出，此处不赘述。

需要强调的是，通常的物理量如速度、磁场、电场等都是基于实验测量得到的，而在分析力学中，我们引入了所谓的规范场，例如磁势。虽然这些量可以被规范为特定的值，但它们并不能

直接通过测量得到。它们更像是抽象的数学工具，而不是物理实体。但要在分析力学框架下处理物理问题，这些量就变得不可或缺。使用这种抽象的“非物理量”来理解具体的物理量是理论物理的一个特点。

3.9 正则变换：更换哈密顿方程中的坐标

在3.3节中，我们已经了解到，在保证独立性和总变量数目不变的前提下，欧拉-拉格朗日方程的自变量可以任意选择。自变量的变换（空间点的坐标变换）不会改变欧拉-拉格朗日方程的形式。对于与欧拉-拉格朗日方程相对应的哈密顿方程，我们希望找到一种变换方法，使得

$$(\{q\},\{p\})\to(\{\bar{q}\},\{\bar{p}\})$$

$$\bar{q}_i=\bar{q}_i(\{q\},\{p\})$$

$$\bar{p}_i=\bar{p}_i(\{q\},\{p\})$$

在此坐标变换下，新坐标系下的哈密顿量为

$$\bar{H}=\bar{H}(\{\bar{q}\},\{\bar{p}\},t)$$

其依然维持正则方程的标准形式，即

$$\dot{\bar{q}}_i=\frac{\partial\bar{H}}{\partial\bar{p}_i}$$

$$\dot{\bar{p}}_i=-\frac{\partial\bar{H}}{\partial\bar{q}_i}$$

我们称此种相空间内的坐标变换为正则变换。需要注意，新坐标系下的 $\bar{H}$ 不一定是简单地通过替换原哈密顿量 H 的坐标得到的。只要能保持正则方程的形式，哈密顿量可以通过任意方法构建。因此，式（3.34）也被称为狭义的正则变换。

$$\bar{H}=H(\{q(\{\bar{q}\},\{\bar{p}\})\},\{p(\{\bar{q}\},\{\bar{p}\})\},t) \tag{3.34}$$

之前强调过，在相空间中，广义坐标和共轭动量具有“平等”的性质。这意味着我们可以自由地交换它们的角色。这种交换对应的相空间变换为

$$\begin{aligned}\bar{q}_i&=\bar{q}_i(\{\bar{q}\},\{\bar{p}\})=-p_i\\ \bar{p}_i&=\bar{p}_i(\{\bar{q}\},\{\bar{p}\})=q_i\end{aligned} \tag{3.35}$$

在此变换下，有

$$\bar{H}=\bar{H}(\{\bar{q}\},\{\bar{p}\},t)=H(\{\bar{p}\},\{-\bar{q}\},t)$$

这可以进一步得到

$$\frac{\partial\bar{H}}{\partial\bar{p}_i}=\frac{\partial H(\{\bar{p}\},\{-\bar{q}\},t)}{\partial\bar{p}_i}=\frac{\partial H(\{q\},\{p\},t)}{\partial q_i}=-\dot{p}_i=\dot{\bar{q}}_i$$

$$\frac{\partial\bar{H}}{\partial\bar{q}_i}=\frac{\partial H(\{\bar{p}\},\{-\bar{q}\},t)}{\partial\bar{q}_i}=-\frac{\partial H(\{q\},\{p\},t)}{\partial p_i}=-\dot{q}_i=-\dot{\bar{p}}_i$$

上述方程表明，坐标和动量的交换变换（式3.34）是一个正则变换。在哈密顿力学体系中，坐标和动量被视为完全平等的变量，与牛顿力学体系中的明显区分不同。

下面我们来探讨一种寻找正则变换的通用方法——生成函数法。根据哈密顿量的定义，有

$$L=\sum_{i=1}^{s}\dot{q}_i p_i-H$$

对拉格朗日函数进行坐标变换，有

$$\overline{L}=L(\{q(\{\overline{q}\},t)\},\{\dot{q}(\{\overline{q}\},\{\dot{\overline{q}}\},t)\})=\overline{L}(\{\overline{q}\},\{\dot{\overline{q}}\})$$

欧拉-拉格朗日方程形式保持不变，即

$$\overline{L}=\sum_{i=1}^{s}\overline{p}_i\dot{\overline{q}}_i-\overline{H}$$

3.8 节提到，给拉格朗日函数加上一个常数并不会改变其代表的力学系统的性质。

$$\overline{L}\Rightarrow\overline{L}+\overline{L}_0$$

具体地，令

$$\overline{L}_0=\frac{\mathrm{d}}{\mathrm{d}t}F(\{\overline{q}\},t)$$

我们可以得到

$$\overline{L}=\sum_{i=1}^{s}\overline{p}_i\dot{\overline{q}}_i-\overline{H}+\frac{\mathrm{d}F}{\mathrm{d}t}$$

考虑到坐标变换前的拉格朗日函数为

$$L=\sum_{i=1}^{s}p_i\dot{q}_i-H$$

如果坐标变换并不改变拉格朗日函数的值，有

$$\sum_{i=1}^{s}p_i\dot{q}_i-H=\sum_{i=1}^{s}\overline{p}_i\dot{\overline{q}}_i-\overline{H}+\frac{\mathrm{d}F}{\mathrm{d}t} \tag{3.36}$$

此时，函数 F 被称为生成函数或母函数，它的自变量包含原坐标和新坐标。

$$F=F(\{q\},\{\overline{q}\},t)$$

接下来，我们将证明满足式（3.26）条件的坐标变换确实是正则变换。根据该式，有

$$\mathrm{d}F=\sum_{i=1}^{s}(p_i\mathrm{d}q_i-\overline{p}_i\mathrm{d}\overline{q}_i)+(\overline{H}-H)\mathrm{d}t \tag{3.37}$$

假设在 F 中，其自变量是独立的，那么它的全微分为

$$\mathrm{d}F=\sum_{i=1}^{s}\left(\frac{\partial F}{\partial q_i}\mathrm{d}q_i+\frac{\partial F}{\partial\overline{q}_i}\mathrm{d}\overline{q}_i\right)+\frac{\partial F}{\partial t}\mathrm{d}t$$

通过比较上述两个方程，得到

$$p_i=\frac{\partial F}{\partial q_i}$$
$$\overline{p}_i=-\frac{\partial F}{\partial\overline{q}_i} \tag{3.38}$$
$$\overline{H}=H+\frac{\partial F}{\partial t}$$

因此，假设我们已知 $F=F(\{q\},\{\overline{q}\},t)$。那么，为了确定我们所需的坐标变换，可以求解以下关于$\{\overline{q}\}$的方程。

$$p_i=\frac{\partial F}{\partial q_i}=p_i(\{q\},\{\overline{q}\},t)$$

从而得出

$$\bar{q}_i=\bar{q}_i(\{q\},\{p\},t)$$

随后，将该结果代入式

$$\bar{p}_i=-\frac{\partial F}{\partial \bar{q}_i}$$

从而我们可以推导出

$$\bar{p}_i=\bar{p}_i(\{q\},\{p\},t)$$

这表明通过 F 我们可以明确坐标变换的形式。进一步地，当我们将坐标变换的结果代入式（3.38）的最后部分，即

$$\bar{H}=H+\frac{\partial F}{\partial t}$$

我们可以得出变换后的哈密顿量，即

$$\bar{H}=H(\{q(\{\bar{q}\},\{\bar{p}\},t)\},\{p(\{\bar{q}\},\{\bar{p}\},t)\},t)+\frac{\partial F(\{q(\{\bar{q}\},\{\bar{p}\},t)\},\{\bar{q}\},t),}{\partial t}$$

综上所述，利用函数 F，我们可以方便地进行关键物理量的坐标变换。这正是其被称为生成函数或母函数的原因。

接下来，为了验证通过函数 F 的坐标变换是否满足正则变换的条件（即保持正则方程的形式不变），我们首先考虑系统的作用量 S，它可以表示为

$$\begin{aligned}
S &= \int_{t_1}^{t_2}\mathrm{d}t\left(\sum_{i=1}^{s}p_i\dot{q}_i-H(\{q\},\{p\},t)\right)\\
&= \int_{t_1}^{t_2}\mathrm{d}t\left(\sum_{j=1}^{s}\bar{p}_j\dot{\bar{q}}_j-\bar{H}(\{\bar{q}\},\{\bar{p}\},t)+\frac{\mathrm{d}F}{\mathrm{d}t}\right)\\
&= \int_{t_1}^{t_2}\mathrm{d}t\left(\sum_{j=1}^{s}\bar{p}_j\dot{\bar{q}}_j-\bar{H}(\{\bar{q}\},\{\bar{p}\},t)\right)+\\
&\quad F(\{q(t_2)\},\{\bar{q}(t_2)\},t_2)-F(\{q(t_1)\},\{\bar{q}(t_1)\},t_1)
\end{aligned}$$

根据最小作用量原理，任何偏离最优路径的微小变动 δS 都应为零。这可以表示为

$$\begin{aligned}
\delta S &= \delta[F(\{q(t_2)\},\{\bar{q}(t_2)\},t_2)-F(\{q(t_1)\},\{\bar{q}(t_1)\},t_1)]\\
&\quad+\int_{t_1}^{t_2}\mathrm{d}t\left[\sum_{i=1}^{s}\left(\delta\bar{p}_i\dot{\bar{q}}_i+\bar{p}_i\delta\dot{\bar{q}}_i-\frac{\partial\bar{H}}{\partial\bar{q}_i}\delta\bar{q}_i-\frac{\partial\bar{H}}{\partial\bar{p}_i}\delta\bar{p}_i\right)\right]\\
&= 0
\end{aligned} \tag{3.39}$$

其中，$\{q(t_2)\}$和$\{q(t_1)\}$是积分路径的终点和起点，它们是固定值，同时利用式（3.38），可以得到

$$\begin{aligned}
&\delta[F(\{q(t_2)\},\{\bar{q}(t_2)\},t_2)-F(\{q(t_1)\},\{\bar{q}(t_1)\},t_1)]\\
&=\sum_{i=1}^{s}\frac{\partial F}{\partial\bar{q}_i}\delta\bar{q}_i\bigg|_{t_2}-\sum_{i=1}^{s}\frac{\partial F}{\partial\bar{q}_i}\delta\bar{q}_i\bigg|_{t_1}\\
&=\sum_{i=1}^{s}-\bar{p}_i\delta\bar{q}_i\bigg|_{t_1}^{t_2}
\end{aligned}$$

以及利用分部积分公式得到

$$\int_{t_1}^{t_2}\mathrm{d}t\bar{p}_i\delta\dot{\bar{q}}_i=\bar{p}_i\delta\bar{q}_i\big|_{t_1}^{t_2}-\int_{t_1}^{t_2}\mathrm{d}t\dot{\bar{p}}_i\delta\bar{q}_i$$

将上述两式代入式（3.39），我们可以得到

$$-\bar{p}_i\delta\bar{q}_i \Big|_{t_1}^{t_2}+\bar{p}_i\delta\bar{q}_i \Big|_{t_1}^{t_2}+\int_{t_1}^{t_2}\mathrm{d}t\sum_{i=1}^{s}\left[\left(\dot{\bar{q}}_i-\frac{\partial\bar{H}}{\partial\bar{p}_i}\right)\delta\bar{p}_i-\left(\dot{\bar{p}}_i+\frac{\partial\bar{H}}{\partial\bar{q}_i}\right)\delta\bar{q}_i\right]=0$$

$$\Rightarrow\int_{t_1}^{t_2}\mathrm{d}t\sum_{i=1}^{s}\left[\left(\dot{\bar{q}}_i-\frac{\partial\bar{H}}{\partial\bar{p}_i}\right)\delta\bar{p}_i-\left(\dot{\bar{p}}_i-\frac{\partial\bar{H}}{\partial\bar{q}_i}\right)\delta\bar{q}_i\right]=0$$

由此可知

$$\begin{cases}\dot{\bar{q}}_i-\dfrac{\partial\bar{H}}{\partial\bar{p}_i}=0\\[2ex]\dot{\bar{p}}_i+\dfrac{\partial\bar{H}}{\partial\bar{q}_i}=0\end{cases}\Rightarrow\begin{cases}\dot{\bar{q}}_i=\dfrac{\partial\bar{H}}{\partial\bar{p}_i}\\[2ex]\dot{\bar{p}}_i=-\dfrac{\partial\bar{H}}{\partial\bar{q}_i}\end{cases}\tag{3.40}$$

这表明，通过生成函数 F 定义的坐标变换满足正则变换的条件，它可以保持正则方程的形式不变。

在生成函数 F 的构造中，我们选取它的自变量集合为 $\{q,\bar{q}\}$。通过勒让德变换，我们可以重新选择其自变量。这使得我们能够得到 4 种不同形式的生成函数。这些生成函数及其相应的坐标生成关系为

$$\begin{aligned}&F_1=F_1(\{q\},\{\bar{q}\},t)\rightarrow p_i=\frac{\partial F_1}{\partial q_i},\quad \bar{p}_i=-\frac{\partial F_1}{\partial\bar{q}_i}\\&F_2=F_2(\{p\},\{\bar{q}\},t)\rightarrow q_i=\frac{\partial F_2}{\partial p_i},\quad \bar{p}_i=\frac{\partial F_2}{\partial\bar{q}_i}\\&F_3=F_3(\{q\},\{\bar{p}\},t)\rightarrow p_i=-\frac{\partial F_3}{\partial q_i},\quad \bar{q}_i=-\frac{\partial F_3}{\partial\bar{p}_i}\\&F_4=F_4(\{p\},\{\bar{p}\},t)\rightarrow q_i=\frac{\partial F_4}{\partial p_i},\quad \bar{q}_i=-\frac{\partial F_4}{\partial\bar{p}_i}\end{aligned}\tag{3.41}$$

例题 3.2 求生成函数 $F_3=F_3(\{q\},\{\bar{p}\},t)$ 对应的正则变换。

解 根据勒让德变换，可以将 F_3 视为 F_1 的自变量替换（换掉 $\bar{q}$），有

$$\begin{aligned}F_3(\{q\},\{\bar{p}\},t)&=\sum_{i=1}^{s}\bar{q}_i\frac{\partial F_1}{\partial\bar{q}_i}-F_1(\{q\},\{\bar{q}\},t)\\&=-\sum_{i=1}^{s}\bar{q}_i\bar{p}_i-F_1(\{q\},\{\bar{q}\},t)\end{aligned}\tag{1}$$

通过对式（1）全微分，并将其代入 F_1 的全微分，有

$$\begin{aligned}\mathrm{d}F_3&=-\sum_{i=1}^{s}\bar{q}_i\bar{p}_i-F_1(\{q\},\{\bar{q}\},t)\\&\sum_{i=1}^{s}(-\bar{q}_i\mathrm{d}\bar{p}_i-\bar{p}_i\mathrm{d}\bar{q}_i)-\mathrm{d}F_1(\{q\},\{\bar{q}\},t)\\&=\sum_{i=1}^{s}(-\bar{q}_i\mathrm{d}\bar{p}_i-\bar{p}_i\mathrm{d}\bar{q}_i)-\left[\sum_{i=1}^{s}(p_i\mathrm{d}q_i-\bar{p}_i\mathrm{d}\bar{q}_i)+(\bar{H}-H)\mathrm{d}t\right]\\&=\sum_{i=1}^{s}(-\bar{q}_i\mathrm{d}\bar{p}_i-p_i\mathrm{d}q_i)+(H-\bar{H})\mathrm{d}t\end{aligned}\tag{2}$$

根据全微分的定义，我们可以得到

$$\bar{q}_i=-\frac{\partial F_3}{\partial \bar{p}_i},\qquad p_i=-\frac{\partial F_3}{\partial q_i},\qquad \bar{H}=H-\frac{\partial F_3}{\partial t} \tag{3}$$

例题 3.3 利用正则变换求解平面谐振子的运动方程。

解 设二维平面谐振子的质量为 m，其坐标和对应动量为 q_1、q_2 和 p_1、p_2。ω_1 和 ω_2 为谐振子在 q_1 和 q_2 轴上的振动频率。于是该谐振子系统的哈密顿量可以写为

$$H=T+V=\frac{1}{2m}(p_1^2+p_2^2)+\frac{1}{2}m(\omega_1^2q_1^2+\omega_2^2q_2^2) \tag{1}$$

我们选择生成函数为

$$F_1=F_1(\{q\},\{\bar{q}\},t)=\frac{1}{2}m(\omega_1q_1^2\cot\bar{q}_1+\omega_2q_2^2\cot\bar{q}_2)=F_1(\{q\},\{\bar{q}\}) \tag{2}$$

可得

$$\begin{aligned}p_1&=\frac{\partial F_1}{\partial q_1}=m\omega_1q_1\cot\bar{q}_1\\ p_2&=\frac{\partial F_1}{\partial q_2}=m\omega_2q_2\cot\bar{q}_2\end{aligned} \tag{3}$$

以及

$$\begin{aligned}\bar{p}_1&=-\frac{\partial F_1}{\partial \bar{q}_1}=\frac{1}{2}m\omega_1q_1^2\csc^2\bar{q}_1\\ \bar{p}_2&=-\frac{\partial F_1}{\partial \bar{q}_2}=\frac{1}{2}m\omega_2q_2^2\csc^2\bar{q}_2\end{aligned} \tag{4}$$

我们的目标是利用式（3）和式（4）将式（1）中的 H 完全改写为 $\bar{q}$ 和 $\bar{p}$ 的函数 $\bar{H}$。首先将式（3）代入式（1），可得

$$\begin{aligned}H&=\frac{1}{2}m(\omega_1^2q_1^2\cot^2q_1+\omega_2^2q_2^2\cot^2q_2)+\frac{1}{2}m(\omega_1^2q_1^2+\omega_2^2q_2^2)\\ &=\frac{1}{2}m\omega_1^2q_1^2(1+\cot^2\bar{q}_1)+\frac{1}{2}m\omega_2^2q_2^2(1+\cot^2\bar{q}_2)\end{aligned} \tag{5}$$

然后，将式（4）代入式（5），并利用恒等式 $H\cot^2\theta=\csc^2\theta$，可得

$$\bar{H}=\omega_1\bar{p}_1+\omega_2\bar{p}_2 \tag{6}$$

在新坐标系下，正则方程形式不变，即

$$\begin{aligned}\dot{\bar{p}}_1&=0,\quad \dot{\bar{q}}_1=\omega_1\\ \dot{\bar{p}}_2&=0,\quad \dot{\bar{q}}_2=\omega_2\end{aligned} \tag{7}$$

对式（7）积分，可得

$$\begin{aligned}\bar{p}_1&=C_1,\ \bar{q}_1=\omega_1t+C_2\\ \bar{p}_2&=C_3,\ \bar{q}_2=\omega_2t+C_4\end{aligned} \tag{8}$$

其中，$C_1\sim C_4$ 为 4 个积分常数，由系统的初始状态给出。利用式（4）可以反解出原坐标系下的运动方程，即

$$q_1=\sqrt{\frac{2C_1}{m\omega_1}}\sin(\omega_1 t+C_2)$$
$$q_2=\sqrt{\frac{2C_3}{m\omega_2}}\sin(\omega_2 t+C_4) \tag{9}$$

如果我们把相空间的坐标部分取为直角坐标，可以得到熟悉的表达式，即

$$\begin{cases}q_1\to x\\ q_2\to y\end{cases} \Rightarrow \begin{cases}x=\sqrt{\dfrac{2C_1}{m\omega_1}}\sin(\omega_1 t+C_2)\\ y=\sqrt{\dfrac{2C_3}{m\omega_2}}\sin(\omega_2 t+C_4)\end{cases} \tag{10}$$

笔记 本例题清晰地展示了在原始坐标系中，系统并没有循环坐标，因为 4 个坐标都出现在原始哈密顿量中，这使得方程的求解显得相对比较复杂。然而，当我们找到合适的生成函数并利用正则变换后，新的坐标系中出现了两个循环坐标，从而显著简化了问题的求解。这正是我们采用正则变换的根本目的，即简化力学问题的求解过程。

3.10 简化求解：哈密顿-雅可比方程

由于正则变换的存在，使得我们对正则方程自变量的选择有了较高的自由度。这就给我们提供了操作空间去挑选合适的系统描述，以便尽可能地简化问题的求解。一种普遍的选择标准是通过正则变换，确保变换后的哈密顿量尽量包含多个循环坐标。在理想情况下，系统的哈密顿量将完全不依赖任何变量，例如其值恒为零。

$$\overline{H}(\{\overline{q}\},\{\overline{p}\},t)=H+\frac{\partial F}{\partial t}=0$$

根据正则方程，即

$$\dot{\overline{q}}_i=\frac{\partial\overline{H}}{\partial\overline{p}_i}$$
$$\dot{\overline{p}}_i=-\frac{\partial\overline{H}}{\partial\overline{q}_i}$$

我们可以推导出系统所有状态变量的时间导数为 0。

$$\dot{\overline{q}}_i=0$$
$$\dot{\overline{p}}_i=0 \tag{3.42}$$

这意味着 $\overline{q}_i$ 和 $\overline{p}_i$ 的值都是恒定的。

$$\overline{q}_i=\alpha_i$$
$$\overline{p}_i=\beta_i \tag{3.43}$$

其中，α 和 β 为常数，由系统的初始状态决定。另外，我们可以通过逆变换得到原坐标体系下的表示形式。

$$q_i = q_i(\{\alpha\}, \{\beta\}, t)$$
$$p_i = p_i(\{\alpha\}, \{\beta\}, t) \tag{3.44}$$

我们面对的核心问题是，是否存在一种通用的方法，能够系统地找到使哈密顿量归零的正则变换。根据式（3.38），新的哈密顿量 $\overline{H}$ 可以利用生成函数 F 构造，即

$$\overline{H} = H + \frac{\partial F}{\partial t}$$

这意味着，我们的目标可以转化为寻找一个适当的生成函数 F，使得上式为 0，即

$$H + \frac{\partial F}{\partial t} = 0 \tag{3.45}$$

参照式（3.41），我们知道生成函数有 4 种等价的形式。为了与哈密顿量的自变量坐标顺序保持一致（即首先是坐标，然后是动量），我们选择第三类生成函数 $F_3 = F_3(\{q\}, \{\overline{p}\}, t)$。于是，动量 p 与生成函数的关系为

$$p_i = -\frac{\partial F_3}{\partial q_i}$$
$$\overline{q}_i = -\frac{\partial F_3}{\partial \overline{p}_i} \tag{3.46}$$

将式（3.46）代入式（3.45），得到

$$H(q_1, q_2, \cdots; p_1, p_2, \cdots) + \frac{\partial F}{\partial t} = 0$$

进一步展开其细节，有

$$H\left(q_1, q_2, \cdots; \frac{\partial(-F_3)}{\partial q_1}, \frac{\partial(-F_3)}{\partial q_2}, \cdots\right) + \frac{\partial(-F_3)}{\partial t} = 0 \tag{3.47}$$

为了进一步探索在 $\overline{H}=0$ 的约束下，生成函数 F_3 的性质。我们首先考虑例题 3.2 中给出的微分变化关系，即

$$\mathrm{d}F_3 = \sum_{i=1}^{s} (-\overline{q}_i \mathrm{d}\overline{p}_i - p_i \mathrm{d}q_i) + (H - \overline{H})\mathrm{d}t$$

通过上式，我们可以推导出 F_3 的时间变化率为

$$\frac{\mathrm{d}F_3}{\mathrm{d}t} = \sum_{i=1}^{s} (-\overline{q}_i \dot{\overline{p}}_i - p_i \dot{q}_i) + (H - \overline{H}) \tag{3.48}$$

根据式（3.42），当 $\overline{H}=0$ 时，$\overline{q}$ 和 $\overline{p}$ 均为常数，将其代入式（3.48）有

$$\frac{\mathrm{d}F_3}{\mathrm{d}t} = -\sum_{i=1}^{s} (p_i \dot{q}_i) + H$$

我们可以将其整理为

$$\frac{\mathrm{d}(-F_3)}{\mathrm{d}t} = \sum_{i=1}^{s} (p_i \dot{q}_i) - H = L$$

通过上式，我们得出

$$-F_3 = \int L \mathrm{d}t$$

根据作用函数的定义式，有

$$-F_3 = \int L \mathrm{d}t = S$$

基于上述讨论，式（3.47）可以表示为作用量 S 的微分方程，即

$$H\left(q_1,q_2,\cdots;\frac{\partial S}{\partial q_1},\frac{\partial S}{\partial q_2},\cdots\right)+\frac{\partial S}{\partial t}=0 \tag{3.49}$$

我们将此方程称为哈密顿-雅可比方程。这是一个关于 S 的一阶偏微分方程，它涉及 s 个坐标变量 $q_1,q_2,\cdots,q_s$ 以及时间变量 t。在求解 S 时，完成所有积分操作后会产生$(s+1)$个积分常数。因为在式（3.49）中，S 仅作为因变量出现在各种偏导数$\frac{\partial S}{\partial *}$中，我们可以得出

$$\frac{\partial(S)}{\partial *}=\frac{\partial(S+C)}{\partial *}$$

其中，C 是一个常数。因此，整体加到 S 上的常数 C 可以被视为$(s+1)$个积分常数中的一个。因此，式（3.49）的解为

$$S=-F_3(q_1,\cdots,q_s,t\mid C_1,C_2,\cdots,C_s)+C_{s+1} \tag{3.50}$$

由此我们知道，哈密顿-雅可比方程决定了 $F_3(\{q\},\{\bar{p}\},t)$ 函数对$\{q\}$与 t 的具体依赖关系，但式（3.50）没有提供$\{\bar{p}\}$的信息。然而，我们知道在新坐标系下，动量是常数。由式（3.43），有

$$\bar{p}_i=\beta_i$$

因此，我们可以用初始动量来定义积分常数，即

$$\bar{p}_i=\beta_i=C_i \tag{3.51}$$

结合式（3.50）和式（3.51），我们已经明确了求解生成函数 F_3 的具体形式所需要的边界条件(积分常数)。

3.11 持续发展：核心价值观的力学启示

分析力学基于路径选择和作用量优化看待运动问题的思路，以及其求真务实的理性探求过程，还可以带给我们更多的启示。例如，社会发展也可以被看作通过集体决策来实现社会优化的过程。正如我们依赖变分法的路径选择机制来优化作用量，同样地，社会为了持续进步，也需依赖有效的集体决策机制。

那么，对于社会，我们的具体期望是什么？虽然细节上我们的看法可能会有所不同，但大多数人都会同意一个基本观点：社会应该持续进步和发展。持续进步意味着传递性。基于今天比昨天好，明天比今天好，我们要能够推理出明天比昨天好。但是，这种传递性并非普遍存在。例如，仅知道我喜欢你和你喜欢他，并不意味着我必定喜欢他。所以，可持续的发展目标要满足传递性，就一定会对社会决策机制提出要求。

我们通过一个具体的集体决策例子来说明传递性对决策机制提出的要求。张三、李四和王二是大学同学，他们对3个风格迥异的图标 A、B 和 C 的喜好存在显著差异，如图3.10所示。在他们共同创办的公司中，需要选择其中一个图标作为公司的标识。面对喜好差异，他们决定使用民主决策机制，即每人有一票，少数服从多数。投票分两轮举行。首轮投票中，对 A、B 两图标进行投票。根据他们的喜好排序，投票结果为 $A>B$。在第二轮投票中，对图标 B 和图标 C 进行投票，投票结果为 $B>C$。理论上，若投票具有传递性，则结合以上两个结果可以得出 $A>C$。但是，当在对图标 A 和图标 C 进行投票时，实际投票结果却为 $C>A$。这个结果揭示了一个关键问题：在完全不同的价值观下，缺乏传递性的民主决策机制可能不足以保证社会的持续优化。这种

非传递性可能导致决策过程的非理性。幸运的是，我们国家在复兴的过程中，逐渐凝练出了被大家所认同的社会主义核心价值观。这一核心价值观为我国的可持续发展提供了坚实的基础。过去几十年，我国的快速发展进一步证明了坚持社会主义核心价值观的重要性。

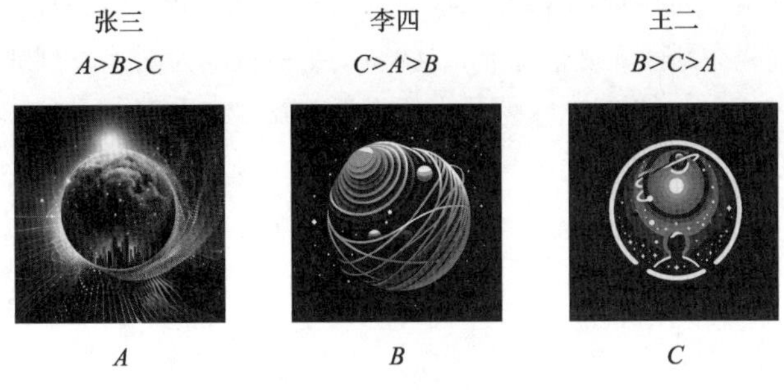

图 3.10　集体成员的喜好

3.12 本章小结

本章从路径选择的视角出发，深入探讨了质点运动现象的分析力学理论，详细介绍了基于拉格朗日函数的拉格朗日力学以及基于哈密顿量的哈密顿力学。这些理论为读者提供了一个以优化标量为中心的新机制来处理力学问题。此机制不仅简化了机械运动问题的处理，而且通过对力学问题进行更高级的抽象，为读者从经典力学理论向量子力学理论的过渡提供了自然的桥梁。

3.13 习题

1. 质量为 m 的粒子在地球引力场 $\boldsymbol{g}=-g\boldsymbol{e}_z$ 中做一维运动，有

$$\begin{aligned} z &= z(t) \\ &= -\frac{1}{2}gt^2+f(t) \end{aligned}$$

该路径的作用量函数为

$$S=\int_{t_1}^{t_2} L(z,\dot{z})\,\mathrm{d}t$$

其中，$f(t)$是一个原则上任意但连续可微分的函数，并且

$$f(t_1)=f(t_2)=0$$

证明当$f(t)\equiv 0$时，S 最小

2. 用柱坐标描述粒子的位置，有

$$\boldsymbol{r}=(\rho,\theta,z)$$

粒子的势能为

$$V(\rho)=V_0\ln\frac{\rho}{\rho_0}$$

其中，V_0 = 常数，ρ_0 = 常数。

（1）写出其拉格朗日函数。

（2）推导出其欧拉-拉格朗日方程。

3. 存在一个末端质量为 m 的弹簧构成的摆。弹簧在运动过程中其形状始终保持一条直线（例如，我们可以将弹簧缠绕在刚性无质量杆上）。弹簧的平衡长度为 l，t 时刻弹簧的长度为 $[l+x(t)]$，弹簧与垂直线的夹角为 $\theta(t)$，如图 3.11 所示。假设运动发生在垂直平面上，求 x 和 θ 的运动方程。

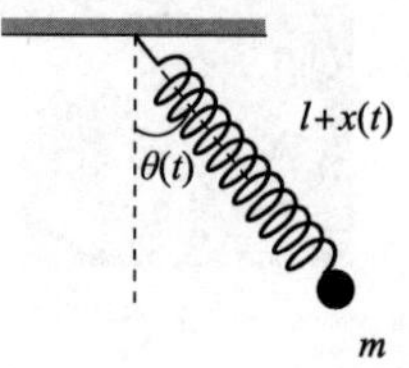

图 3.11　第 3 题图

4. 确定下列函数的勒让德变换。

（1）$f(x)=\alpha x^2$ 勒让德变换 $g(\mu)$。

（2）$f(x,y)=\alpha x^2 y^3$ 勒让德变换 $g(x,v)$。

5. 证明对于函数

$f=f(\boldsymbol{q},\boldsymbol{p},t)$，　$g=g(\boldsymbol{q},\boldsymbol{p},t)$，　$h=h(\boldsymbol{q},\boldsymbol{p},t)$

以下关系成立。

（1）$\dfrac{\partial}{\partial t}\{f,g\}=\left\{\dfrac{\partial f}{\partial t},g\right\}+\left\{f,\dfrac{\partial g}{\partial t}\right\}$。

（2）$\dfrac{\mathrm{d}}{\mathrm{d}t}\{f,g\}=\left\{\dfrac{\mathrm{d}f}{\mathrm{d}t},g\right\}+\left\{f,\dfrac{\mathrm{d}g}{\mathrm{d}t}\right\}$。

（3）$\{f,g\cdot h\}=g\{f,h\}+\{f,g\}h$。

6. 质量为 m 的物体做一维运动，并受到约束（见图 3.12），有

$$z=0$$

$$x^2+y^2=l^2=\text{常数}$$

求该物体的哈密顿方程。

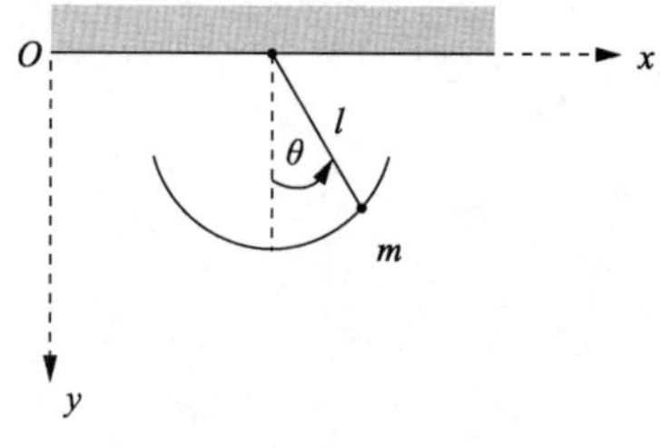

图 3.12　第 6 题图

7. 如图 3.13 所示，弹簧上物体的质量为 m，弹簧弹性系数 k 服从胡克定律，即

$$F=-kx$$

其中 x 表示物体从静止位置运动的位移。约束条件为

$$y=z\equiv 0$$

求该物体的哈密顿方程。

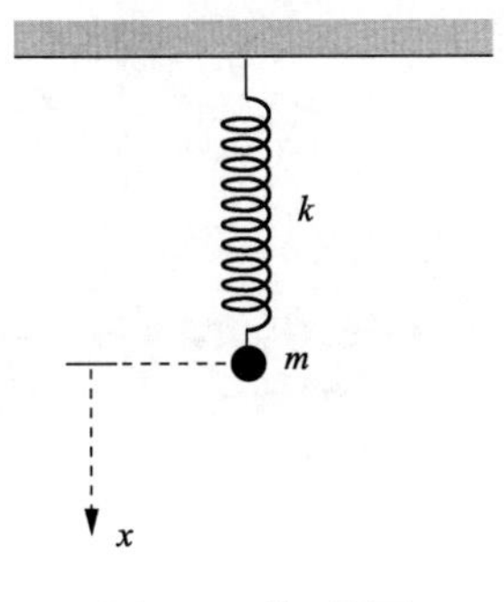

图 3.13　第 7 题图

8. 求解下面两个问题。

（1）确定由质点的动量 $\boldsymbol{p}$ 和动量矩 $\boldsymbol{L}=\boldsymbol{r}\times\boldsymbol{p}$ 的笛卡儿分量构成的泊松括号。

（2）计算由 $\boldsymbol{L}$ 组成的泊松括号。

9. 建立自由粒子的哈密顿-雅可比方程。

10. 求质量为 m、势能为 $V(x)=-bx$ 的粒子做一维运动的哈密顿-雅可比微分方程，并用以下初始条件求解问题。

$$x(t=0)=x_0$$

$$\dot{x}(t=0)=v_0$$

11. 一个力学系统的哈密顿量为

$$H=\frac{1}{2m}p_2q^4+\frac{k}{2q^2}$$

正则变换的生成函数为

$$F_1(q,\bar{q})=-\sqrt{mk}\frac{\bar{q}}{q}$$

（1）求坐标变换的表达式 $p=p(\bar{q},\bar{p})$ 和 $q=q(\bar{q},\bar{p})$。

（2）求新坐标系下哈密顿量的表达式 $\bar{H}=\bar{H}(\bar{q},\bar{p})$ 。

第4章

刚体运动

前文专注于讨论离散的质点及其组成的系统的运动行为和动力学原理。然而，在实际生活中，我们经常会遇到具有连续质量分布的物体，例如刚体和流体。本章将重点介绍刚体，它在众多物体中因具有广泛的应用和相对简洁的描述而显得尤为重要。本章将深入解析刚体运动的特点及其相关的动力学机制。

本章学习目标：

（1）认识刚体，并理解其作为一种连续性物质的特点；

（2）探讨刚体的几何属性以及相关的运动现象；

（3）掌握从矢量、标量以及混合视角构建刚体的动力学方程，以及相关的求解方法；

（4）了解科学计算的基础知识、相关工具及其在力学过程模拟上的应用。

4.1 限定对象：物质分布恒定的连续体

借助微积分的思想，我们可以将连续物体近似为一个由海量质点组成的系统。如图4.1所示，任意物体都可以被划分为许多体积为 $\mathrm{d}V$ 的微小单元，简称微元。鉴于所有实体物质都是由原子构成的，每个微元都包含特定数量的原子，从而具有了质量 $\mathrm{d}m$。因此，连续物体在理论上可以被近似为离散的质点系。在数学意义上，当 $\mathrm{d}V\to 0$ 时，连续物体和离散系统将变得无法区分，从而实现了离散和连续的统一。

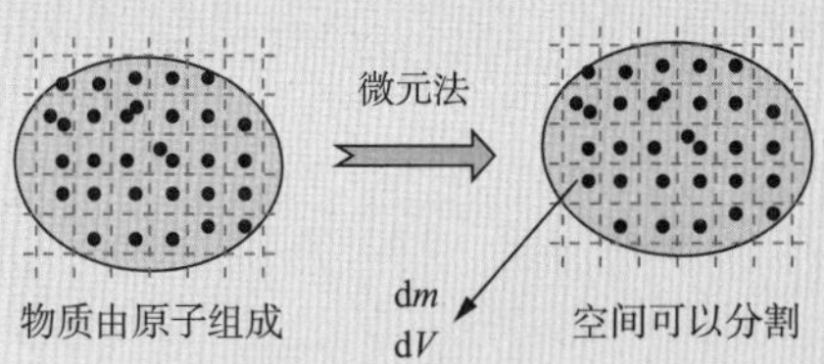

图4.1 利用微元法联系离散和连续

在考虑物体的微元时，我们必须意识到物体的质量分布可能并不均匀。因此，微元质量 $\mathrm{d}m$ 通常与其在物体中的位置 (x,y,z) 有关，这可以由下式表示。

$$\mathrm{d}m=\rho(x,y,z)\,\mathrm{d}V$$

其中，$\rho(x,y,z)$ 表示位置 (x,y,z) 处的质量密度，且可以通过下式定义。

$$\rho(x,y,z)=\frac{\mathrm{d}m}{\mathrm{d}V}$$

值得注意的是，如图 1.44 所示，对物体微元 dV 的划分可以采取多种方式。这也说明微元法在应用上具有很高的灵活性。

尽管在微积分的理论中我们讨论了物体的无限划分，但实际上，原子具有确定的大小，因此物体不能被无限细分。这意味着在实际的物理系统中，我们讨论的微元实际上是一个具有确定体积的有限元。当我们从微元法退化到有限元法时，我们可以通过有限元法将连续物体近似为离散的、包含有限数量质点的系统，然后利用质点的动力学方程来求解其运动。当然，将有限元划分得越精细，近似就越准确，但计算的复杂性也随之增加。例如，1 mol 单原子物质大约包含 6.022×10^{23} 个原子，即使我们假设每个微元只包含 1000 个原子，对于 1 mol 的单原子物质，我们也需要解 6.022×10^{20} 个微分方程。这样的计算量远远超出了我们的处理能力。因此，在实际使用有限元法进行计算时，能够使用的有限元数量是高度受限的。

幸运的是，在日常生活中，我们发现大量物体的质量分布是恒定的。这意味着，在代表物体的质点系中，任意两个质点的距离是固定的。如我们在 2.4.1 节中所讨论的，这种类型的物体，不论其包含多少个质点，其运动自由度都是 6。我们将这种物体称为“刚体”。在本章中，我们的研究将专注于这种刚体。

4.2 描述现象：刚体运动的平动与转动

我们知道刚体的运动自由度为 6。这意味着我们可以选取刚体上的任意两个质点，并使用它们的 6 个空间坐标来描述该刚体的整体运动。但在实际应用中，更直观的描述方式是将刚体视为一个统一的整体，并通过其在空间中的宏观平动和转动来描述其运动特性。

4.2.1 平行移动：整体的自由平动

如图 4.2 所示，当刚体做整体平移时，其上所有质点的位移都是一致的。因此，这些质点的速度、加速度等运动描述参数也是相同的。这使得我们可以在刚体上选择任意一点来代表其整体的平动。考虑到我们已经探讨了质心运动的规律（参见 2.3.1 节），选择质心作为代表刚体平动的参考点是十分直观的。

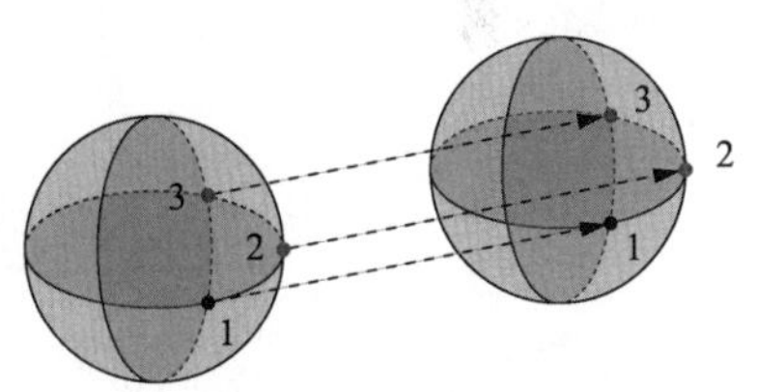

图 4.2 刚体的平动

4.2.2 定点转动：整体的自由旋转

如图 4.3 所示，除了平动，刚体还有绕固定点转动的可能性。此类转动为刚体提供了 3 个自由度，这可以通过欧拉角进行量化描述。

如图 4.4 所示，我们首先选择 O 为原点，建立空间中的静止坐标系 O-$\xi\eta\zeta$。当刚体绕固定点 O 进行任意空间转动时，它会具有一个与时间有关的角速度矢量 $\boldsymbol{\omega}(t)$。确定这一角速度矢量可以分为以下两个步骤。

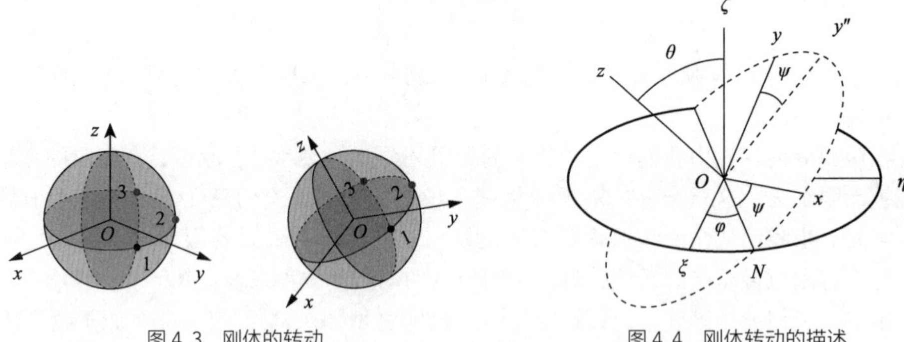

图 4.3　刚体的转动　　　　图 4.4　刚体转动的描述

（1）确定角速度的方向。为此，我们需要确定刚体通过点 O 的瞬时转动轴。

继续使用 O 作为原点，将刚体的转轴定义为 z 轴，并围绕它建立一个随刚体转动的运动坐标系 $O-xyz$。如图 4.5（a）所示，两个坐标系的 $\xi\eta$ 平面和 xy 平面在所谓的“节线” ON 上相交，满足以下关系。

$$ON \perp Oz$$
$$ON \perp O\zeta$$
$$ON \perp zO\zeta$$

基于上述关系，我们可以通过两个角度来确定 z 轴相对于静止坐标系的方向。第一个角度是 z 轴与静止坐标系 ζ 轴之间的夹角，将其记为 $\theta = \angle \zeta Oz$。该角度可以通过绕 ON 旋转得到，被称为“章动角”。第二个角度是 ON 与 ξ 轴之间的夹角，将其记为 $\varphi = \angle \xi ON$。该角度可以通过绕 ζ 轴旋转得到，被称为“进动角”。

（2）确定角速度的大小。在确定了角速度的方向（即转轴）后，我们还需知道角速度的大小。这可以由绕 z 轴旋转的自转角 $\psi = \angle NOx$ 的变化率 $\frac{\mathrm{d}\psi}{\mathrm{d}t}$ 得出。如图 4.5（b）和图 4.5（c）所示，刚体的章动现象和进动现象有明显的转轴运动特征。

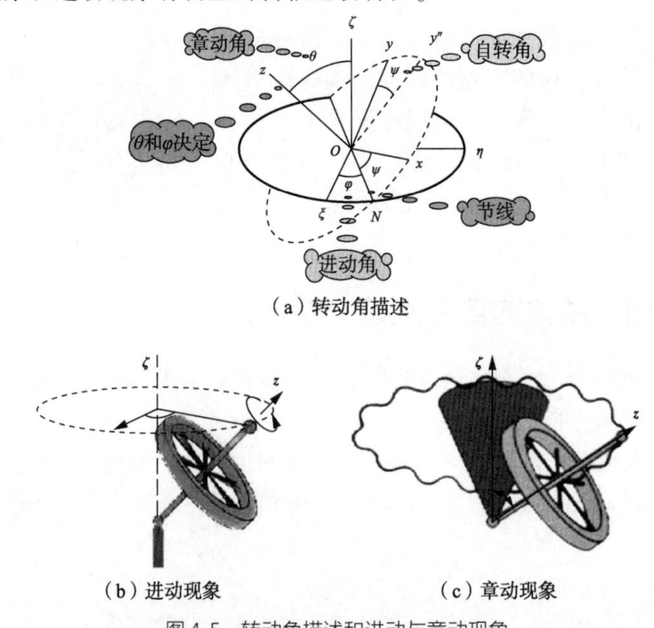

（a）转动角描述

（b）进动现象　　　　（c）章动现象

图 4.5　转动角描述和进动与章动现象

利用欧拉角，我们成功地为固定点的转动提供了完整的描述。考虑到角速度具有矢量的性质，刚体的整体转动可以被看作3个方向上转动的叠加。这可以表示为

$$\boldsymbol{\omega}=\dot{\boldsymbol{\varphi}}+\dot{\boldsymbol{\theta}}+\dot{\boldsymbol{\psi}} \tag{4.1}$$

上述方程被称为“欧拉运动学方程”。我们可以进一步将总的角速度分解到运动坐标系的各坐标轴方向上，即

$$\boldsymbol{\omega}=\omega_x\boldsymbol{i}+\omega_y\boldsymbol{j}+\omega_z\boldsymbol{k}$$

从而，我们可以得到3个绕坐标轴转动的角速度分量。

$$\begin{aligned}\omega_x&=\dot{\varphi}\sin\theta\sin\psi+\dot{\theta}\cos\psi\\ \omega_y&=\dot{\varphi}\sin\theta\cos\psi-\dot{\theta}\sin\psi\\ \omega_z&=\dot{\varphi}\cos\theta+\dot{\psi}\end{aligned} \tag{4.2}$$

同样，我们可以在静止坐标系中进行相似的转动分解，得到

$$\begin{aligned}\omega_\xi&=\dot{\psi}\sin\theta\sin\varphi+\dot{\theta}\cos\varphi\\ \omega_\eta&=-\dot{\psi}\sin\theta\cos\varphi+\dot{\theta}\sin\varphi\\ \omega_\zeta&=\dot{\psi}\cos\theta+\dot{\varphi}\end{aligned}$$

4.2.3　一般运动：平动与转动叠加

刚体具有6个自由度，其中3个由平动占据，另外3个由绕定点的转动占据。由于平动和转动是相互独立的，刚体的一般运动可以被视作这两种运动的组合。为了更加直观地描述刚体的运动，我们通常会采用两个坐标系：静止坐标系和运动坐标系，如图4.6所示。静止坐标系主要用于描述刚体的平动部分，即其质心的运动。运动坐标系则建立在刚体的质心上，随刚体转动，专门用于描述刚体的转动部分。在这种设置下，构成刚体的每一个质点的位矢 $\boldsymbol{r}$ 在运动坐标系中不会随时间变化，这极大地简化了描述刚体内在属性（如转动惯量）的复杂性。

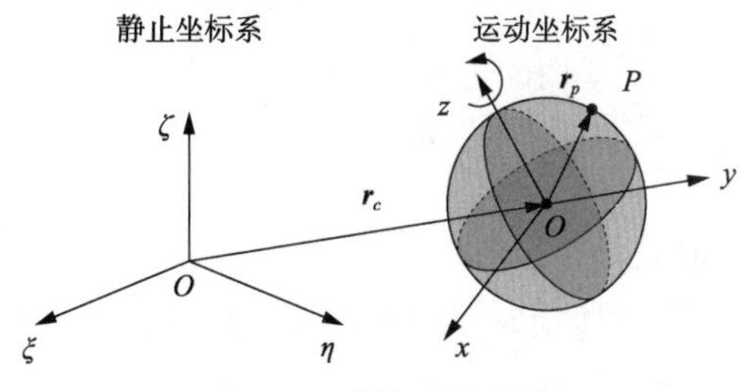

图4.6　刚体运动的合成

4.3　解释机制：刚体运动的动力学方程

与质点运动相似，我们可以从不同的视角出发，建立关于刚体运动的不同但等效的解释机制。基于牛顿力学，以力和力矩等矢量为基础，我们可以建立起理解刚体运动的欧拉方程。基于

分析力学，以动能和势能等标量为核心，我们可以建立起理解刚体运动的欧拉-拉格朗日方程。在处理特定的约束，尤其是不完整约束时，上述两种方法各有优势。为了综合它们的长处，我们引入了更适合对实际问题求解的凯恩方程。这一方程在多刚体耦合运动的复杂研究中，如机器人领域，得到了广泛的应用。

4.3.1 矢量视角：主动力和主动力矩

牛顿定律为我们构建了理解质点运动的因果模型，其中的核心概念包括矢量描述的位移、速度、加速度以及力。对于刚体的运动，也有相似的理解模式，特别是针对其转动部分，核心概念为角位移、角速度、角加速度以及力矩。

（1）平动：质心的动量定理

我们已经将刚体的运动分解为其质心的平动和围绕质心的定点转动两部分。对于平动部分，刚体的行为与普通质点系是一致的。借助质点系的动量定理，即

$$\frac{\mathrm{d}\boldsymbol{p}}{\mathrm{d}t}=m\frac{\mathrm{d}^2\boldsymbol{r}_c}{\mathrm{d}t^2}=\boldsymbol{F}=\sum_{i=1}^{n}\boldsymbol{F}_i^{\text{out}}$$

我们可以直接求解质心的运动规律。此处不再进行详细说明。

（2）定点转动：欧拉动力学方程

根据描述刚体整体转动的欧拉运动学方程［式（4.1）］，3 个绕轴转动的角速度在运动描述中占据核心地位。我们知道，对于单个质点的旋转运动，与其角速度关联的物理量是其动量矩，即

$$\boldsymbol{J}=\boldsymbol{r}\times m\boldsymbol{v}=r\boldsymbol{i}\times m(\dot{r}\boldsymbol{i}+r\dot{\theta}\boldsymbol{j})=mr^2\dot{\theta}\boldsymbol{k}$$

因此，针对单个质点，我们可以使用动量矩定理式来确定其绕轴的转动规律。

受此启发，我们期望刚体整体的转动与其总动量矩之间存在简单的关系。由于刚体可以被视为一个质点系，我们实际上已经得到了其总动量矩的变化规律式。需要注意的是，为了方便分解刚体的运动，我们将转动中心设置在刚体的质心上，因此对于刚体总动量矩的变化规律，通常使用相对于质心的动量矩定理式描述。

$$\frac{\mathrm{d}\boldsymbol{J}'}{\mathrm{d}t}=\boldsymbol{M}'=\sum_{i=1}^{n}\boldsymbol{r}'_i\times\boldsymbol{F}_i^{\text{out}}$$

一旦我们确定了刚体的总动量矩，我们的任务便是找到动量矩与角速度之间的定量关系。

$$\boldsymbol{\omega}=f(\boldsymbol{J}) \tag{4.3}$$

① 定轴转动与转动惯量。

我们首先观察刚体绕定轴转动的简单情况。

如图 4.7 所示，当刚体绕定轴转动时，刚体上所有的质点具有相同的角速度。于是，刚体的总角动量可表示为

$$\begin{aligned}\boldsymbol{J}&=\sum_i\boldsymbol{r}_i\times m_i\boldsymbol{v}_i\\&=\sum_i m_i[\boldsymbol{r}_i\times(\boldsymbol{\omega}\times\boldsymbol{r}_i)]\end{aligned}$$

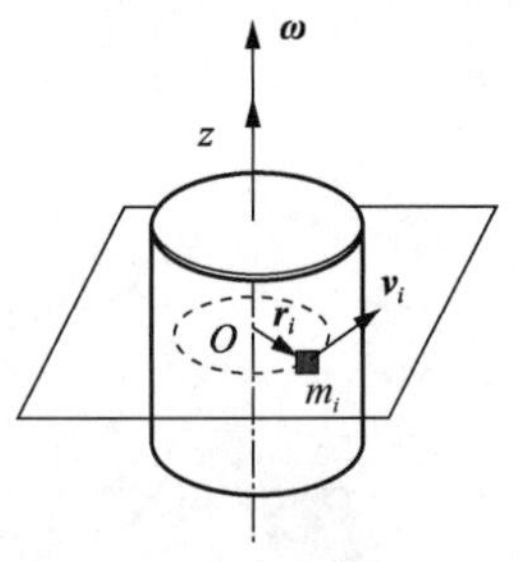

图 4.7　刚体的定轴转动

利用矢量的外积运算规则，即

$$\boldsymbol{a}\times(\boldsymbol{b}\times\boldsymbol{c})=\boldsymbol{b}(\boldsymbol{c}\cdot\boldsymbol{a})-\boldsymbol{c}(\boldsymbol{a}\cdot\boldsymbol{b})$$

我们可以得到

$$\boldsymbol{J}=\sum_i m_i[\boldsymbol{\omega}r_i^2-\boldsymbol{r}_i(\boldsymbol{r}_i\cdot\boldsymbol{\omega})] \tag{4.4}$$

由于刚体是绕定轴转动的，$\boldsymbol{r}_i$ 与 $\boldsymbol{\omega}$ 垂直，因此 $\boldsymbol{r}_i\cdot\boldsymbol{\omega}=0$。这得出

$$\boldsymbol{J}=\sum_i m_i r_i^2\boldsymbol{\omega}=I\boldsymbol{\omega}$$

其中

$$I=\sum_i m_i r_i^2$$

它是一个与刚体的质量分布和转动轴的空间位置相关的量，被称为刚体绕转动轴的转动惯量。将上述关系代入式（2.68），得到定轴转动下刚体的运动微分方程为

$$I\frac{\mathrm{d}\boldsymbol{\omega}}{\mathrm{d}t}=\sum_{i=1}^{n}\boldsymbol{r}_i\times\boldsymbol{F}_i^{\mathrm{out}}=\boldsymbol{M}_\omega^{\mathrm{out}}$$

可以看出，对于刚体的定轴转动，其动力学方程在形式上与单一质点绕轴转动的是相同的。

② 定点转动与惯量张量。

对于定点转动，我们以刚体质心为坐标原点，建立随刚体一起转动的运动坐标系。将式（4.4）在该质心系中展开，可以得到总角动量的分量表达式。

$$J_1=\omega_x\sum_i m_i(y_i^2+z_i^2)-\omega_y\sum_i m_ix_iy_i-\omega_z\sum_i m_ix_iz_i$$

$$J_2=-\omega_x\sum_i m_iy_ix_i+\omega_y\sum_i m_i(x_i^2+z_i^2)-\omega_z\sum_i m_iy_iz_i$$

$$J_3=-\omega_x\sum_i m_iz_ix_i-\omega_y\sum_i m_iz_iy_i+\omega_z\sum_i m_i(x_i^2+y_i^2)$$

我们可以将上式重写为矩阵形式，即

$$\boldsymbol{J}=\begin{bmatrix}\sum_i m_i(y_i^2+z_i^2) & -\sum_i m_ix_iy_i & -\sum_i m_ix_iz_i\\ -\sum_i x_iy_ix_i & \sum_i m_i(x_i^2+z_i^2) & -\sum_i m_iy_iz_i\\ -\sum_i m_iz_ix_i & -\sum_i m_iz_iy_i & \sum_i m_i(x_i^2+y_i^2)\end{bmatrix}\begin{bmatrix}\omega_x\\ \omega_y\\ \omega_z\end{bmatrix}\tag{4.5}$$

并定义其中与刚体质量分布以及转动轴位置有关的量为惯量张量。

$$\overleftrightarrow{\boldsymbol{I}}=\begin{bmatrix}\sum_i m_i(y_i^2+z_i^2) & -\sum_i m_ix_iy_i & -\sum_i m_ix_iz_i\\ -\sum_i x_iy_ix_i & \sum_i m_i(x_i^2+z_i^2) & -\sum_i m_iy_iz_i\\ -\sum_i m_iz_ix_i & -\sum_i m_iz_iy_i & \sum_i m_i(x_i^2+y_i^2)\end{bmatrix}\tag{4.6}$$

于是，式（4.5）可以被简记为

$$\boldsymbol{J}=\overleftrightarrow{\boldsymbol{I}}\cdot\boldsymbol{\omega}\tag{4.7}$$

为了进一步简化表达，我们引入新的标记，将第 i 个质点的 3 个坐标分别记为

$$x_i=r_i^1,\ y_i=r_i^2,\ z_i=r_i^3$$

利用这一标记，我们可以得到惯量张量 $\overleftrightarrow{\boldsymbol{I}}$ 的分量表达式，即

$$I_{ab}=\sum_i m_i(\boldsymbol{r}_i^2\delta_{ab}-r_i^ar_i^b)\quad a,b=1,2,3\tag{4.8}$$

其中，I_{ab} 被称为惯量系数。特别地，张量 $\overleftrightarrow{\boldsymbol{I}}$ 对角线上的 3 个惯量系数，即 I_{11}、I_{22} 和 I_{33}，分别代表刚体绕 x 轴、y 轴和 z 轴的转动惯量 I_x、I_y 和 I_z。

$$I_{11}=\sum_i m_i(y_i^2+z_i^2)=I_x$$

$$I_{22}=\sum_i m_i(x_i^2+z_i^2)=I_y$$

$$I_{33}=\sum_i m_i(x_i^2+y_i^2)=I_z$$

到目前为止，我们将刚体近似为离散的质点系处理，这可以被自然地过渡到质量分布连续的情况。基于微元法，如图 4.7 所示，假设物体的质量分布为 $\rho(\boldsymbol{r})$，式（4.8）中质点 m_i 有

$$m_i=\mathrm{d}m=\mathrm{d}V\rho(\boldsymbol{r})=\mathrm{d}^3r\rho(\boldsymbol{r})$$

同时，由于对所有质点求和变为对整个体积积分，进一步将式（4.8）中的求和符号换成积分符号可得质量连续分布的物体的惯量张量表达式，即

$$I_{ab}=\int \mathrm{d}^3r\rho(\boldsymbol{r})(\boldsymbol{r}^2\delta_{ab}-r^ar^b) \tag{4.9}$$

综上所述，我们可以得到动量矩与角速度关系的具体表达式，即

$$J_i=\sum_{j=1}^{3}I_{ij}\omega_j$$

值得注意的是，尽管惯量张量 $\overleftrightarrow{\boldsymbol{I}}$ 共有 9 个变量，但由于它的对称性 $\overleftrightarrow{\boldsymbol{I}}=\overleftrightarrow{\boldsymbol{I}}^{\mathrm{T}}$，实际上只有 6 个独立变量。其具体形式与参考系的选择有关。通常，我们可以选取特定的参考系，使惯量张量 $\overleftrightarrow{\boldsymbol{I}}$ 进一步简化为对角矩阵，即

$$\overleftrightarrow{\boldsymbol{I}}=\begin{bmatrix} I_x & 0 & 0 \\ 0 & I_y & 0 \\ 0 & 0 & I_z \end{bmatrix}$$

对角线上的元素被称为主转动惯量，使惯量张量对角化的坐标轴则被称为惯量主轴。矩阵的对角化是线性代数中的一个核心概念，这里仅做简单总结。若一个矩阵 $\boldsymbol{A}$，有

$$\boldsymbol{A}=\begin{bmatrix} A_{11} & A_{12} & \cdots & A_{1n} \\ A_{21} & A_{22} & \cdots & A_{2n} \\ \vdots & \vdots & & \vdots \\ A_{n1} & A_{n2} & \cdots & A_{nn} \end{bmatrix}$$

要对该矩阵进行对角化，首先需要确定矩阵的特征值，表示为 $\boldsymbol{\Lambda}$，即

$$\boldsymbol{\Lambda}=\begin{bmatrix} \lambda_1 & & & 0 \\ & \lambda_2 & & \\ & & \cdots & \\ 0 & & & \lambda_n \end{bmatrix}$$

接着，找到与之对应的特征向量矩阵 $\boldsymbol{P}$，即

$$\boldsymbol{P}=[P_1 \quad P_2 \quad \cdots \quad P_n]$$

于是，矩阵 $\boldsymbol{A}$ 可以被对角化为

$$\boldsymbol{P}^{-1}\boldsymbol{A}\boldsymbol{P}=\boldsymbol{\Lambda}$$

其中，特征值 λ_i 和特征向量 $\boldsymbol{P}_i$ 满足以下关系。

$$\boldsymbol{A}\boldsymbol{P}_i=\lambda_i\boldsymbol{P}_i$$

值得注意的是，惯量张量作为实对称矩阵，一定是可对角化的。通过对惯量张量 $\overleftrightarrow{\boldsymbol{I}}$ 进行对角化，不仅可以确定主转动惯量（特征值），还能找出惯量主轴（特征向量）。

如图 4.4 所示，当我们把随刚体一起转动的运动坐标系的坐标轴选择为刚体的惯量主轴时，

角速度 $\boldsymbol{\omega}$ 在 3 个主轴上的分量可以用式（4.2）描述。由前文分析，此时刚体的转动惯量张量为对角矩阵，根据式（4.7），刚体在运动坐标系中的动量矩具有简单的形式（注意 I_x、I_y 和 I_z 都是常数），其在运动坐标系的坐标轴方向上的分量为

$$J_x = I_x \omega_x$$
$$J_y = I_y \omega_y$$
$$J_z = I_z \omega_z$$

如此一来，在静止坐标系中，可以方便地将动量矩沿着运动坐标系的坐标轴方向展开，即有

$$\boldsymbol{J} = J_x \boldsymbol{i} + J_y \boldsymbol{j} + J_z \boldsymbol{k} = I_x \omega_x \boldsymbol{i} + I_y \omega_y \boldsymbol{j} + I_z \omega_z \boldsymbol{k}$$

在静止坐标系中，刚体运动满足动量矩定理，有

$$\boldsymbol{M} = \frac{\mathrm{d}J}{\mathrm{d}t} = \frac{\mathrm{d}J(I_x \omega_x \boldsymbol{i} + I_y \omega_y \boldsymbol{j} + I_z \omega_z \boldsymbol{k})}{\mathrm{d}t}$$

注意，从静止坐标系中看，运动坐标系的单位矢量 $\boldsymbol{i}$、$\boldsymbol{j}$ 和 $\boldsymbol{k}$，虽然大小不变，但是方向在不断变化，利用式（2.13）可得

$$\frac{\mathrm{d}\boldsymbol{i}}{\mathrm{d}t} = \boldsymbol{\omega} \times \boldsymbol{i} = \omega_z \boldsymbol{j} - \omega_y \boldsymbol{k}$$

$$\frac{\mathrm{d}\boldsymbol{j}}{\mathrm{d}t} = \boldsymbol{\omega} \times \boldsymbol{j} = \omega_x \boldsymbol{k} - \omega_z \boldsymbol{i}$$

$$\frac{\mathrm{d}\boldsymbol{k}}{\mathrm{d}t} = \boldsymbol{\omega} \times \boldsymbol{k} = \omega_y \boldsymbol{i} - \omega_x \boldsymbol{j}$$

于是，我们可以得到力矩与角速度变化之间的动力学关系，也就是欧拉动力学方程。

$$\begin{aligned}
\boldsymbol{M} &= \frac{\mathrm{d}(I_x \omega_x \boldsymbol{i} + I_y \omega_y \boldsymbol{j} + I_z \omega_z \boldsymbol{k})}{\mathrm{d}t} \\
&= I_x \frac{\mathrm{d}\omega_x}{\mathrm{d}t} \boldsymbol{i} + I_y \frac{\mathrm{d}\omega_y}{\mathrm{d}t} \boldsymbol{j} + I_z \frac{\mathrm{d}\omega_z}{\mathrm{d}t} \boldsymbol{k} + I_x \omega_x \frac{\mathrm{d}\boldsymbol{i}}{\mathrm{d}t} + I_y \omega_y \frac{\mathrm{d}\boldsymbol{j}}{\mathrm{d}t} + I_z \omega_z \frac{\mathrm{d}\boldsymbol{k}}{\mathrm{d}t} \\
&= \left[I_x \frac{\mathrm{d}\omega_x}{\mathrm{d}t} - (I_y - I_z)\omega_y \omega_z\right]\boldsymbol{i} + \left[I_y \frac{\mathrm{d}\omega_y}{\mathrm{d}t} - (I_z - I_x)\omega_z \omega_x\right]\boldsymbol{j} \\
&\quad + \left[I_z \frac{\mathrm{d}\omega_z}{\mathrm{d}t} - (I_x - I_y)\omega_x \omega_y\right]\boldsymbol{k}
\end{aligned}$$

其分量表达式为

$$M_x = I_x \frac{\mathrm{d}\omega_x}{\mathrm{d}t} - (I_y - I_z)\omega_y \omega_z$$

$$M_y = I_y \frac{\mathrm{d}\omega_y}{\mathrm{d}t} - (I_z - I_x)\omega_z \omega_x$$

$$M_z = I_z \frac{\mathrm{d}\omega_z}{\mathrm{d}t} - (I_x - I_y)\omega_x \omega_y$$

4.3.2 标量视角：完整约束的保守系

前文，我们从矢量的角度解释了刚体的运动，考虑的是力与力矩。我们同样可以采用分析力学的框架，从标量的角度对刚体的运动进行理解。对于处于完整约束下的保守系，其欧拉-拉格朗日方程在形式上更为简洁。保守系的拉格朗日函数可以被写为

$$L=T-V$$

对于刚体，根据柯尼希定理［式（2.70）］，其动能 T 可以被进一步分解为质心的平动动能与绕质心的转动动能之和。平动部分的动能，可以用质心的动能表示为

$$T_{\mathrm{C}}=\frac{1}{2}m\dot{\boldsymbol{r}}_{\mathrm{C}}^{2}$$

此处将重点放在刚体的定点转动部分。其转动动能可以表示为

$$\begin{aligned}T_{\mathrm{R}}&=\frac{1}{2}\sum_{i}m_i\dot{\boldsymbol{r}}_i^2\\&=\frac{1}{2}\sum_{i}m_i(\boldsymbol{\omega}\times\boldsymbol{r}_i)^2\end{aligned}\tag{4.10}$$

根据向量混合积公式，即

$$(\boldsymbol{a}\times\boldsymbol{b})^2=a^2b^2-(\boldsymbol{a}\cdot\boldsymbol{b})^2$$

我们可以得到

$$\begin{aligned}(\boldsymbol{\omega}\times\boldsymbol{r}_i)^2&=\omega^2r_i^2-(\boldsymbol{\omega}\cdot\boldsymbol{r}_i)^2\\&=(\omega_x^2+\omega_y^2+\omega_z^2)(x_i^2+y_i^2+z_i^2)-(\omega_1x_i+\omega_2y_i+\omega_3z_i)^2\end{aligned}$$

将其代入式（4.10），有

$$\begin{aligned}2T_{\mathrm{R}}=\;&\omega_x^2\sum_i m_i(y_i^2+z_i^2)-\omega_x\omega_y\sum_i m_ix_iy_i-\omega_x\omega_z\sum_i m_ix_iz_i-\\&\omega_y\omega_x\sum_i m_iy_ix_i+\omega_y^2\sum_i m_i(x_i^2+z_i^2)-\omega_y\omega_z\sum_i m_iy_iz_i-\\&\omega_z\omega_x\sum_i m_iz_ix_i-\omega_z\omega_y\sum_i m_iz_iy_i+\omega_z^2\sum_i m_i(x_i^2+y_i^2)\end{aligned}$$

将其重组为矩阵形式，有

$$2T_{\mathrm{R}}=[\omega_x\quad\omega_y\quad\omega_z]\cdot\begin{bmatrix}\sum\limits_i m_i(y_i^2+z_i^2) & -\sum\limits_i m_ix_iy_i & -\sum\limits_i m_ix_iz_i\\-\sum\limits_i m_iy_ix_i & \sum\limits_i m_i(x_i^2+z_i^2) & -\sum\limits_i m_iy_iz_i\\-\sum\limits_i m_iz_ix_i & -\sum\limits_i m_iz_iy_i & \sum\limits_i m_i(x_i^2+y_i^2)\end{bmatrix}\cdot\begin{bmatrix}\omega_x\\\omega_y\\\omega_z\end{bmatrix}$$

可以被简化为

$$2T_{\mathrm{R}}=\boldsymbol{\omega}^{\mathrm{T}}\cdot J\cdot\boldsymbol{\omega}\tag{4.11}$$

从而，刚体的转动动能为

$$T_{\mathrm{R}}=\frac{1}{2}\boldsymbol{\omega}^{\mathrm{T}}\overleftrightarrow{\boldsymbol{I}}\boldsymbol{\omega}$$

综上，刚体的总动能为

$$\begin{aligned}T&=\frac{1}{2}m\dot{\boldsymbol{r}}_{\mathrm{C}}^2+\frac{1}{2}\boldsymbol{\omega}^{\mathrm{T}}\overleftrightarrow{\boldsymbol{I}}\boldsymbol{\omega}\\&=\frac{1}{2}m\dot{\boldsymbol{r}}_{\mathrm{C}}^{\mathrm{T}}\dot{\boldsymbol{r}}_{\mathrm{C}}+\frac{1}{2}\boldsymbol{\omega}^{\mathrm{T}}\overleftrightarrow{\boldsymbol{I}}\boldsymbol{\omega}\end{aligned}$$

练习 刚体做定点转动时，其动能还可以被写成如下形式。

$$\begin{aligned}T&=\frac{1}{2}\sum m_iv_i^2=\frac{1}{2}\sum m_i\boldsymbol{v}_i\cdot\boldsymbol{v}_i\\&=\frac{1}{2}\sum m_i\boldsymbol{v}_i\cdot(\boldsymbol{\omega}\times\boldsymbol{r}_i)\end{aligned}$$

试证明动能与动量矩的关系为

$$T=\frac{1}{2}\boldsymbol{\omega}\cdot\boldsymbol{J}$$

对于保守系，当明确了刚体的动能和势能之后，我们就可以利用欧拉-拉格朗日方程来分析和解决刚体的运动问题。

例题 4.1 假设刚体不受外力，做绕定点的自由转动，如果沿惯量主轴方向建立坐标系，则该刚体的拉格朗日函数为

$$L=T-V=\frac{1}{2}(I_x\omega_x^2+I_y\omega_y^2+I_z\omega_z^2)-V(x_C,y_C,z_C)$$

试证明该刚体的能量守恒、动量矩守恒。

解 ① 能量守恒。

由题意可知，L 中不显含时间 t，根据式（3.18），可知系统总能量守恒。

② 动量矩守恒。

L 中也不显含欧拉角，有广义动量，即

$$p_\varphi=\frac{\partial L}{\partial\dot{\varphi}}=I_x\omega_x\frac{\partial\omega_x}{\partial\dot{\varphi}}+I_y\omega_y\frac{\partial\omega_y}{\partial\dot{\varphi}}+I_z\omega_z\frac{\partial\omega_z}{\partial\dot{\varphi}} \tag{1}$$

利用关系式（4.2），可得

$$\begin{aligned}p_\varphi&=I_x\omega_x\sin\theta\sin\psi+I_y\omega_y\sin\theta\cos\psi+I_z\omega_z\cos\theta\\&=\boldsymbol{J}\cdot\boldsymbol{e}_\zeta\end{aligned} \tag{2}$$

其中，$\boldsymbol{e}_\zeta$ 为 ζ 轴方向的单位矢量。由于 $\boldsymbol{e}_\zeta$ 的方向我们可以任意选取（但必须是固定的），因此

$$\boldsymbol{J}\cdot\boldsymbol{e}_\zeta=常量 \tag{3}$$

表明

$$\boldsymbol{J}=常量 \tag{4}$$

因此，对自由转动的定点运动来说，刚体的动量矩守恒。

例题 4.2 如图 4.8 所示，一根长度为 $2l$、横截面积为 πr^2 的刚性杆在重力作用下沿着墙壁面下滑。杆的质量分布均匀，总质量为 m。请求杆与地面的倾角 θ 随时间的变化。

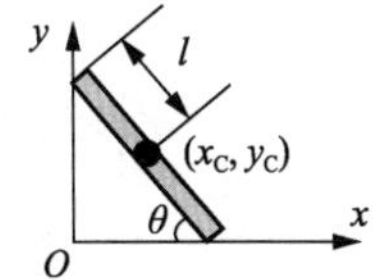

图 4.8 例题 4.2 示意

解 杆的运动可以被视为质心平动和绕质心转动的合成。杆绕质心转动的转动惯量为

$$I=\frac{1}{3}ml^2 \tag{1}$$

杆的动能包括质心的平动动能和绕质心转动的转动动能两个部分，即

$$T=T_C+T_R \tag{2}$$

其中质心的平动动能为

$$\begin{aligned}T_C&=\frac{1}{2}m(\dot{x}_C^2+\dot{y}_C^2)\\&=\frac{1}{2}m[(-l\dot{\theta}\sin\theta)^2+(l\dot{\theta}\cos\theta)^2]=\frac{1}{2}ml^2\dot{\theta}^2\end{aligned} \tag{3}$$

转动动能为

$$T_R = \frac{1}{2}I\dot{\theta}^2 = \frac{1}{6}ml^2\left(1+\frac{3}{4}\left(\frac{r}{l}\right)^2\right)\dot{\theta}^2$$

当 $r \ll l$ 时，有

$$\begin{aligned} T_R &= \frac{1}{6}ml^2\left(1+\frac{3}{4}\left(\frac{r}{l}\right)^2\right)\dot{\theta}^2 \\ &\approx \frac{1}{6}ml^2\dot{\theta}^2 \end{aligned} \tag{4}$$

系统的势能为

$$V = mgy = mgl\sin\theta \tag{5}$$

于是其拉格朗日函数为

$$L = T - V = \frac{2}{3}ml^2\dot{\theta}^2 - mgl\sin\theta \tag{6}$$

考虑到

$$\frac{\mathrm{d}}{\mathrm{d}t}\frac{\partial L}{\partial \dot{\theta}} = \frac{4}{3}ml^2\ddot{\theta}$$

$$\frac{\partial L}{\partial \theta} = -mgl\cos\theta \tag{7}$$

取广义坐标 $q=\theta$，将式（7）代入欧拉-拉格朗日方程，可得

$$\frac{4}{3}ml^2\ddot{\theta} + mgl\cos\theta = 0 \tag{8}$$

为了求解式（8），我们进行变量替换，令 $\theta' = \theta - \frac{\pi}{2}$，有

$$\frac{4}{3}ml^2\ddot{\theta}' + mgl\sin\theta' = 0 \tag{9}$$

当杆小角度变化时，式（9）被简化为

$$\frac{4}{3}ml^2\ddot{\theta}' + mgl\theta' = 0 \tag{10}$$

式（10）具有通解，即

$$\theta'(t) = C_1\mathrm{e}^{-\frac{\sqrt{3}\,t\sqrt{-\frac{g}{l}}}{2}} + C_2\mathrm{e}^{\frac{\sqrt{3}\,t\sqrt{-\frac{g}{l}}}{2}} \tag{11}$$

因此

$$\theta(t) = C_1\mathrm{e}^{-\frac{\sqrt{3}\,t\sqrt{-\frac{g}{l}}}{2}} + C_2\mathrm{e}^{\frac{\sqrt{3}\,t\sqrt{-\frac{g}{l}}}{2}} + \frac{\pi}{2} \tag{12}$$

其中，C 由杆的初始状态决定。

4.3.3 混合视角：解决真实复杂问题

对于引力、库仑力和弹力等保守力，以及非保守的洛伦兹力，我们已成功运用欧拉-拉格朗日方程处理完整约束下的动力学问题。然而，在实际应用中，我们经常面临摩擦力这类未被前述

方法所涵盖的非保守力，以及像机器人这样的复杂刚体系统。在这种背景下，完全依赖牛顿力学来处理约束力会变得格外困难。因此，我们必须结合矢量和标量两种视角，以进一步增强分析力学解决问题的能力。

（1）欧拉-拉格朗日方程：处理非保守力

为了使欧拉-拉格朗日方程能够方便地包含非保守力并直接处理各种约束关系，我们需要从一个全新的角度对其进行推导。首先，考虑一个力学系统处于平衡状态。在这种情况下，系统内的每个质点所受到的合外力为0，即

$$\boldsymbol{F}_i=0$$

设想在这合外力的作用下，质点可以在不违反任何约束的情况下，在极短的时间内发生无穷小的虚位移①$\delta\boldsymbol{r}_i$。显然，合外力对该质点系做的虚功②也为零，即

$$\sum_i \boldsymbol{F}_i \cdot \delta\boldsymbol{r}_i = 0$$

对于非平衡系统，根据牛顿第二定律，有

$$\boldsymbol{F}_i = \frac{\mathrm{d}\boldsymbol{p}}{\mathrm{d}t} = \dot{\boldsymbol{p}} \Rightarrow \boldsymbol{F}_i - \dot{\boldsymbol{p}} = 0$$

这表明我们可以通过引入惯性力 $-\dot{\boldsymbol{p}}$ 将非平衡问题转化为平衡问题。在上式两边同时内积以 $\delta\boldsymbol{r}_i$，我们可以得到质点系的达朗贝尔方程，即

$$\sum_{i=1}^{N}(\boldsymbol{F}_i-\dot{\boldsymbol{p}}_i)\cdot\delta\boldsymbol{r}_i = 0 \tag{4.12}$$

我们首先考虑完整约束的情况。假设一个由 N 个粒子组成的系统，受到 k 个完整约束，其中第 i 个质点的位矢为 $\boldsymbol{r}_i$。在此约束下，系统的自由度为 $s=3N-k$。系统的广义坐标与位矢之间的关系可以表示为

$$\boldsymbol{r}_i=\boldsymbol{r}_i(q_1,q_2,\cdots,q_s,t)$$

基于此，我们可以得到速度的广义坐标表达式，即

$$\boldsymbol{v}_i = \frac{\mathrm{d}\boldsymbol{r}_i}{\mathrm{d}t} = \sum_{j=1}^{s}\frac{\partial\boldsymbol{r}_i}{\partial q_j}\dot{q}_j+\frac{\partial\boldsymbol{r}_i}{\partial t}$$

同时，虚位移的广义坐标表达式③为

$$\delta\boldsymbol{r}_i = \sum_{j=1}^{s}\frac{\partial\boldsymbol{r}_i}{\partial q_j}\delta q_j$$

考虑式（4.12）中的第一项，我们可以进一步得到

$$\sum_{i=1}^{N}\boldsymbol{F}_i\cdot\delta\boldsymbol{r}_i = \sum_{i=1}^{N}\sum_{j=1}^{s}\boldsymbol{F}_i\cdot\frac{\partial\boldsymbol{r}_i}{\partial q_j}\delta q_j$$

定义广义力为 Q_j，与力有关的广义坐标表达式为

$$Q_j = \sum_{i=1}^{N}\boldsymbol{F}_i\cdot\frac{\partial\boldsymbol{r}_i}{\partial q_j}$$

---

①在力学中，虚位移是一个理论上的概念，代表在约束下，质点可以发生的位移的一种可能性。这种位移并未在实际中发生，而是仅在分析中被考虑。为了与实际位移进行区别，它被称为“虚位移”。

②当一个力在虚位移上作用时，它所做的功并不代表真实情况下的实际功。为了区别于真实的做功，将其称为“虚功”。

③虽然虚位移 $\delta\boldsymbol{r}$ 与真实位移 $\mathrm{d}\boldsymbol{r}$ 的物理意义不同，但是它们观察的都是变量微小变化之间的依赖关系，所以有着完全类似的数学运算规则。

因此，可以得到

$$\sum_{i=1}^{N} \boldsymbol{F}_i \cdot \delta \boldsymbol{r}_i = \sum_{j=1}^{s} Q_j \delta q_j$$

考虑式（4.12）中的第二项，有

$$\sum_{i=1}^{N} \dot{\boldsymbol{p}}_i \cdot \delta \boldsymbol{r}_i = \sum_{i=1}^{N} m_i \ddot{\boldsymbol{r}}_i \cdot \delta \boldsymbol{r}_i$$

将上式代入虚位移的广义坐标表达式，得到

$$\sum_{i=1}^{N} m_i \ddot{\boldsymbol{r}}_i \cdot \delta \boldsymbol{r}_i = \sum_{i=1}^{N} m_i \ddot{\boldsymbol{r}}_i \cdot \sum_{j=1}^{s} \frac{\partial \boldsymbol{r}_i}{\partial q_j} \delta q_j \tag{4.13}$$

对于式（4.13）内积部分中的每一项，应用分部积分公式，我们可以得到

$$\sum_{i=1}^{N} m_i \ddot{\boldsymbol{r}}_i \cdot \frac{\partial \boldsymbol{r}_i}{\partial q_j} = \sum_{i=1}^{N} \left[\frac{\mathrm{d}}{\mathrm{d}t}\left(m_i \dot{\boldsymbol{r}}_i \cdot \frac{\partial \boldsymbol{r}_i}{\partial q_j} \right) - m_i \dot{\boldsymbol{r}}_i \cdot \frac{\mathrm{d}}{\mathrm{d}t}\left(\frac{\partial \boldsymbol{r}_i}{\partial q_j} \right) \right]$$

注意，时间 t 和广义坐标 q_j 的微分可以交换顺序，有

$$\frac{\mathrm{d}}{\mathrm{d}t}\left(\frac{\partial \boldsymbol{r}_i}{\partial q_j} \right) = \frac{\partial \dot{\boldsymbol{r}}_i}{\partial q_j} = \frac{\partial \boldsymbol{v}_i}{\partial q_j}$$

同时，有

$$\frac{\partial \boldsymbol{v}_i}{\partial \dot{q}_j} = \frac{\partial \left(\frac{\partial \boldsymbol{r}_i}{\partial q_j} \dot{q}_j + \frac{\partial \boldsymbol{r}_i}{\partial t} \right)}{\partial \dot{q}_j} = \frac{\partial \boldsymbol{r}_i}{\partial q_j}$$

得到

$$\sum_{i=1}^{N} m_i \ddot{\boldsymbol{r}}_i \cdot \frac{\partial \boldsymbol{r}_i}{\partial q_j} = \sum_{i=1}^{N} \left[\frac{\mathrm{d}}{\mathrm{d}t}\left(m_i \boldsymbol{v}_i \cdot \frac{\partial \boldsymbol{v}_i}{\partial \dot{q}_j} \right) - m_i \boldsymbol{v}_i \cdot \frac{\partial \boldsymbol{v}_i}{\partial q_j} \right]$$

于是，式（4.13）可以被重新整理为下面的形式。

$$\sum_{j=1}^{s} \left\{ \frac{\mathrm{d}}{\mathrm{d}t}\left[\frac{\partial}{\partial \dot{q}_j}\left(\sum_{i=1}^{N} \frac{1}{2} m_i (\boldsymbol{v}_i \cdot \boldsymbol{v}_i) \right) \right] - \frac{\partial}{\partial q_j}\left(\sum_{i=1}^{N} \frac{1}{2} m_i (\boldsymbol{v}_i \cdot \boldsymbol{v}_i) \right) \right\} \delta q_j$$

其中，动能项为

$$T = \sum_{i=1}^{N} \frac{1}{2} m_i (\boldsymbol{v}_i \cdot \boldsymbol{v}_i)$$

因此，达朗贝尔方程［式（4.12）］可以表示为

$$\sum_{j=1}^{s} \left[\frac{\mathrm{d}}{\mathrm{d}t}\left(\frac{\partial T}{\partial \dot{q}_j} \right) - \frac{\partial T}{\partial q_j} - Q_j \right] \delta q_j = 0 \tag{4.14}$$

若我们考虑系统只受到完整约束，这意味着 s 个广义坐标是相互独立的，所以式（4.14）可以被简化为

$$\sum_{i=1}^{s} \frac{\mathrm{d}}{\mathrm{d}t}\left(\frac{\partial T}{\partial \dot{q}_i} \right) - \frac{\partial T}{\partial q_i} - Q_i = 0 \tag{4.15}$$

当系统只受保守力作用时，我们可以引入势场 $V(\{\boldsymbol{r}_i\}, t)$，使得

$$\boldsymbol{F}_i = -\nabla_i V$$

于是，广义力 Q_j 可表示为

$$Q_j = \sum_{i=1}^{N} \boldsymbol{F}_i \cdot \frac{\partial \boldsymbol{r}_i}{\partial q_j} = -\sum_{i=1}^{N} \nabla_i V \cdot \frac{\partial \boldsymbol{r}_i}{\partial q_j} = -\frac{\partial V}{\partial q_j}$$

将上式代入式（4.15），得到

$$\sum_{i=1}^{s}\frac{\mathrm{d}}{\mathrm{d}t}\left(\frac{\partial T}{\partial\dot{q}_i}\right)-\frac{\partial(T-V)}{\partial q_i}=0$$

由于势场与广义速度无关，因此上式可以被写为

$$\sum_{i=1}^{s}\frac{\mathrm{d}}{\mathrm{d}t}\left(\frac{\partial(T-V)}{\partial\dot{q}_i}\right)-\frac{\partial(T-V)}{\partial q_i}=0$$

使用拉格朗日函数的定义 $L=T-V$，我们再次得到了欧拉-拉格朗日方程，即

$$\frac{\mathrm{d}}{\mathrm{d}t}\left(\frac{\partial L}{\partial\dot{q}_i}\right)-\frac{\partial L}{\partial q_i}=0$$

对于存在非保守力的系统，广义力中的保守力部分可以被纳入拉格朗日函数，而非保守力部分则用广义力表示，于是上式被扩展为

$$\frac{\mathrm{d}}{\mathrm{d}t}\left(\frac{\partial L}{\partial\dot{q}_i}\right)-\frac{\partial L}{\partial q_i}=Q_i\quad i=1,2,\cdots,s\tag{4.16}$$

（2）凯恩方程：处理多刚体运动

针对多个刚体耦合运动的情况，凯恩给出了一套更为高效的动力学问题求解方案。如图4.9所示，考虑一个由 N 个刚体组成的系统。将作用在第 i 个刚体上的力和力矩集中在其质心，并将其分类为主动力 $\boldsymbol{F}$、主动力矩 $\boldsymbol{M}$、约束力 $\boldsymbol{F}^{\mathrm{c}}$ 与约束力矩 $\boldsymbol{M}^{\mathrm{c}}$。

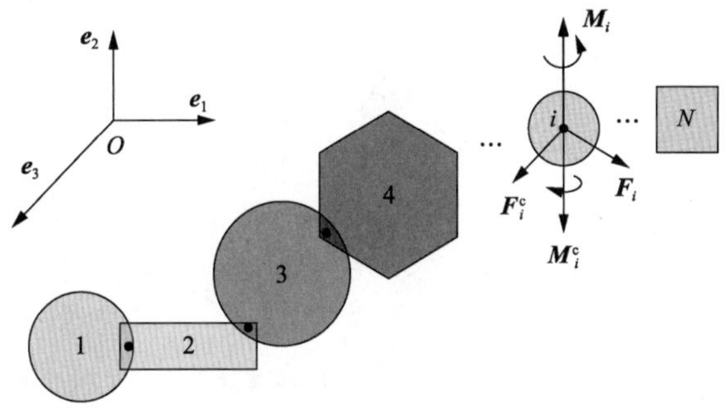

图4.9　耦合运动的多刚体系统

首先，我们研究刚体的平动。依据达朗贝尔方程［式（4.12）］，对于质心，有

$$\boldsymbol{F}_i+\boldsymbol{F}_i^{\mathrm{c}}+\boldsymbol{F}_i^{*}=\boldsymbol{0}$$

其中，$\boldsymbol{F}_i^{*}=-\dot{\boldsymbol{p}}$ 为第 i 个刚体所受的惯性力。根据达朗贝尔方程，整个质心系统的虚功为0，即

$$\sum_{i=1}^{N}(\boldsymbol{F}_i+\boldsymbol{F}_i^{*}+\boldsymbol{F}_i^{\mathrm{c}})\cdot\delta\boldsymbol{r}_i=0$$

由于许多约束力（如使火车保持在铁轨上的力）方向与物体的位移方向垂直，这些约束力不做功，从而有

$$\sum_{i=1}^{N}\boldsymbol{F}_i^{\mathrm{c}}\cdot\delta\boldsymbol{r}_i=0$$

考虑到每个质心有3个自由度，整个质心系总共有 $3N$ 个自由度，所以

$$\sum_{i=1}^{3N}(F_i+F_i^{*})\cdot\delta r_i=0$$

如果质心系受到 k 个完整约束，其实际自由度为 $s=3N-k$。考虑到 r_i 依赖于广义坐标 $r_i(\{q_j\},t)$，

我们可以得到

$$\sum_{i=1}^{3N}(F_i+F_i^*)\cdot\sum_{j=1}^{s}\frac{\partial r_i}{\partial q_j}\delta q_j=0 \tag{4.17}$$

同样，速度也可以用广义坐标表示为

$$\dot{r}_i=\sum_{j=1}^{s}\frac{\partial r_i}{\partial q_j}\frac{\mathrm{d}q_j}{\mathrm{d}t}+\frac{\partial r_i}{\partial t}=\sum_{j=1}^{s}\frac{\partial r_i}{\partial q_j}\dot{q}_j+\frac{\partial r_i}{\partial t}$$

其中，$\dot{r}_i$ 是在惯性参考系中测量到的自由度 i 上的速度分量 v_i。通过上式，我们可以得出 $\dot{r}_i$ 关于广义速度 $u_j=\dot{q}_j$ 的偏导数，称为广义偏速度，即

$$\tilde{v}_j^i=\frac{\partial\dot{r}_i}{\partial\dot{q}_j}=\frac{\partial r_i}{\partial q_j} \tag{4.18}$$

根据式（4.17），由于广义坐标是独立的，δq_j 的系数必须为 0，因此，有

$$\sum_{i=1}^{3N}F_i\cdot\frac{\partial r_i}{\partial q_j}+\sum_{i=1}^{3N}F_i^*\cdot\frac{\partial r_i}{\partial q_i}=0$$

进一步可得

$$\sum_{i=1}^{3N}F_i\cdot\frac{\partial\dot{r}_i}{\partial\dot{q}_j}+\sum_{i=1}^{3N}F_i^*\cdot\frac{\partial\dot{r}_i}{\partial\dot{q}_j}=0$$

定义广义主动力为

$$\widetilde{F}_j=\sum_{i=1}^{3N}F_i\cdot\frac{\partial\dot{r}_i}{\partial\dot{q}_j}=\sum_{i=1}^{3N}F_i\cdot\tilde{v}_j^i \tag{4.19}$$

再定义广义惯性力为

$$\widetilde{F}_j^*=\sum_{i=1}^{3N}F_i^*\cdot\frac{\partial\dot{r}_i}{\partial\dot{q}_j}=\sum_{i=1}^{3N}F_i^*\cdot\tilde{v}_j^i \tag{4.20}$$

这将导致以下关系。

$$\widetilde{F}_j+\widetilde{F}_j^*=0 \tag{4.21}$$

式（4.21）即系统在广义坐标 q_j 自由度上的动力学规律，我们称其为凯恩方程。

除了平动，刚体还有绕质心的转动。与平动的情况相似，我们可以应用达朗贝尔方程来研究刚体在转动自由度上的运动。首先，考虑刚体的转动虚功为零，有

$$\sum(M_i+M_i^*+M_i^c)\cdot\delta\theta_i=0$$

如果约束力矩不做功，该方程可以被简化为

$$\sum(M_i+M_i^*)\cdot\delta\theta_i=0$$

与之前的偏速度推导类似，我们可以将虚角位移 $\delta\theta_i$ 展开成广义坐标的形式，即

$$\sum(M_i+M_i^*)\cdot\sum\frac{\partial\dot{\theta}_i}{\partial\dot{q}_j}\partial q_j=0$$

进一步，我们可以得到

$$\sum(M_i+M_i^*)\cdot\sum\frac{\partial\omega_i}{\partial\dot{q}_j}\partial q_j=0$$

为了方便表示系统的动力学，我们定义广义主动力矩为

$$\widetilde{M}_j = \sum_i M_i \cdot \frac{\partial \omega_i}{\partial \dot{q}_j} \tag{4.22}$$

再定义广义惯性力矩为

$$\widetilde{M}_j^* = \sum_i M_i^* \cdot \frac{\partial \omega_i}{\partial \dot{q}_j} \tag{4.23}$$

约去求和指标后，我们可以得到

$$\widetilde{M}_i + \widetilde{M}_i^* = 0$$

值得注意的是，上述方程与式（4.21）的形式是一致的。因此，考虑平动和转动，我们可以得到一般情况下的凯恩方程，即

$$\widetilde{K}_i + \widetilde{K}_i^* = 0 \tag{4.24}$$

练习 试证明在多刚体体系中，第 i 个物体所受惯性力矩的表达式为

$$M_i^* = -\alpha_i \cdot \overleftrightarrow{I} - \omega_i \times (\overleftrightarrow{I} \cdot \omega_i) \tag{4.25}$$

其中，α_i 为第 i 个物体在惯性参考系中的角加速度，$\overleftrightarrow{I}$ 为第 i 个物体的惯量张量。

例题 4.3 如图 4.10 所示，一个半径为 r_0、质量为 m 的均匀球体在一匀速转动的水平平台上无滑滚动。平台转动的角速度为 ω_0，求球体的质心运动方程。

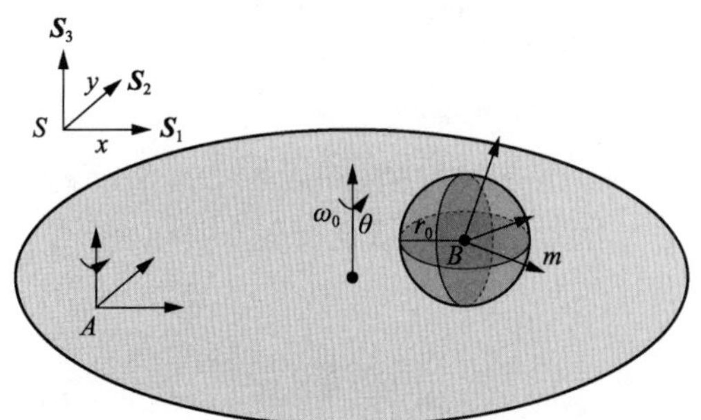

图 4.10 例题 4.3 示意

解 尽管一个自由球体在三维空间中具有 6 个自由度（3 个平动自由度和 3 个转动自由度），但无滑滚动的约束减少了其自由度。首先，球体不能脱离平面，所以平动自由度只有 2 个。然后，由于球体无滑滚动，因此实际上每一个方向上的平动都决定了球体的一种转动。因此，球体只有两个平动自由度和一个转动自由度。如图 4.10 所示，我们把转动自由度设置为绕 S_3 轴旋转，那么球体的广义坐标可以表示为

$$\begin{aligned} q_1 &= x \\ q_2 &= y \\ q_3 &= \theta \end{aligned} \tag{1}$$

利用凯恩方程式（4.24），针对这 3 个广义坐标，我们可以建立系统的动力学方程，即

$$\begin{aligned}\widetilde{K}_1+\widetilde{K}_1^*&=0\\ \widetilde{K}_2+\widetilde{K}_2^*&=0\\ \widetilde{K}_3+\widetilde{K}_3^*&=0\end{aligned} \tag{2}$$

式（2）的具体表达式涉及球体在惯性坐标系中的加速度、角速度和角加速度计算。我们从求解球体的平动速度和转动角速度开始。容易看出，在 S 系中，球体的平动速度为其质心速度。

$$^{S}\boldsymbol{v}_{C}=\dot{q}_1\boldsymbol{S}_1+\dot{q}_2\boldsymbol{S}_2 \tag{3}$$

对于球体的转动，可以通过固着在球体上随球体一起转动的参考系 B 来理解。从惯性坐标系 S 中来看，B 参考系转动的角速度（亦为球体的角速度）为一矢量，它可以在惯性坐标系 S 中被分解为

$$^{S}\boldsymbol{\omega}_B=\omega_1\boldsymbol{S}_1+\omega_2\boldsymbol{S}_2+\omega_3\boldsymbol{S}_3 \tag{4}$$

由于球体做无滑滚动，ω_1 和 ω_2 可以通过球体与平台面的接触点的速度求得。通过球体的运动计算接触点的速度为

$$^{S}\boldsymbol{v}_0={}^{S}\boldsymbol{v}_C+[\,^{S}\boldsymbol{\omega}_B\times(-r_0\boldsymbol{S}_3)\,] \tag{5}$$

通过平台的运动计算接触点的速度为

$$^{S}\boldsymbol{v}_0=w_0\boldsymbol{S}_3\times(q_1\boldsymbol{S}_1+q_2\boldsymbol{S}_2) \tag{6}$$

由于两者相等，从而可得到

$$^{S}\boldsymbol{\omega}_B\times\boldsymbol{S}_3=\frac{\omega_0q_2+\dot{q}_1}{r_0}\boldsymbol{S}_1+\frac{-\omega_0q_1+\dot{q}_2}{r_0}\boldsymbol{S}_2 \tag{7}$$

利用式（4），有

$$\begin{aligned}^{S}\boldsymbol{\omega}_B\times\boldsymbol{S}_3&=\omega_1\boldsymbol{S}_1\times\boldsymbol{S}_3+\omega_2\boldsymbol{S}_2\times\boldsymbol{S}_3+\omega_3\boldsymbol{S}_3\times\boldsymbol{S}_3\\&=\omega_2\boldsymbol{S}_1-\omega_1\boldsymbol{S}_2\end{aligned} \tag{8}$$

对比式（7）和式（8），可得

$$\begin{aligned}\omega_1&=\frac{\omega_0q_1-\dot{q}_2}{r_0}\\ \omega_2&=\frac{\omega_0q_2+\dot{q}_1}{r_0}\end{aligned} \tag{9}$$

注意到 $\dot{q}_3=\dot{\theta}=\omega_3$，可得

$$^{S}\boldsymbol{\omega}_B=\frac{\omega_0q_1-\dot{q}_2}{r_0}\boldsymbol{S}_1+\frac{\omega_0q_2+\dot{q}_1}{r_0}\boldsymbol{S}_2+\dot{q}_3\boldsymbol{S}_3 \tag{10}$$

利用式（3）和式（10）可以计算出偏速度

$$\begin{aligned}&\frac{\partial^{S}\boldsymbol{v}_C}{\partial\dot{q}_1}=\boldsymbol{S}_1 \qquad \frac{\partial^{S}\boldsymbol{v}_C}{\partial\dot{q}_2}=\boldsymbol{S}_2 \qquad \frac{\partial^{S}\boldsymbol{v}_C}{\partial\dot{q}_3}=0\\ &\frac{\partial^{S}\boldsymbol{\omega}_B}{\partial\dot{q}_1}=\frac{1}{r_0}\boldsymbol{S}_2 \qquad \frac{\partial^{S}\boldsymbol{\omega}_B}{\partial\dot{q}_2}=-\frac{1}{r_0}\boldsymbol{S}_1 \qquad \frac{\partial^{S}\boldsymbol{\omega}_B}{\partial\dot{q}_3}=\boldsymbol{S}_3\end{aligned} \tag{11}$$

计算广义惯性力需要用到平动加速度

$$^{S}\boldsymbol{a}_B=\frac{\mathrm{d}^{S}\boldsymbol{v}_C}{\mathrm{d}t}=\frac{\mathrm{d}}{\mathrm{d}t}(\dot{q}_1\boldsymbol{S}_1+\dot{q}_2\boldsymbol{S}_2)=\ddot{q}_1\boldsymbol{S}_1+\ddot{q}_2\boldsymbol{S}_2 \tag{12}$$

和角加速度

$$
\begin{aligned}
{}^{S}\boldsymbol{\alpha}_B &= \frac{\mathrm{d}^S\boldsymbol{\omega}_B}{\mathrm{d}t} = \frac{\mathrm{d}}{\mathrm{d}t}\left(\frac{\omega_0 q_1 - \dot{q}_2}{r_0}\boldsymbol{S}_1 + \frac{\omega_0 q_2 + \dot{q}_1}{r_0}\boldsymbol{S}_2 + \dot{q}_3\boldsymbol{S}_3\right) \\
&= \frac{\omega_0\,\dot{q}_1 - \ddot{q}_2}{r_0}\boldsymbol{S}_1 + \frac{\omega_0\,\dot{q}_2 - \ddot{q}_1}{r_0}\boldsymbol{S}_2 + \ddot{q}_3\boldsymbol{S}_3
\end{aligned}
\tag{13}
$$

接下来，我们计算广义主动力。作用在质心上的主动力是重力

$$
\boldsymbol{F} = mg\boldsymbol{S}_3 \tag{14}
$$

由于重力过球体转动中心（质心），所以没有主动力矩。广义惯性力分为平动和转动两部分，其中平动部分的惯性力为

$$
\boldsymbol{F}^* = -m{}^S\boldsymbol{a}_B = -m(\ddot{q}_1\boldsymbol{S}_1 + \ddot{q}_2\boldsymbol{S}_2) \tag{15}
$$

根据式（4.25），转动部分的惯性力矩为

$$
\boldsymbol{M}^* = -\overleftrightarrow{I}\cdot{}^S\boldsymbol{\alpha}_B - {}^S\boldsymbol{\omega}_B \times (\overleftrightarrow{I}\cdot{}^S\boldsymbol{\omega}_B) \tag{16}
$$

为了方便地计算上式中的 $\overleftrightarrow{I}$，我们选择惯量主轴方向建立坐标系 C，并将矢量和张量在该坐标系下展开，得到其分量

$$
\begin{aligned}
\alpha_i &= {}^S\boldsymbol{\alpha}_B \cdot \boldsymbol{C}_i \\
\omega_i &= {}^S\boldsymbol{\omega}_B \cdot \boldsymbol{C}_i \\
I_{ii} &= \boldsymbol{C}_i \cdot \overleftrightarrow{I} \cdot \boldsymbol{C}_i
\end{aligned}
\tag{17}
$$

于是，式（17）可以简化为

$$
\begin{aligned}
{}^C\boldsymbol{M}^* = &[\omega_2\omega_3(I_{22}-I_{33}) - \alpha_1 I_{11}]\boldsymbol{C}_1 \\
&+ [\omega_3\omega_1(I_{33}-I_{11}) - \alpha_2 I_{22}]\boldsymbol{C}_2 \\
&+ [\omega_1\omega_2(I_{11}-I_{22}) - \alpha_3 I_{33}]\boldsymbol{C}_3
\end{aligned}
\tag{18}
$$

利用球体的对称性，有

$$
I_{11} = I_{22} = I_{33} = \frac{2}{5}mr_0^2 \tag{19}
$$

式（18）变形为

$$
{}^C\boldsymbol{M}^* = -\alpha_1 I_{11}\boldsymbol{C}_1 - \alpha_2 I_{22}\boldsymbol{C}_2 - \alpha_3 I_{33}\boldsymbol{C}_3 \tag{20}
$$

根据球的对称性，坐标系 C 可以选择为惯性坐标系 S。如此一来，将式（13）的角加速度分量代入式（20），可以得到

$$
\boldsymbol{M}^* = -\frac{I_{11}(\omega_0\,\dot{q}_1 - \ddot{q}_2)}{r_0}\boldsymbol{S}_1 - \frac{I_{22}(\omega_0\,\dot{q}_2 - \ddot{q}_1)}{r_0}\boldsymbol{S}_2 - I_{33}\ddot{q}_3\boldsymbol{S}_3 \tag{21}
$$

根据式（4.19）、式（4.22）和式（11），有广义主动力为

$$
\begin{aligned}
\widetilde{K}_1 &= mg\boldsymbol{S}_3 \cdot \boldsymbol{S}_1 = 0 \\
\widetilde{K}_2 &= mg\boldsymbol{S}_3 \cdot \boldsymbol{S}_2 = 0 \\
\widetilde{K}_3 &= mg\boldsymbol{S}_3 \cdot \boldsymbol{0} = 0
\end{aligned}
\tag{22}
$$

根据式（4.20）、式（4.23）、式（11）和式（21），可得广义惯性力为

$$\widetilde{K}_1^* = -m\ddot{q}_1 + \boldsymbol{M}^* \cdot \frac{1}{r_0}\boldsymbol{S}_2 = -m\ddot{q}_1 - \frac{I_{22}(\omega_0 \dot{q}_2 + \ddot{q}_1)}{r_0^2}$$

$$\widetilde{K}_2^* = -m\ddot{q}_2 + \boldsymbol{M}^* \cdot \left(-\frac{1}{r_0}\boldsymbol{S}_1\right) = -m\ddot{q}_2 + \frac{I_{22}(\omega_0 \dot{q}_1 - \ddot{q}_2)}{r_0^2} \tag{23}$$

$$\widetilde{K}_3^* = \boldsymbol{M}^* \cdot \boldsymbol{S}_3 = -I_{33}\ddot{q}_3$$

将式（22）、式（23）及式（19）代入式（2），可以得到包含广义坐标随时间变化的凯恩方程

$$7\ddot{q}_1 + 2\omega_0 \dot{q}_2 = 0$$

$$2\omega_0 \dot{q}_1 - 7\ddot{q}_2 = 0 \tag{24}$$

$$I_{33}\ddot{q}_3 = 0$$

最后利用式（1），可得质心的运动方程为

$$7\ddot{x} + 2\omega_0 \dot{y} = 0$$

$$7\ddot{y} - 2\omega_0 \dot{x} = 0 \tag{25}$$

4.4 实践项目：刚体运动的计算机模拟

前文，我们已经了解到理论力学涉及复杂的推理与烦琐的计算。对于许多读者而言，推理和计算可能是一项艰巨的任务，特别是在缺乏适当工具辅助的情况下。幸运的是，现代计算技术为我们提供了有效的解决方案。借助现代的计算设备，如笔记本电脑或智能手机，我们可以方便地快速推理与计算。在我们关心的科学研究领域，计算机代数系统允许我们进行符号运算，涵盖布尔代数、微积分和矢量分析等领域。数据可视化系统帮助我们探索和呈现数据，先进的人工智能系统则为我们提供了类似人类的推理能力。推理和计算均属于形式逻辑，执行它需要遵循固定的规则，这意味着对计算设备的操作，必然具有严格性。但是，为了实现广泛的任务处理，这要求相关操作还要兼具灵活性。换句话说，我们需要一个既严格又灵活的工具来操作计算设备，这就是程序设计语言，简称程序语言。与自然语言相比，程序语言专为描述可计算问题而设计，其语法规则相对简洁且无歧义。此外，标准的计算方法可以被封装并存储为模块，使得在解决新问题时可以被方便地调用。

正如自然语言有中文、英文等不同种类，编程语言也有非常多的种类，例如 C 语言、Fortran 语言等。本书采用的 Python 是一种高级、解释型的编程语言。它因具有简洁明了的语法和强大的标准库而受到广大开发者的喜爱。Python 支持多种编程范式，如过程式、面向对象和函数式编程等。

Python 的一个显著优势是其语法十分简洁。它的语法结构非常清晰，使得代码易于阅读和维护。此外，Python 提供了丰富的内置库，能够满足各种编程需求，从而减少了从头开始编写代码的情况。Python 还具有跨平台的特性，可以在多种操作系统上运行，如 Windows、macOS 和 Linux 等。更为重要的是，Python 拥有一个庞大且活跃的开发者社区。这个社区为初学者和专家提供了

丰富的学习资源和支持，确保了 Python 在未来仍然是一个充满活力和创新的环境。对于那些已经熟悉 C 语言或 MATLAB 的读者来说，Python 的难度较低，适应过程相对平缓。在 Python 中，用户可以轻松地定义变量和数据类型。例如，x = 10 表示定义了一个整数，y = 20.5 表示定义了一个浮点数，而 name = " 理论力学" 表示定义了一个字符串。Python 的条件语句同样直观易懂。例如，我们可以使用 if-elif-else 结构来进行判断。循环结构，如 for 和 while，也为代码提供了重复执行某些任务的能力。此外，Python 允许用户定义和调用函数，使得代码更加模块化和可重用。

Python 的模块化管理也是其魅力之一，它在代码的组织、维护和扩展性方面具有显著优势。在 Python 中，每个程序文件都被视为一个模块。这些模块可以自由地包含函数、类、变量以及可执行代码等，为开发者提供一个模块化的设计框架，使得代码更加整洁、易于维护和重用。模块的导入和使用通过 import 语句实现。例如，当我们使用 import math 时，就可以方便地访问 math 模块中的所有功能。随着程序规模的扩大，可能会有多个模块需要被组织起来，这时就可以使用包。包是一个目录，它组织了一组相关的模块，使得大型项目的管理变得尤为简单。为了进一步增强模块的管理和分发功能，Python 社区提供了 Python 包索引（PyPI），这是一个公共的第三方模块仓库。开发者可以轻松地上传自己的包或下载他人的包。配合 Python 的官方包管理器 pip，用户可以方便地通过 PyPI 安装、更新和管理各种 Python 包。在实际的开发中，不同的程序可能会有不同的依赖需求。为了避免依赖之间的冲突，Python 提供了虚拟环境的概念。虚拟环境允许开发者为每个项目创建一个独立的 Python 运行环境，确保各个项目的依赖关系互不干扰，大大简化了程序的部署和管理过程。对于那些在交互式环境中需要实时更新模块的场景，Python 提供了 importlib 模块，使得我们可以在不重启解释器的情况下重新加载模块。总之，Python 的模块管理化体系为我们提供了一套全面而灵活的工具，无论是简单的脚本还是大型的应用，都能确保代码的整洁、高效和可维护。

4.4.1　科学计算：力学问题的程序化方案

科学计算是现代科研、工程和数据分析的基石，涉及大量的符号推理、数值运算、数据处理和可视化等任务。由于 Python 具有灵活和强大的生态系统，它为这些复杂的计算任务提供了高效的解决方案。在 Python 的生态系统中，存在许多科学计算编程包。例如，numpy 提供了强大的数组操作，scipy 为更高级的计算任务提供支持，matplotlib 则是用于数据可视化的首选库。特别值得一提的是 sympy 模块，它专为符号数学计算设计，允许用户进行代数运算、微积分、方程求解等，并拥有针对物理问题的 physics 子函数库。这些包使得 Python 成为科学计算的首选语言之一，满足了从基础研究到实际应用的广泛需求。

在本节中，我们将通过调用 sympy 等程序模块，去解决一些典型的简单力学问题，以此展示利用科学计算处理力学问题的流程及潜力。sympy 模块下的 physics 子模块提供了一系列函数和工具，用于解决与力学、光学、量子力学等物理学分支有关的问题。其中，sympy. physics. mechanics 模块专门用于解决经典力学问题，可以实现利用牛顿定律、欧拉-拉格朗日方程、哈密顿方程以及凯恩方程等处理质点、刚体等对象的运动问题。下面，我们将从求解悬挂杆的小角度摆动问题出发，详细展示其相关用法。

（1）导入所需的模块

首先，在程序中导入 sympy、sympy. physics. mechanics、numpy、matplotlib 等模块，代码如下。这些模块将被分别用于基于符号的推理、物理模型构建、基于数值的计算以及计算结果的可视化呈现。

```
from sympy import symbols, Function, diff, sin, solve, dsolve, cos, Eq, re, lambdify
from sympy.physics.mechanics import LagrangesMethod
import numpy as np
import matplotlib.pyplot as plt
```

（2）定义符号和变量

① 定义时间变量 t 和常量 m、l 和 g。

定义一个时间变量 t 和几个与问题相关的物理常量：m（杆的质量）、l（杆的长度）和 g（重力加速度），代码如下。

```
t = symbols('t')  #定义时间变量 t
m, l, g = symbols('m l g')  #定义常量 m(杆的质量)、l(杆的长度)、g(重力加速度)。
```

② 定义角度作为时间的函数即 $\theta(t)$。

定义一个函数 $\theta(t)$ 来描述杆与垂直方向的夹角变化，代码如下。

```
theta = Function('theta')(t)  #定义 theta(t),角度作为时间 t 的函数
```

（3）定义物理量

① 定义角速度 $\dot{\theta}$。

角速度是角度 θ 对时间 t 的导数，代码如下。

```
theta_dot = theta.diff(t)  #定义角速度 theta_dot
```

② 定义动能 T 和势能 V。

构建系统的拉格朗日函数需要我们定义杆的动能 $T=\frac{1}{2}ml^2\dot{\theta}^2$ 和势能 $V=mgl(1-\cos\theta)$，代码如下。

```
T = (1/2) * m * l**2 * theta_dot**2  #定义动能 T
V = m * g * l * (1 - cos(theta))  #定义势能 V
```

③ 定义拉格朗日函数。

对于保守系，系统的拉格朗日函数为动能与势能之差即 $L=T-V$，代码如下。

```
L = T - V  #定义拉格朗日函数 L = T - V
```

（4）使用欧拉-拉格朗日方程求解

① 生成欧拉-拉格朗日方程。

我们使用 LagrangesMethod 类来自动化地构建欧拉-拉格朗日方程 $\frac{\mathrm{d}}{\mathrm{d}t}\left(\frac{\partial L}{\partial \dot{\theta}}\right)-\frac{\partial L}{\partial \theta}=0$，代码如下。

```
LM = LagrangesMethod(L, [theta])  #使用欧拉-拉格朗日方程求解
lag_eqs = LM.form_lagranges_equations()  #生成欧拉-拉格朗日方程
```

② 简化欧拉-拉格朗日方程。

我们使用小角度情况下的 $\sin\theta \approx \theta$ 来简化生成的欧拉-拉格朗日方程。这意味着 $lm(g\theta+l\ddot{\theta})=0$，代码如下。

```
lag_eqs_simplified = lag_eqs[0].subs(sin(theta), theta).simplify()
  #使用小角度近似简化
```

（5）将解转换到直角坐标系下表示

① 定义 x，并将角度 θ 转换为 x 的函数。

我们定义一个新的变量 x 来表示杆的水平位移，并根据几何意义构建 θ 与 x 之间的关系，代码如下。

```
x = symbols('x')     #定义直角坐标 x
theta_from_x = x / l  #将 theta 转换为 x 的函数
```

② 找到角加速度 $\ddot{\theta}$ 并将其转换为 x 的函数。

通过求解欧拉-拉格朗日方程可以找到角加速度 $\ddot{\theta}$。进一步，我们将其转换为 x 的函数，代码如下。

```
theta_double_dot = solve(lag_eqs_simplified, theta.diff(t, 2))[0]
  #解欧拉-拉格朗日方程,得到 theta_double_dot
theta_double_dot_x = theta_double_dot.subs(theta, theta_from_x)
  .simplify()  #将 theta_double_dot 转换为 x 的函数
```

③ 求解 x 的运动方程 $x(t)$。

通过 $\ddot{\theta}$ 可以得到与 $x(t)$ 相关的微分方程 $\frac{\mathrm{d}^2x}{\mathrm{d}t^2}=-\frac{g\cdot x}{l^2}$，求解该微分方程，我们可以得到 $x(t)$ 的解，$x(t)=C_1\exp\left(-t\sqrt{-\frac{g}{l}}\right)+C_2\exp\left(t\sqrt{-\frac{g}{l}}\right)$，代码如下。

```
#通过 theta_double_dot_x 得到与 x(t) 相关的微分方程
x_t = Function('x')(t)
diff_eq_x_from_theta = Eq(x_t.diff(t, t), theta_double_dot_x.subs(x,
  x_t).simplify())
#求解微分方程以得到 x(t)
x_t_solution_from_theta = dsolve(diff_eq_x_from_theta)
#得到 diff_eq_x_from_theta 的符号表达式
diff_eq_x_from_theta.doit()
#得到 x_t_solution_from_theta 的符号表达式
x_t_solution_from_theta.doit()
```

（6）对计算结果进行可视化

① 通过杆的位置初始值 $x(0)=x_0$ 和速度初始值 $v(0)=v_0$，可以获取运动方程 $x(t)$ 中的待定常数，代码如下。

```
#提取未知常数(C1, C2)
unknown_constants = x_t_solution_from_theta.free_symbols - {x, t, m, l, g}
#定义初始条件 x(0) = x0, v(0) = v0
x0, v0 = symbols('x0 v0')
initial_conditions_auto = [
    Eq(x_t_solution_from_theta.rhs.subs(t, 0), x0),
    Eq(x_t_solution_from_theta.rhs.diff(t).subs(t, 0), v0)
]
#解方程得到常数的具体值
constant_values_auto = solve(initial_conditions_auto, unknown_constants)
#使用得到的常数值更新 x(t) 的解
x_t_solution_auto = x_t_solution_from_theta.subs(constant_values_auto)
```

② 设定具体的初始位置和初始速度，可以得到杆的运动方程，代码如下。

```
#定义具体的常数和初始条件值
params = {l: 1, g: 9.81}
initial_values = {x0: 0.2, v0: 0.5}
#代入具体的初始位置和初始速度
x_t_solution_numeric_auto = x_t_solution_auto.subs(params).subs(initial_values).simplify()
#提取 x(t) 的实部
x_t_real_part_numeric_auto = re(x_t_solution_numeric_auto.rhs).simplify()
#利用 lambdify 函数将 sympy 表达式转换为 python 函数
x_t_real_part_lambda_auto = lambdify(t, x_t_real_part_numeric_auto, 'numpy')
#生成时间数据并计算 x(t) 的值
time_values = np.linspace(0, 10, 500)
x_values_auto = x_t_real_part_lambda_auto(time_values)
```

③ 利用运动轨迹上一系列具体点的坐标值，对运动方程进行可视化，代码如下。

```
#绘制 x(t) 的图像
plt.rcParams['font.sans-serif'] = ['SimHei']
                    #绘图时显示中文需要设置中文字体,这里设置为“SimHei”
plt.rcParams['axes.unicode_minus'] = False  #用来正常显示负号
plt.figure(figsize=(10, 6))
plt.plot(time_values, x_values_auto, label=f"x(t) 初始条件 $x_0={initial_values[x0]}m$, $v_0={initial_values[v0]}m/s$")
plt.xlabel(f"时间 $t\\(s)$")
plt.ylabel(f"位置 $x\\(m)$")
```

```
plt.title("时间与位置的关系")
plt.legend()
plt.grid(True)
plt.show()
```

如图 4. 11 所示，杆在 x 轴方向的运动为简谐振动。

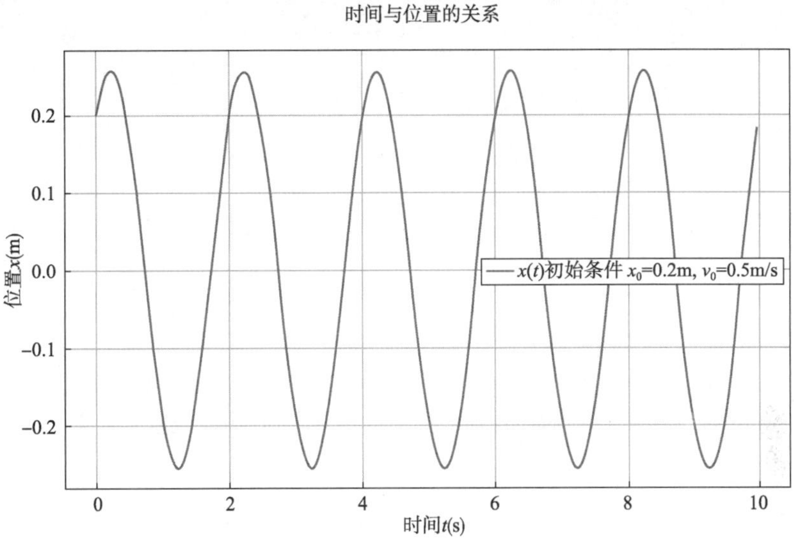

图 4. 11 杆摆动的可视化

上一个问题是一维的，因此仅涉及标量变化的处理。接下来，我们将考虑二维的刚性杆转动问题，以此展示如何处理矢量的变化。

考虑一根均匀刚体杆 AB，长度为 L，质量为 M。将杆的一端 A 固定在一个平滑的支点上，允许其自由旋转。在杆的另一端 B 处施加一个起初与杆垂直，但是方向和大小保持不变的恒定力 $\boldsymbol{F}$。我们需要求经过时间 t 后杆所具有的角速度。该问题涉及力矩、动量矩和角速度等矢量之间的关系。

首先我们导入所需的模块，代码如下。这些模块提供了进行数学和物理计算所需的工具。例如，numpy 提供数值计算的功能，odeint 用于解常微分方程，matplotlib 用于绘图，sympy 提供符号计算的功能，而 sympy. physics. vector 主要负责处理与矢量相关的问题。

```
#导入所需的模块
import numpy as np
from scipy.integrate import odeint
import matplotlib.pyplot as plt
from sympy import symbols, integrate, sin
from sympy.physics.vector import ReferenceFrame, dynamicsymbols, dot
```

接着我们进行符号定义和问题建模，代码如下。这部分代码是为了模拟问题并为之后的计算做准备。我们首先定义了一些符号，如杆的长度、质量、作用在杆上的力等。然后，我们定义了一个参考系 N 以及一个随杆旋转的参考系 R。接着，我们确定了 B 点的位矢和作用在 B 点上的力的矢量，并计算了因这个力产生的力矩。最后，我们计算了杆的转动惯量，并使用刚体转动定律确定其角加速度。

```
#定义符号
L, M, F, t = symbols('L M F t', real=True, positive=True)
theta = dynamicsymbols('theta')  #定义角度为动态变量
N = ReferenceFrame('N')  #定义一个参考系
#定义旋转参考系R,它随时间变化。初始时刻与参考系N重合,但随后由于杆的旋转而发生变化
R = N.orientnew('R', 'Axis', [theta, N.z])
#确定B点的位矢
r_B = L * R.y
#确定作用在B点上的力的矢量
F_vector = F * N.x
#计算力矩
torque = r_B.cross(F_vector)
#计算转动惯量
I = (1/3) * M * L**2
#通过刚体定轴转动的转动定律求解角加速度
alpha = dot(torque, R.z) / I
```

最后，我们进行方程的数值求解和可视化，代码如下。在这部分，我们使用之前建模得到的动力学方程进行数值求解，并对结果进行可视化。我们首先定义了一些必要的初始参数值，然后定义了一个函数来表示微分方程。使用 odeint 函数对该微分方程进行了数值求解，得到了 $\theta(t)$ 和 $\omega(t)$ 。最后，我们使用 matplotlib 对这两个物理量的演化进行了可视化。

```
#定义初始参数值
L_val, M_val, F_val = 1, 1, 1
#定义微分方程
def equations(y, t, L, M, F):
    theta, omega = y
    alpha = -3.0 * F * np.cos(theta) / (L * M)
return [omega, alpha]
#时间范围
t_values = np.linspace(0, 10, 1000)

#初始条件：角度为0,角速度为0
initial_conditions = [0, 0]
#使用odeint函数求解
solutions = odeint(equations, initial_conditions, t_values, args=(L_val, M_val, F_val))
theta_values = solutions[:, 0]
omega_values = solutions[:, 1]
#可视化结果
#绘制Theta vs Time
```

```
plt.figure(figsize=(8, 6))
plt.plot(t_values, theta_values, label="角度 (rad)", color="blue")
# 绘制 Omega vs Time
plt.plot(t_values, omega_values, label="角速度(rad/s)", color="red")
#设置图形标题和坐标轴标签
plt.title("角度和角速度随时间的变化")
plt.xlabel("时间(s)")
plt.ylabel("值")
plt.legend()
plt.grid(True)
plt.tight_layout()
plt.show()
```

如图 4.12 所示，其中蓝色线（图中显示为黑色线）表示角度 θ 随时间 t 的变化，红色线（图中显示为灰色线）表示角速度 ω 随时间 t 的变化。两者都随时间呈现周期性变化趋势，并且角度取极值时，角速度取值为 0。这些结果与我们的物理直觉是一致的：由于恒定的外力作用，杆开始旋转，并逐渐加速，但由于力矩随着角度的增加而减小，角速度的增加速度会逐渐减慢。

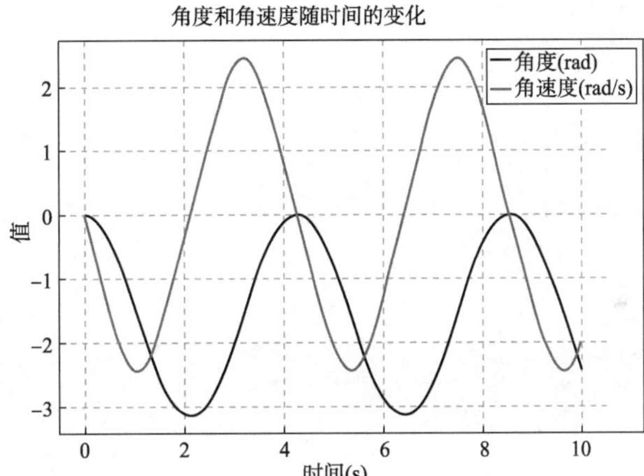

图 4.12　杆摆动的可视化

4.4.2　连杆系统：多刚体耦合运动的模拟

刚体动力学中的连杆系统是一个经典的研究对象。这种系统由几根刚性杆和几个关节组成，它们通过关节连接在一起，从而允许杆之间的相对运动。连杆系统具有多个自由度，而且在没有外部驱动的情况下，它的动态行为异常复杂，因此非常适合我们通过计算机模拟进行探讨。在本节，我们考虑一个具有 3 根刚性杆和 3 个关节的系统。这些杆和关节仅受到重力的驱动，并可以沿各自的轴自由旋转。如图 4.13 所示，3 根刚性杆由关节级联，并悬挂在天花板上，在重力的作用下，该连杆

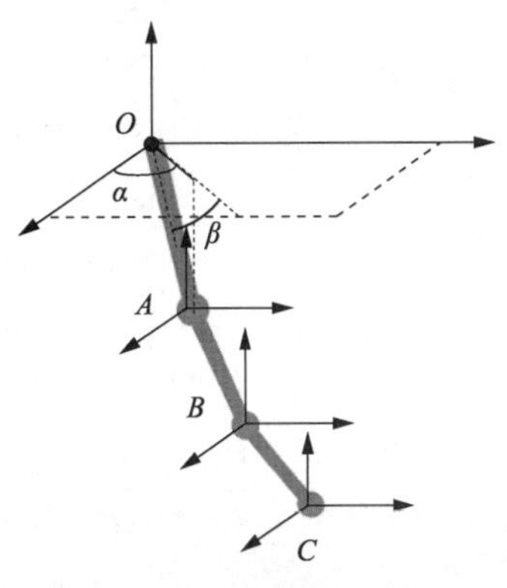

图 4.13　由刚性杆和关节构成的多自由度连杆系统

系统会发生摆动。我们将模拟并可视化该系统的整个运动过程。

值得注意的是，尽管 sympy 为我们提供了一套强大的符号数学工具，可以用来定义和求解物理问题的基本方程，但当我们处理更复杂的多体系统的动力学模拟时，需要一个更为专业的处理动力学问题的工具——pydy。pydy 是一个基于 Python 的专用库，用于多体动力学的建模和模拟。它利用 sympy 进行数学建模，并提供工具来生成用于数值模拟的代码。这意味着，使用 pydy，我们不仅可以定义系统的数学模型，还可以自动地生成用于模拟该系统的代码。此外，与 sympy 紧密集成意味着我们可以轻松地使用符号数学来定义复杂的数学模型。另外，pydy 还提供了一个可视化子库，允许我们在三维环境中方便地展示多体系统的动态行为。

在本节中，我们将使用 pydy 来模拟三连杆系统的动态行为。我们将从定义系统的基本参数和运动方程开始，然后利用 pydy 的功能生成模拟代码，最后在三维环境中展示摆的动态行为。该模拟程序基于 pydy 的官方示例改造，我们将其分成了 3 个结构化的部分，并添加了详尽的注释，以便大家理解。

（1）定义连杆系统，代码如下。

```
#第一部分：定义连杆系统
#载入必要的库
from sympy import symbols
import sympy.physics.mechanics as me

#定义连杆系统
#该连杆系统由 3 根刚性杆和 3 个关节构成
n = 3
#每根杆的方向由两个固定的角度描述，系统一共有 6 个自由度
#定义 6 个角度对应的广义坐标
alpha = me.dynamicsymbols('alpha:{}'.format(n))
beta = me.dynamicsymbols('beta:{}'.format(n))
#定义对应的广义速度
omega = me.dynamicsymbols('omega:{}'.format(n))
delta = me.dynamicsymbols('delta:{}'.format(n))
#定义关节处的质量
m_bob = symbols('m:{}'.format(n))
#将每根刚性杆建模为圆柱体，定义其长度、质量和对称的惯量张量
l = symbols('l:{}'.format(n))
m_link = symbols('M:{}'.format(n))
Ixx = symbols('Ixx:{}'.format(n))
Iyy = symbols('Iyy:{}'.format(n))
Izz = symbols('Izz:{}'.format(n))
#定义重力加速度
g = symbols('g')
#为系统定义一个惯性参考系。y 轴与重力方向平行，但指向相反
```

```
I = me.ReferenceFrame('I')
#建立固定在3根杆上的运动坐标系,用于追踪杆的方向
A = me.ReferenceFrame('A')
A.orient(I,'Space', [alpha[0], beta[0], 0], 'ZXY')
B = me.ReferenceFrame('B')
B.orient(A,'Space', [alpha[1], beta[1], 0], 'ZXY')
C = me.ReferenceFrame('C')
C.orient(B,'Space', [alpha[2], beta[2], 0], 'ZXY')
#定义运动学微分方程,广义速度等于广义坐标的时间导数
kinematic_differentials = []
for i in range(n):
    kinematic_differentials.append(omega[i] - alpha[i].diff())
    kinematic_differentials.append(delta[i] - beta[i].diff())
#设置3个坐标系的角速度
A.set_ang_vel(I, omega[0] * I.z + delta[0] * I.x)
B.set_ang_vel(I, omega[1] * I.z + delta[1] * I.x)
C.set_ang_vel(I, omega[2] * I.z + delta[2] * I.x)
#将连杆系统固定在位于惯性参考系中静止的原点O上
O = me.Point('O')
O.set_vel(I, 0)
#通过指定点之间的向量来创建关节的位置
P1 = O.locatenew('P1', -l[0] * A.y)
P2 = P1.locatenew('P2', -l[1] * B.y)
P3 = P2.locatenew('P3', -l[2] * C.y)
#利用两点之间的运动关系(v_p =v_o + omega X r_op),计算出关节点的速度
P1.v2pt_theory(O, I, A)
P2.v2pt_theory(P1, I, B)
P3.v2pt_theory(P2, I, C)
points = [P1, P2, P3]
#使用具有质量的粒子来表示每个关节
Pa1 = me.Particle('Pa1', points[0], m_bob[0])
Pa2 = me.Particle('Pa2', points[1], m_bob[1])
Pa3 = me.Particle('Pa3', points[2], m_bob[2])
particles = [Pa1, Pa2, Pa3]
#指定每根刚性杆的质心,并假设杆为均匀杆
P_link1 = O.locatenew('P_link1', -l[0] / 2 * A.y)
P_link2 = P1.locatenew('P_link2', -l[1] / 2 * B.y)
P_link3 = P2.locatenew('P_link3', -l[2] / 2 * C.y)
#杆质心的线速度计算方法与关节速度的计算方法相同
```

```
P_link1.v2pt_theory(O, I, A)
P_link2.v2pt_theory(P1, I, B)
P_link3.v2pt_theory(P2, I, C)
points_rigid_body = [P_link1, P_link2, P_link3]
#根据连杆质心以及建立在其上的参考系计算连杆的惯量张量
inertia_link1 = (me.inertia(A, Ixx[0], Iyy[0], Izz[0]), P_link1)
inertia_link2 = (me.inertia(B, Ixx[1], Iyy[1], Izz[1]), P_link2)
inertia_link3 = (me.inertia(C, Ixx[2], Iyy[2], Izz[2]), P_link3)
#为每根刚性杆创建刚体对象
link1 = me.RigidBody('link1', P_link1, A, m_link[0], inertia_link1)
link2 = me.RigidBody('link2', P_link2, B, m_link[1], inertia_link2)
link3 = me.RigidBody('link3', P_link3, C, m_link[2], inertia_link3)
links = [link1, link2, link3]
#唯一对系统有贡献的主动力是作用在每个关节和每根刚性杆上的重力
forces = []
for particle in particles:
    mass = particle.mass
    point = particle.point
    forces.append((point, -mass * g * I.y))
for link in links:
    mass = link.mass
    point = link.masscenter
    forces.append((point, -mass * g * I.y))
#合并系统中的关节和连杆
total_system = links + particles
#合并存储所有广义坐标和速度
q = alpha + beta
u = omega + delta
#利用凯恩方程构建系统的运动方程
kane=me.KanesMethod(I,q_ind=q,u_ind=u,kd_eqs=kinematic_differentials)
#计算广义力和广义力矩
fr, frstar = kane.kanes_equations(total_system, loads=forces)
```

（2）基于凯恩方程建立连杆系统的动力学方程并求其数值解，代码如下。

```
#第二部分：构建动力学模型并求解
#载入必要的库
from numpy import radians, linspace, hstack, zeros, ones
from scipy.integrate import odeint
from pydy.codegen.ode_function_generators import generate_ode_function

```

```
#使用列表将定义问题时所用到的基本参数集中管理
param_syms = []
for par_seq in [l, m_bob, m_link, Ixx, Iyy, Izz, (g,)]:
    param_syms += list(par_seq)
#所有杆和关节的参数相同,对其进行赋值
link_length = 10.0  #单位为 m
link_mass = 10.0  #单位为 kg
link_radius = 0.5  #单位为 m
link_ixx = 1.0/12.0 * link_mass * (3.0 * link_radius * * 2+link_length * * 2)
link_iyy = link_mass * link_radius * * 2
link_izz = link_ixx
particle_mass = 5.0  #单位为 kg
particle_radius = 1.0  #单位为 m
#利用列表管理所有基本参数的具体取值
param_vals = [link_lengthfor x in l] + \
             [particle_massfor x in m_bob] + \
             [link_massfor x in m_link] + \
             [link_ixxfor x in list(Ixx)] + \
             [link_iyyfor x in list(Iyy)] + \
             [link_izzfor x in list(Izz)] + \
             [9.8]
#构建动力学微分方程
right_hand_side = generate_ode_function(kane.forcing_full,q,u,param_syms,
                                        mass_matrix=kane.mass_matrix_full,
                                        generator='lambdify')

#将时间离散化成时间序列
duration = 10.0  #模拟时间长度
fps = 60.0  #将 1 s 离散化为 60 个时间点
t = linspace(0.0, duration, num=int(duration * fps))
#定义系统的初始力学状态
x0 = hstack((ones(6) * radians(10.0), zeros(6)))
#对微分方程进行数值积分
state_trajectories = odeint(right_hand_side, x0, t, args=(dict(zip
  (param_syms, param_vals)),))
```

（3）通过三维动画对模拟结果进行可视化，代码如下。

```
#第三部分：可视化模拟结果
#载入用于三维可视化显示的库
```

```
from pydy.viz.shapes import Cylinder, Sphere
from pydy.viz.scene import Scene
from pydy.viz.visualization_frame import VisualizationFrame

#让圆柱体和球体呈现为连杆和关节
viz_frames = []
for i, (link, particle) in enumerate(zip(links, particles)):

    link_shape = Cylinder(name='cylinder{}'.format(i),
                          radius=link_radius,
                          length=link_length,
                          color='red')
    viz_frames.append(VisualizationFrame('link_frame{}'.format(i),link,
                                         link_shape))
    particle_shape = Sphere(name='sphere{}'.format(i),
                            radius=particle_radius,
                            color='blue')
    viz_frames.append(VisualizationFrame('particle_frame{}'.format(i),
                                         link.frame,
                                         particle,
                                         particle_shape))
#创建可视化的场景
scene = Scene(I, O, *viz_frames)
#计算模拟动画所需的图片序列
scene.times = t
scene.constants = dict(zip(param_syms, param_vals))
scene.states_symbols = q + u
scene.states_trajectories = state_trajectories
#在 Jupyter Notebook 编程环境下显示
scene.display_jupyter()
```

运行上述代码，可以得到连杆系统的三维模拟动画，如图 4.14 所示。

图 4.14　连杆系统的三维模拟动画

4.4.3　蝴蝶效应：混沌摆的运动不稳定性

对于经典力学系统，原则上讲系统的未来完全由初始状态确定。根据我们的日常经验，初始状态相近的系统，其未来的行为表现也应该类似。但是对于某些力学系统，初始状态的细微差异可以导致完全不一致的系统长期表现。这就是所谓的蝴蝶（混沌）效应。我们可以通过模拟混沌摆的运动来认识该效应。混沌摆的结构如图 4.15 所示。

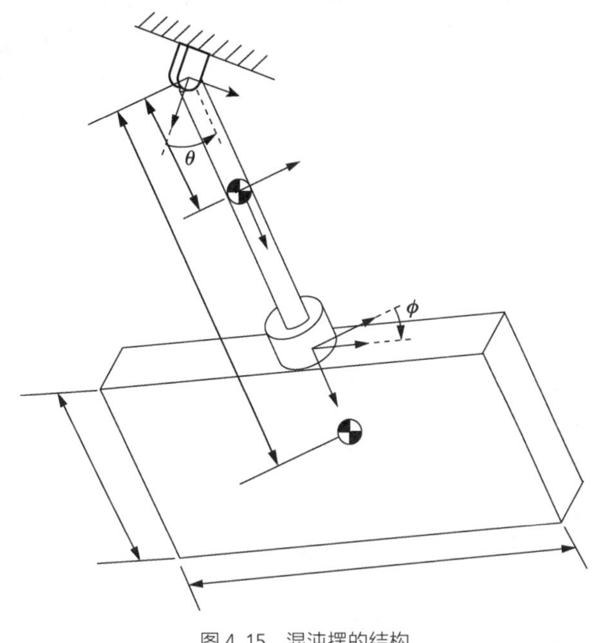

图 4.15　混沌摆的结构

混沌摆的具体模拟代码与连杆系统的类似，这里不赘述，大家可以在 pydy 的官方开源代码库中下载。下面，我们观察系统在不同初始条件（$\theta,\phi,\dot{\theta},\dot{\phi}$）下得到的两个广义坐标的运动结果。如图 4.16 所示，在该初始条件下，摆的 θ 角和 ϕ 角运动具有很好的周期性，摆的运动十分稳定。

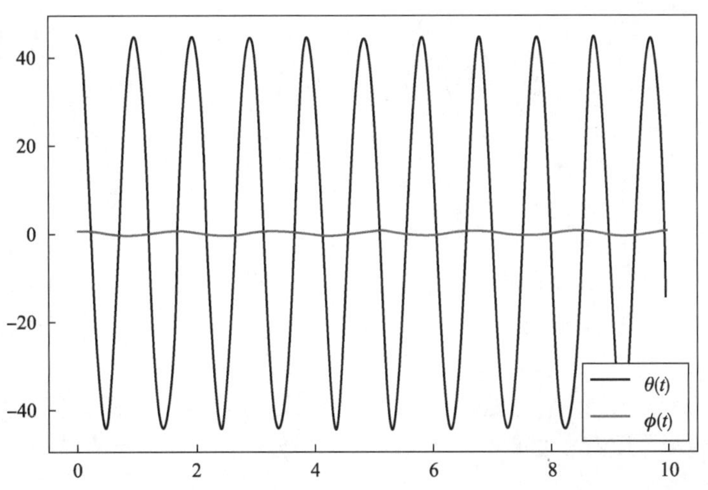

图 4.16　初始条件：$\theta=45°$、$\phi=0.5°$、$\dot{\theta}=0$、$\dot{\phi}=0$

如图 4.17 所示，保持其他初始条件不变，我们将摆的 ϕ 角增大到 1°，此时摆的运动仍然具有良好的周期性，其长期运动行为可以被很好地预测。

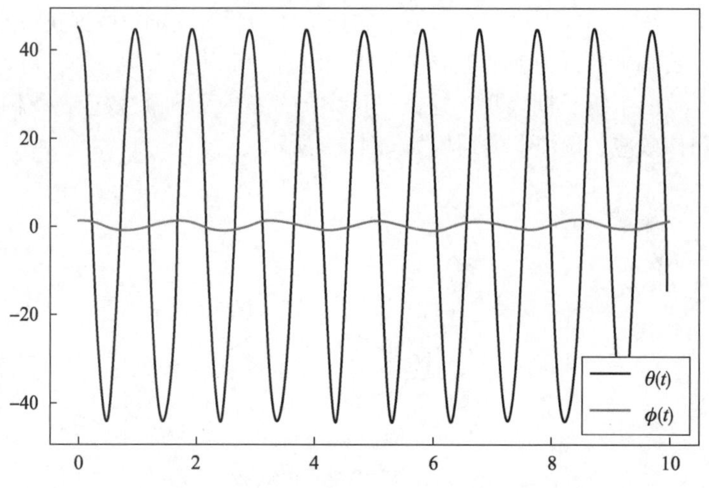

图 4.17 初始条件：$\theta=45°$、$\phi=1°$、$\dot{\theta}=0$、$\dot{\phi}=0$

如图 4.18 所示，当我们采用一组新的初始条件后，摆在开始的 2 s 内运动稳定。在此之后，摆的 ϕ 角的运动突然变得十分混乱。它在该方向已经不再做摆动，而是在进行复杂的不定向旋转。

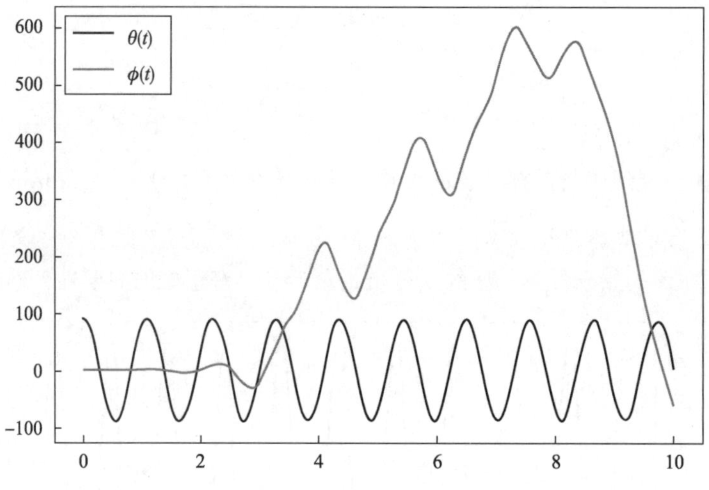

图 4.18 初始条件：$\theta=90°$、$\phi=0.5°$、$\dot{\theta}=0$、$\dot{\phi}=0$

如图 4.19 所示，保持其他初始条件不变，我们将摆的 ϕ 角增大到 1°。与 $\phi=0.5°$ 的情况类似，摆在初始的 2 s 内还比较稳定，但是，之后其 ϕ 角的运动也突然变得混乱，并且 ϕ 角的运动与之前的情况完全不同，如图 4.19 所示。换句话说，ϕ 角初始条件仅产生相差 0.5°的小变动，将导致其未来运动的巨大差异。对于这种系统，我们无法得到相似初始条件存在相似运动结果的结论。看似确定的刚体运动，也蕴含着混沌的蝴蝶效应。

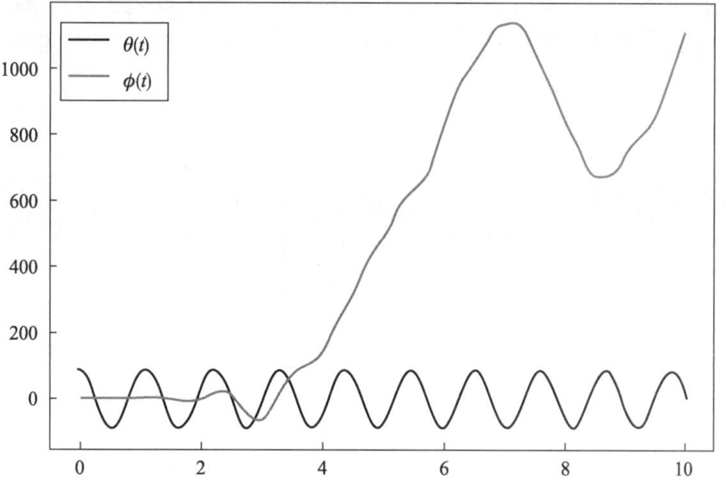

图4.19 初始条件：$\theta=90°$、$\phi=1°$、$\dot{\theta}=0$、$\dot{\phi}=0$

4.5 本章小结

本章系统地探讨了刚体模型的物理属性、运动现象的数学表述，以及基于两个不同理论（牛顿力学和分析力学）的综合解释。本章还介绍了科学计算，以及模拟复杂刚体运动的计算机算法和具体程序实现方法。通过对本章内容的学习，读者能够将理论力学的基础概念有效地应用于刚体模型，从而深化对整体力学理论的理解。此外，读者还能掌握一系列计算机推理和模拟工具，为未来解决更加复杂的实际问题提供有力的支持。

4.6 习题

1. 请给出下列情况下，刚体的自由度。

（1）绕着空间中固定的轴旋转。

（2）在二维平面运动中。

（3）一般情况下。

2. 考虑一个绕定轴（如 z 轴）旋转的刚体，其角速度为 $\boldsymbol{\omega}=\omega\boldsymbol{e}_z$。

（1）证明物体绕旋转轴的动量矩的 z 轴分量是

$$L_z=I_z\omega$$

其中 $I_z=\sum m_i(x_i^2+y_i^2)$。

（2）计算其旋转动能。

3. 将习题2中，刚体的定轴转动限制放宽为刚体可以在平面内自由移动，然后重新进行证明。

4. 定义刚体绕某轴旋转的角速度为 $\boldsymbol{\omega}$，请推导物体中一个点的速度与相对于该轴原点的位置向量 $\boldsymbol{r}$ 的关系为 $\boldsymbol{v}=\boldsymbol{\omega}\times\boldsymbol{r}$。

5. 假设将刚体的一个点 O 固定在惯性参考系中。设 $O\text{-}xyz$ 为固定在物体内的坐标系，$\boldsymbol{\omega}$ 为物体相对于原点 O 的惯性参考系中的角速度。关于原点 O 的动量矩 $\boldsymbol{L}$ 的坐标表示为

$$L = \sum_i m_i \boldsymbol{r}_i \times \boldsymbol{v}_i$$

$$\boldsymbol{v}_i = \boldsymbol{\omega} \times \boldsymbol{r}_i$$

证明 $\boldsymbol{L}$ 可以由 $\boldsymbol{\omega}$ 的分量表示为

$$\boldsymbol{L} = (I_{xx}\omega_x + I_{xy}\omega_y + I_{xz}\omega_z)\boldsymbol{i} + (I_{yx}\omega_x + I_{yy}\omega_y + I_{yz}\omega_z)\boldsymbol{j} + (I_{zx}\omega_x + I_{zy}\omega_y + I_{zz}\omega_z)\boldsymbol{k}$$

其中

$$I_{xx} = \sum_i m_i (y_i^2 + z_i^2)$$

$$I_{yy} = \sum_i m_i (x_i^2 + z_i^2)$$

$$I_{zz} = \sum_i m_i (x_i^2 + y_i^2)$$

$$I_{xy} = I_{yx} = -\sum_i m_i x_i y_i$$

$$I_{yz} = I_{zy} = -\sum_i m_i y_i z_i$$

$$I_{xz} = I_{zx} = -\sum_i m_i x_i z_i$$

6. 设 I_O 为刚体通过点 O 的绕轴转动惯量，设 I_C 为绕平行轴通过质心 C 的转动惯量，证明

$$I_O = I_C + MD^2$$

其中 M 是物体的质量，D 是平行轴的距离。

7. 考虑一个质量密度均匀（边长为 a、质量为 M）的立方体，以立方体其中一条边为旋转轴，计算其转动惯量。

8. 计算质量密度均匀且边长为 a 的立方体（见图 4.20）相对于坐标轴$\{\boldsymbol{i},\boldsymbol{j},\boldsymbol{k}\}$的惯量张量。

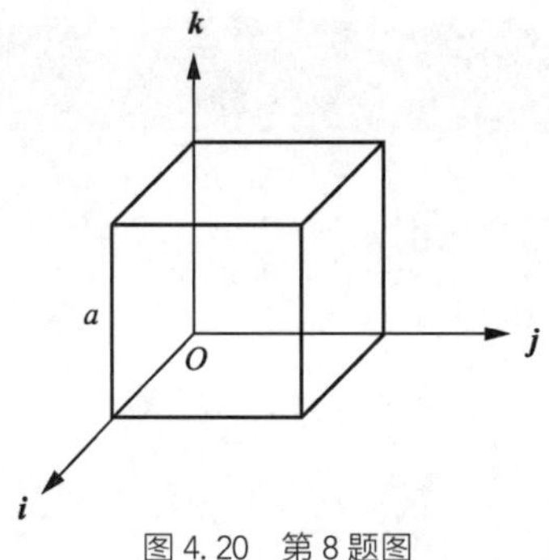

图 4.20　第 8 题图

9. 考虑一个围绕 x 轴，通过旋转函数 $y=f(x)$ 生成的均匀旋转固体（见图 4.21），其中 $x \in [x_1, x_2]$。证明关于 x 轴和 y 轴的转动惯量 I_x 和 I_z 可以由单个积分表示，即

$$I_x = \frac{1}{2}\pi\rho\int_{x_1}^{x_2} f^4(x)\,\mathrm{d}x$$

$$I_y = \frac{1}{2}I_x + \pi\rho\int_{x_1}^{x_2} x^2 f^2(x)\,\mathrm{d}x$$

其中，$\rho=\dfrac{M}{V}$是物体的密度。

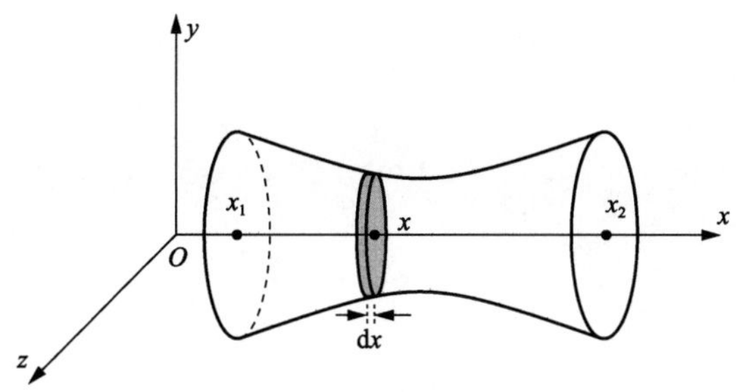

图 4.21　第 9 题图

10. 推导刚体在惯性系中处于平衡状态的条件。

11. 一根被固定在 O 点的刚性杆可以在平面内自由摆动（见图 4.22）。杆的质量为 m，长度为 l。其质心位于杆的中心，杆相对于其向下平衡位置的角度为 θ。请分别利用欧拉-拉格朗日方程和凯恩方程，推导出杆相对于固定在地球上的参照系的运动方程。

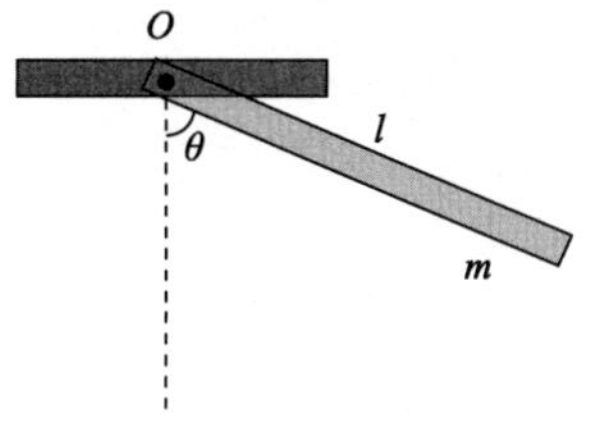

图 4.22　第 11 题图